博文视点AI系列

深度学习之PyTorch实战计算机视觉

唐进民 编著

電子工業出版社
Publishing House of Electronics Industry
北京•BEIJING

内 容 简 介

计算机视觉、自然语言处理和语音识别是目前深度学习领域很热门的三大应用方向，本书旨在帮助零基础或基础较为薄弱的读者入门深度学习，达到能够独立使用深度学习知识处理计算机视觉问题的水平。通过阅读本书，读者将学到人工智能的基础概念及 Python 编程技能，掌握 PyTorch 的使用方法，学到深度学习相关的理论知识，比如卷积神经网络、循环神经网络、自动编码器，等等。在掌握深度学习理论和编程技能之后，读者还会学到如何基于 PyTorch 深度学习框架实战计算机视觉。本书中的大量实例可让读者在循序渐进地学习的同时，不断地获得成就感。本书源码已上传至 GitHub 的 JaimeTang/book-code 目录，可自行下载源码进行练习。

本书面向对深度学习技术感兴趣、但是相关基础知识较为薄弱或者零基础的读者。

图书在版编目（CIP）数据

深度学习之 PyTorch 实战计算机视觉 / 唐进民编著. —北京：电子工业出版社，2018.6
（博文视点 AI 系列）
ISBN 978-7-121-34144-1

Ⅰ. ①深…　Ⅱ. ①唐…　Ⅲ. ①机器学习　Ⅳ.①TP181

中国版本图书馆 CIP 数据核字（2018）第 088388 号

策划编辑：张国霞
责任编辑：徐津平
印　　刷：北京七彩京通数码快印有限公司
装　　订：北京七彩京通数码快印有限公司
出版发行：电子工业出版社
　　　　　北京市海淀区万寿路 173 信箱　邮编：100036
开　　本：787×980　1/16　印张：17.75　字数：370 千字
版　　次：2018 年 6 月第 1 版
印　　次：2024 年 1 月第 13 次印刷
定　　价：79.00 元

凡所购买电子工业出版社图书有缺损问题，请向购买书店调换。若书店售缺，请与本社发行部联系，联系及邮购电话：（010）88254888，88258888。

质量投诉请发邮件至 zlts@phei.com.cn，盗版侵权举报请发邮件至 dbqq@phei.com.cn。

本书咨询联系方式：（010）51260888-819，faq@phei.com.cn。

前　言

“人工智能”（Artificial Intelligence，简称 AI）一词在很久以前就有了，被大众津津乐道却是近几年的事情，这和机器学习（Machine Learning）、深度学习（Deep Learning）等技术的崛起有着千丝万缕的联系，而这一切又得益于大数据的发展和计算机处理性能的不断提升。

本书将带领读者了解人工智能的相关技术和发展近况，通过一些实例来掌握必备的技能，并能够独立使用相关技术完成对计算机视觉问题的分析和处理。本书各个章节的知识要点如下。

第 1 章主要介绍人工智能、神经网络和计算机视觉的发展历史，让读者对这一领域有一个全面的认识。

第 2 章主要介绍在理解和掌握后面章节的内容时需要用到的数学知识，以及在实战操作的过程中进行环境搭建及安装相关软件的方法。本书中数学相关的大部分知识都集中在本章中，其主要目的是让读者先对这个领域的知识产生兴趣，这样才能更好地深入学习和研究。在本章中不会插入大量的数学公式，这样做会让初学者望而却步，在不断消化公式的过程中丧失学习兴趣和动力。通过不断实战来学习，可以累积成就感，这种自顶向下的方式不失为一种更好的学习方法。

第 3 章主要介绍在学习神经网络的过程中会经常遇到的一些概念和定义。比如后向传播（Back Propagation）、激活函数（Activation Function）、监督学习（Supervised Learning）、无监督学习（Unsupervised Learning），等等，这也是为之后学习深度神经网络做准备。在搭建一个完整的深度神经网络模型时，就需要不断地用到本章的内容了。

第 4 章主要介绍深度神经网络中的卷积神经网络（Convolutional Neural Network，简称 CNN）。首先介绍卷积层、全连接层、池化层等相关内容，之后又列举了目前主流的一些卷积神经网络架构，并对比它们之间的相同点和不同点，以便于掌握不同的卷积神经网络的结构和技术细节。

第 5 章主要介绍 Python 编程语言的相关知识，目的是让读者掌握 Python 语言的语法定义和使用方式，并使用 Python 语言进行功能代码的编写；还会介绍在处理计算机视觉问题时需要用到的两个重要的 Python 包：NumPy 和 Matplotlib。本章内容丰富，而且 Python 语言自身就很简单且易上手，读者很快就能掌握 Python 这门编程语言。

第 6 章主要介绍如何使用 PyTorch 深度学习框架。PyTorch 非常简单易用，能够根据我们的需求快速搭建出我们想要的深度神经网络模型，这在很大程度上归功于 PyTorch 基于动态图计算的特性，它与基于静态图计算的深度学习框架相比，有更多的优势，比如 PyTorch 不仅速度快，还有许多功能强大的包可供调用。本章先介绍 PyTorch 中常用的包和类的使用方法；然后介绍如何使用 PyTorch 中的一些自动化方法来提升代码的执行效率和简洁度；最后会通过一个综合实例，使用本章的内容解决一个实际的计算机视觉问题。

第 7 章一开始就是一个关于计算机视觉问题的实战，介绍了一种非常实用的深度神经网络复用方法，即迁移学习（Transfer Learning）。在掌握迁移学习的原理之后，会基于 PyTorch 对迁移学习进行实战，并解决比之前更复杂的计算机视觉问题。对实战代码的解析会贯穿本章，让读者更深刻地理解代码。

第 8 章讲解如何基于 PyTorch 实战图像风格迁移（Neural Style）。通过对本章的学习，读者会发现，利用卷积神经网络不仅能处理图片分类问题，只要有想法和创意，还能做更多、更有趣的事情。

第 9 章介绍一种多模型融合方法，在现有的模型遭遇性能提升瓶颈时，可通过搭建一种经过科学融合的新模型达到超过预期的泛化能力。本章依然会基于 PyTorch 对多模型融合方法进行实战。

第 10 章介绍一种区别于卷积神经网络的新神经网络结构，即循环神经网络（Recurrent Neural Network，简称 RNN）。不同于卷积神经网络强大的图像特征提取能力，循环神经网络主要用于处理有序输入的数据。为了方便读者理解模型如何对有序数据进行处理，本章会基于 PyTorch 使用循环神经网络来处理一个计算机视觉问题。

第 11 章讲解自动编码器，它是一种使用非监督学习方法的神经网络。自编码器能够实现很多功能，本章会选取一个图像去噪问题来进行自动编码器实战。

本书前 6 章的内容可作为后 5 章的铺垫，前 6 章的知识偏向基础和理论，不过，只有掌握了这些内容，才能从容应对后 5 章的实战。这个循序渐进的过程会让读者对知识的理解更深刻，技能提升更迅速。

人工智能在近几年大热，网络上的相关资料良莠不齐且没有体系，即使有优秀的干货，对于基础薄弱的初学者来说起点也太高。本书也是出于对这一现状的考虑，通过从基础到实战、由浅入深的过程，让读者基于 PyTorch 来使用深度学习方法实际解决一些计算机视觉相关的问题，这样，读者在获取知识的过程中会更有成就感，学起来也会更积极、主动。

感谢家人的鼓励和支持，也感谢张国霞编辑的帮助和付出，笔者才能以更好的方式将这部作品呈现在读者的面前。希望读者能遵从敏捷学习的思路，多实战、多思考并不断进步。在本书中会有很多实例，读者可以举一反三、不断实践，在发现问题时要多思考，毕竟本书涉及的内容有限，若想让自己的能力得到更高层次的提升，则需要获取更多的资料来充实自己。

唐进民

2018 年 5 月

目　　录

第 1 章　浅谈人工智能、神经网络和计算机视觉……1

1.1　人工还是智能……1

1.2　人工智能的三起两落……2

1.2.1　两起两落……2

1.2.2　卷土重来……3

1.3　神经网络简史……5

1.3.1　生物神经网络和人工神经网络……5

1.3.2　M-P 模型……6

1.3.3　感知机的诞生……9

1.3.4　你好，深度学习……10

1.4　计算机视觉……11

1.5　深度学习+……12

1.5.1　图片分类……12

1.5.2　图像的目标识别和语义分割……13

1.5.3　自动驾驶……13

1.5.4　图像风格迁移……14

第 2 章　相关的数学知识……15

2.1　矩阵运算入门……15

2.1.1　标量、向量、矩阵和张量……15

2.1.2　矩阵的转置……17

2.1.3　矩阵的基本运算……18

2.2　导数求解……22

2.2.1　一阶导数的几何意义……23

2.2.2 初等函数的求导公式 ······ 24
2.2.3 初等函数的和、差、积、商求导 ······ 26
2.2.4 复合函数的链式法则 ······ 27

第 3 章 深度神经网络基础 ······ 29

3.1 监督学习和无监督学习 ······ 29
3.1.1 监督学习 ······ 30
3.1.2 无监督学习 ······ 32
3.1.3 小结 ······ 33
3.2 欠拟合和过拟合 ······ 34
3.2.1 欠拟合 ······ 34
3.2.2 过拟合 ······ 35
3.3 后向传播 ······ 36
3.4 损失和优化 ······ 38
3.4.1 损失函数 ······ 38
3.4.2 优化函数 ······ 39
3.5 激活函数 ······ 42
3.5.1 Sigmoid ······ 44
3.5.2 tanh ······ 45
3.5.3 ReLU ······ 46
3.6 本地深度学习工作站 ······ 47
3.6.1 GPU 和 CPU ······ 47
3.6.2 配置建议 ······ 49

第 4 章 卷积神经网络 ······ 51

4.1 卷积神经网络基础 ······ 51
4.1.1 卷积层 ······ 51
4.1.2 池化层 ······ 54
4.1.3 全连接层 ······ 56
4.2 LeNet 模型 ······ 57
4.3 AlexNet 模型 ······ 59
4.4 VGGNet 模型 ······ 61
4.5 GoogleNet ······ 65

4.6 ResNet ······ 69

第 5 章 Python 基础 ······ 72

5.1 Python 简介 ······ 72
5.2 Jupyter Notebook ······ 73
5.2.1 Anaconda 的安装与使用 ······ 73
5.2.2 环境管理 ······ 76
5.2.3 环境包管理 ······ 77
5.2.4 Jupyter Notebook 的安装 ······ 79
5.2.5 Jupyter Notebook 的使用 ······ 80
5.2.6 Jupyter Notebook 常用的快捷键 ······ 86
5.3 Python 入门 ······ 88
5.3.1 Python 的基本语法 ······ 88
5.3.2 Python 变量 ······ 92
5.3.3 常用的数据类型 ······ 94
5.3.4 Python 运算 ······ 99
5.3.5 Python 条件判断语句 ······ 107
5.3.6 Python 循环语句 ······ 109
5.3.7 Python 中的函数 ······ 113
5.3.8 Python 中的类 ······ 116
5.4 Python 中的 NumPy ······ 119
5.4.1 NumPy 的安装 ······ 119
5.4.2 多维数组 ······ 119
5.4.3 多维数组的基本操作 ······ 125
5.5 Python 中的 Matplotlib ······ 133
5.5.1 Matplotlib 的安装 ······ 133
5.5.2 创建图 ······ 133

第 6 章 PyTorch 基础 ······ 142

6.1 PyTorch 中的 Tensor ······ 142
6.1.1 Tensor 的数据类型 ······ 143
6.1.2 Tensor 的运算 ······ 146
6.1.3 搭建一个简易神经网络 ······ 153

6.2 自动梯度 …… 156
6.2.1 torch.autograd 和 Variable …… 156
6.2.2 自定义传播函数 …… 159
6.3 模型搭建和参数优化 …… 162
6.3.1 PyTorch 之 torch.nn …… 162
6.3.2 PyTorch 之 torch.optim …… 167
6.4 实战手写数字识别 …… 169
6.4.1 torch 和 torchvision …… 170
6.4.2 PyTorch 之 torch.transforms …… 171
6.4.3 数据预览和数据装载 …… 173
6.4.4 模型搭建和参数优化 …… 174

第 7 章 迁移学习 …… 180

7.1 迁移学习入门 …… 180
7.2 数据集处理 …… 181
7.2.1 验证数据集和测试数据集 …… 182
7.2.2 数据预览 …… 182
7.3 模型搭建和参数优化 …… 185
7.3.1 自定义 VGGNet …… 185
7.3.2 迁移 VGG16 …… 196
7.3.3 迁移 ResNet50 …… 203
7.4 小结 …… 219

第 8 章 图像风格迁移实战 …… 220

8.1 风格迁移入门 …… 220
8.2 PyTorch 图像风格迁移实战 …… 222
8.2.1 图像的内容损失 …… 222
8.2.2 图像的风格损失 …… 223
8.2.3 模型搭建和参数优化 …… 224
8.2.4 训练新定义的卷积神经网络 …… 226
8.3 小结 …… 232

第 9 章 多模型融合……233
9.1 多模型融合入门……233
9.1.1 结果多数表决……234
9.1.2 结果直接平均……236
9.1.3 结果加权平均……237
9.2 PyTorch 之多模型融合实战……239
9.3 小结……246
第 10 章 循环神经网络……247
10.1 循环神经网络入门……247
10.2 PyTorch 之循环神经网络实战……249
10.3 小结……257
第 11 章 自动编码器……258
11.1 自动编码器入门……258
11.2 PyTorch 之自动编码实战……259
11.2.1 通过线性变换实现自动编码器模型……260
11.2.2 通过卷积变换实现自动编码器模型……267
11.3 小结……273

第 1 章 浅谈人工智能、神经网络和计算机视觉

目前，关于人工智能，有不少值得我们期待的新技术涌现，比如自动驾驶、智能图像识别、智能医疗、智能金融等，这些技术正不断被应用到真实的场景中，而且真实的场景还在不断丰富，这势必在无形之中改变各行各业的现状。本章将对人工智能及其相关知识进行简单介绍，带领读者对人工智能及其相关知识进行初步了解。

1.1 人工还是智能

人工智能可以细分为强人工智能和弱人工智能，弱人工智能更注重“人工”的重要性，强人工智能更注重“智能”的重要性。

通俗地讲，在弱人工智能机器对某个问题进行决策时，人仍然需要积极参与其中，所以弱人工智能也被称作限制领域的人工智能或应用型人工智能。弱人工智能只能在特定的领域解决特定的问题，而且其中的一些问题已经有了明确的答案，比如作为人的智能助手，

在某方面代替人的日常重复劳动。弱人工智能技术已经在某些特定领域落地，并对互联网、金融、制造业、医疗等各个领域产生了不小的冲击，而且会持续下去。

而我们在使用强人工智能机器对问题进行决策时，就不再需要人参与其中，因为强人工智能机器能够“思考”，进而不断优化和拓展自己解决问题的能力，甚至能够创造出全新的技能，所以强人工智能也被称作通用人工智能或完全人工智能，即已经具备了能够完全替代人在各领域工作的能力。

人工智能的舞台是巨大的，改变世界的机会无处不在，相信通过我们的不断努力，人工智能技术会发展得更好，应用场景会更丰富，人们的生活、工作方式也将因此发生翻天覆地的变化。

1.2 人工智能的三起两落

人工智能技术发展至今，已经是第 3 次受到公众的高度关注了，这得益于计算机和大数据的发展，更重要的是人们看到了能够真正落地应用的产品。下面让我们回顾一下人工智能三起两落的历史。

1.2.1 两起两落

1956 年夏季，John McCarthy、Marvin Minsky、Claude Shannon 等人在美国举办的达特茅斯会议（Dartmouth Conference）上首次提出了“人工智能”的概念。这是人类历史上第 1 个有真正意义的关于人工智能的研讨会，也是人工智能学科诞生的标志，具有十分重要的意义。人工智能概念一经提出，便收获了空前的反响，人工智能历史上的第 1 股浪潮就这样顺理成章地形成了，该浪潮随即席卷全球。当时，普通大众和研究人工智能的科学家都极为乐观，相信人工智能技术在几年内必将取得重大突破和快速进展，甚至预言在 20 年内智能机器能完全取代人在各个领域的工作。这种乐观情绪持续高涨，直到 1973 年《莱特希尔报告》的出现将其终结，该报告用翔实的数据明确指出人工智能的任何部分都没有达到科学家一开始承诺达到的影响力水平，至此人工智能泡沫被无情地戳破，在人们幡然醒悟的同时，人工智能历史上的第 1 个寒冬到来，人们对人工智能的热情逐渐消退，社会各界的关注度和资金投入也逐年减少。

20 世纪 80 年代，专家系统（Expert System）出现又让企业家和科学家看到了人工智能学科的新希望，继而形成人工智能历史上的第 2 股浪潮。专家系统是指解决特定领域问题的能力已达到该领域的专家能力水平，其核心是通过运用专家多年积累的丰富经验和专业知识，不断模拟专家解决问题的思维，处理只有专家才能处理的问题。专家系统的出现实现了人工智能学科从理论走向专业知识领域的应用，各种应用场景不断丰富，在人工智能历史上是一次重大突破和转折，具有深远的意义。真正意义上的计算机视觉、机器人、自然语言处理、语音识别等专业领域也诞生于这个阶段。但是随着时间的推移，专家系统的缺点也暴露无遗，最为致命的就是专家系统的应用领域相对狭窄，在很多方面缺乏常识性知识和专业理论的支撑，这直接将第 2 股人工智能浪潮推向了寒冬。

20 世纪 90 年代后期，机器学习（Machine Learning）、深度学习（Deep Learning）等技术成为人工智能的主流，再加上大数据和计算机硬件的快速发展，使人工智能再次卷土重来，这一次，以语音识别、计算机视觉、自然语言处理为代表的专业领域均取得了巨大突破和进展。

1.2.2　卷土重来

第 3 股人工智能浪潮的兴起与机器学习、深度学习技术被广泛应用和研究有着千丝万缕的联系。但是深度学习和机器学习不是什么新兴技术，并且深度学习还是机器学习的一个分支，人工智能、机器学习和深度学习之间的包含关系如图 1-1 所示。

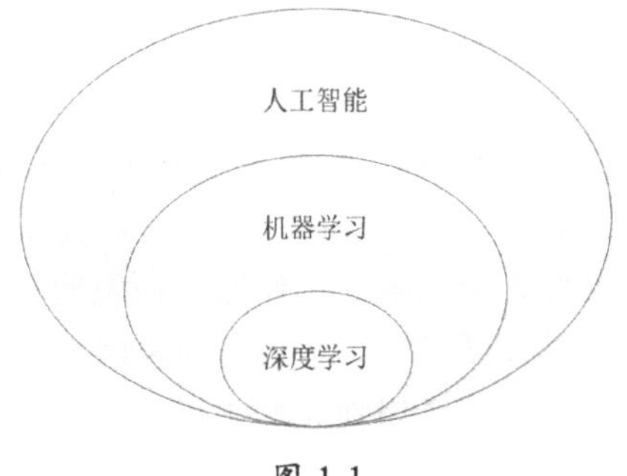

图 1-1

机器学习也被称为统计学习方法，顾名思义，机器学习中的大部分学习算法都是基于统计学原理的，所以机器学习和深度学习技术具备一个共同的特点：它们都需要使用尽可能多的数据来完成对自身模型的训练，这样才能让最终输出的模型拥有强大的泛化能力。

因为本书涉及的是计算机视觉相关的内容，所以我们重点看看计算机视觉领域因为第 3 股人工智能浪潮的冲击又发生了哪些变化。计算机视觉是人工智能学科中最能体现智能成分的技术，如果计算机视觉问题得到了完美解决，就可以说人类在人工智能领域又迈进了一大步。当前在计算机视觉领域应用得最好的技术是深度学习方法，也可以说深度学习之所以有如此大的影响力，和它在计算机视觉领域取得的突出成绩是分不开的，所以计算机视觉和深度学习成就了彼此。

使用深度学习方法处理计算机视觉问题的过程类似于人类的学习过程：我们搭建的深度学习模型通过对现有图片的不断学习总结出各类图片的特征，最后输出一个理想的模型，该模型能够准确预测新图片所属的类别。图 1-2 展示了两个不同的学习过程，上半部分是通过使用深度学习模型解决图片分类问题，下半部分是人通过学习总结的方式解决物体识别分类问题，它们之间的工作机理非常相似，这也让深度学习技术拥有了更浓郁的智能色彩。

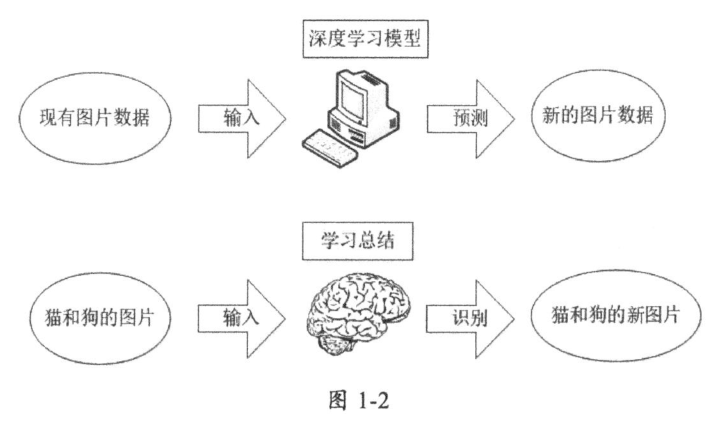

图 1-2

在使用深度学习方法解决计算机视觉问题的过程中，用得最多的网络架构是一种叫作卷积神经网络（Convolutional Neural Network）的模型。卷积神经网络是人工神经网络的变化和升级，是科学家通过模拟人类大脑的工作原理而发明的。人们发现人工神经网络模型能够很好地提取输入图像中的重要特征，而卷积神经网络在图像特征提取方面具有更明显的优势。就拿近几年举办的专业图像识别大赛来说，取得优异成绩的参赛队伍基本上都使用了卷积神经网络模型，这也证明了深度学习方法在图像识别、图像处理、图像特征的提取上要比目前的一些主流的传统机器学习方法效果更好。

人工智能技术是未来各行各业的生产力，国外的 Google、Facebook、Microsoft 等，以及国内的百度、腾讯和阿里巴巴等，都在大量招揽人工智能方向的人才，许多国家也已经将人工智能技术的发展提升到国家战略高度，人工智能相关技术领域的薪酬也是水涨船高，大家都在为通过人工智能学科改变相关领域和行业时刻准备着。

1.3　神经网络简史

神经网络的概念来自生物学科，人脑中错综复杂的生物神经网络承担着对人自身庞大的生物信息的处理工作。之后出现的人工神经网络其实是科学家根据人脑中生物神经网络的工作原理而抽象出的一种可以用数学进行定义的模型，但这个抽象的过程仅限于认知领域，因为在实际情况下生物神经网络的工作机理会比用数学定义的人工神经网络的表达式复杂许多。即便如此，人工神经网络在处理问题时效果却非常出众。如图 1-3 所示是我们对机械脑和人脑的一个臆想。

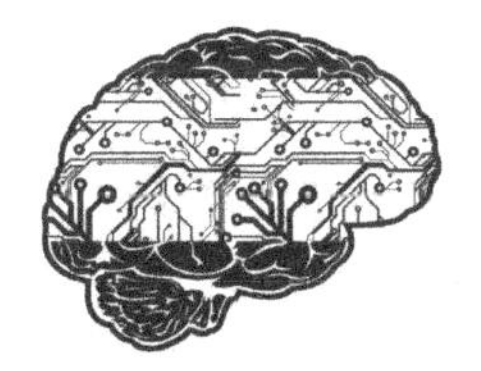
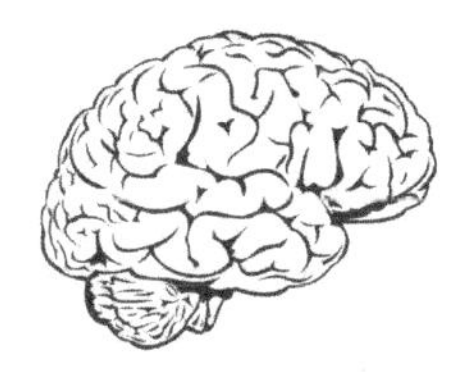

图 1-3

1.3.1　生物神经网络和人工神经网络

构成生物神经网络系统和功能的基本单位是生物神经细胞，也叫作生物神经元，一个生物神经元由细胞核、树突、轴突、突触等组织构成，而一个完整的生物神经网络系统由成千上万个生物神经元构造而成。如图 1-4 所示就是一个生物神经元的简单图例。

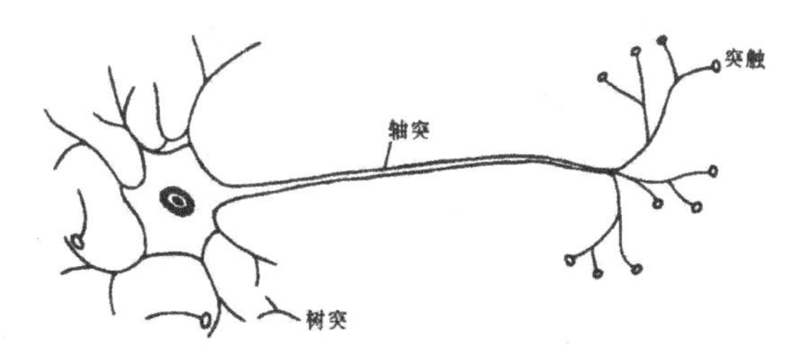

图 1-4

在图 1-4 中左边类似于树枝的是树突，树突是神经元的信息输入端，一个神经元通过树突就可以接收来自外部神经元的信息传入；图中中间的长条是轴突，轴突是神经元的信息输出端，神经元通过轴突可以把神经元中已处理完成的信息传递到突触；图中右边同样类似于树枝但是带有小圆点的是突触，突触是本神经元和外部神经元之间的连接接口。大量的神经元通过树突和突触互相连接，最后构造出一个复杂的神经网络。生物神经元的信息处理流程简单来说是先通过本神经元的树突接收外部神经元传入本神经元的信息，这个信息会根据神经元内定义的激活阈值选择是否激活信息，如果输入的信息最终被神经元激活，那么会通过本神经元的轴突将信息输送到突触，最后通过突触传递至与本神经元连接的其他神经元。

1.3.2 M-P 模型

在知道生物神经元的工作机理后，我们来看一个经典的人工神经元模型。人工神经元的基础模型是由 W.S.McCulloch 和 W. Pitts 这两位科学家于 1943 年根据生物神经元的生物特性和运行机理发明的，这个经典的模型被命名为 M-P 模型，M 和 P 分别是这两位科学家的名字的首字母。如图 1-5 所示是一个 M-P 模型的结构示意图。

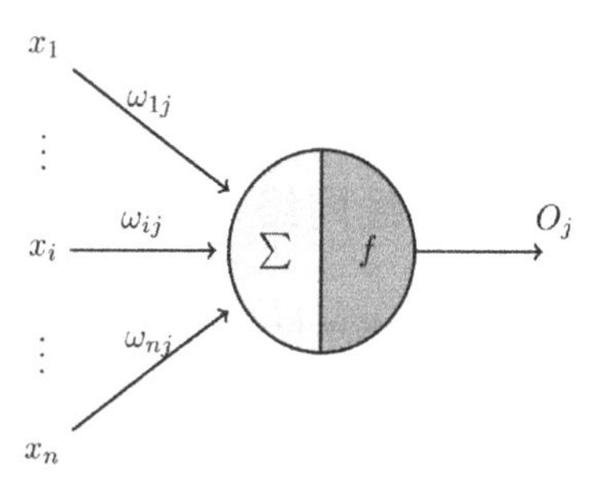

图 1-5

在图 1-5 中从左向右看，首先是一列从 x_1 到 x_n 的参数，我们可以将从 x_1 到 x_n 看作类似于生物神经元中的树突接收到的来自外部神经元的信息，不过还需要对这些输入的信息进行相应的处理，处理方法是对信息中的每个参数乘上一个对应的权重值，权重值的范围是从 w_{1j} 到 w_{nj}；图中的圆圈等价于在生物神经元中判断是否对输入的信息进行激活、输出的部分，M-P 模型在判断输入的信息能否被激活及输出前会对输入的信息使用 Σ 来完成求和处理，Σ 就是数学中的累加函数，然后将求和的结果传送给函数 f，函数 f 是一个定义了目标阈值的激活函数，这个激活函数只有在满足目标阈值时才能将信息激活及输出；O_j 类似于生物神经元中的轴突，用于承载输出的信息。

M-P 模型的数学表达式如下：

$$y_j = f(\sum_{i=1}^{n} w_{ij} x_i - \theta_j)$$

为了更直观地理解 M-P 模型，我们通过一个简单的实例进行说明。假设某个神经元只有两个信息输入，分别是 x_1 和 x_2，其中 $x_1 = 5$，$x_2 = 2$，x_1 和 x_2 对应的权重值分别是 $w_1 = 0.5$，$w_2 = 2$，并且定义激活函数的阈值为 $\theta = 5$，且激活函数 f 的激活条件为：$x_1 \times w_1 + x_2 \times w_2 - \theta$ 的计算结果在大于等于 0 时输出 1，在小于 0 时输出 0。通过计算，我们可以得到最后的输出结果 O_j 为 1。如果激活条件保持不变，则重新定义激活函数的阈值为 $\theta = 7$，那么最终得到的输出结果就变成 0 了。

除了以上 M-P 模型的常规用法，我们还可以使用 M-P 模型轻易地构造出逻辑与门、逻辑或门和逻辑非门。首先看看如何构造逻辑与门，为了使效果更明显，我们设定三个输入参数 x_0、x_1 和 x_2，其中 $x_0 = 1$。

逻辑与门的 M-P 模型的输入输出规则如下：当输入 $x_1 = 0$ 且 $x_2 = 0$ 时，输出的结果为 0；当输入 $x_1 = 0$ 且 $x_2 = 1$ 时，输出的结果为 0；当输入 $x_1 = 1$ 且 $x_2 = 0$ 时，输出的结果为 0；当输入 $x_1 = 1$ 且 $x_2 = 1$ 时，输出的结果为 1。逻辑与门的 M-P 模型结构如图 1-6 所示。

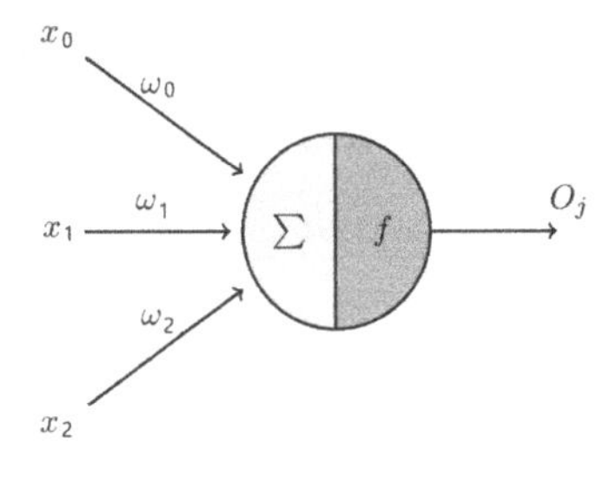

图 1-6

为了实现逻辑与门的功能，我们需要对模型中的权重 w_0、w_1、w_2 的值和激活函数 f 进行定义。设定 $w_0 = -8$、$w_1 = 5$、$w_2 = 5$，激活函数 f 的激活条件为：$1 \times w_0 + x_1 \times w_1 + x_2 \times w_2$ 的计算结果在小于 0 时输出 0，在大于等于 0 时输出 1，这样就构造出了一个逻辑与门。值得注意的是，我们当前使用的权重值和激活函数激活条件的组合并不是逻辑与门的唯一定义方式，使用不同的参数组合也能达到相同的效果。

然后，我们看看如何构造逻辑或门。逻辑或门的 M-P 模型的输入输出规则如下：当输入为 $x_1 = 0$ 且 $x_2 = 0$ 时，输出的结果为 0；当输入为 $x_1 = 0$ 且 $x_2 = 1$ 时，输出的结果为 1；当输入为 $x_1 = 1$ 且 $x_2 = 0$ 时，输出的结果为 1；当输入为 $x_1 = 1$ 且 $x_2 = 1$ 时，输出的结果为 1。逻辑或门的 M-P 模型结构如图 1-7 所示。

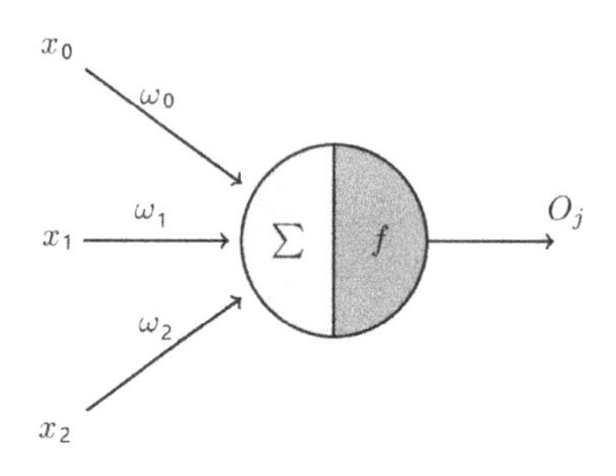

图 1-7

同样，为了实现逻辑或门的功能，我们需要对模型中的权重 w_0、w_1、w_2 的值和激活函数 f 进行定义。设定 $w_0 = -5$、$w_1 = 8$、$w_2 = 8$，激活函数 f 的激活条件为：$1 \times w_0 + x_1 \times w_1 + x_2 \times w_2$ 的计算结果在小于 0 时输出 0，在大于等于 0 时输出 1，这样就构造出了一个逻辑或门。我们发现激活函数的激活条件和之前的逻辑与门的激活条件一样，这里我们重点改变了模型的权重值。同样，搭建逻辑或门使用的权重值和激活函数激活条件的组合也不是唯一的。

最后，我们看看如何构造逻辑非门。在逻辑非门中输入的参数只需有两个，分别是 x_0 和 x_1，其中 $x_0 = 1$。逻辑非门的 M-P 模型的输入输出规则如下：当输入为 $x_1 = 0$ 时，输出的结果为 1；当输入为 $x_1 = 1$ 时，输出的结果为 0。逻辑非门的 M-P 模型结构如图 1-8 所示。

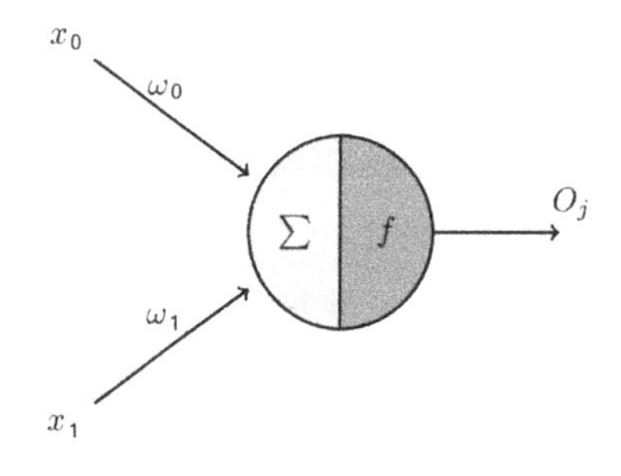

图 1-8

为了实现逻辑非门的功能，在模型中定义的参数变成了权重 w_0、w_1 的值和激活函数 f。我们设定 $w_0 = 10$、$w_1 = -20$，激活函数 f 的激活条件为：$1 \times w_0 + x_1 \times w_1$ 的计算结果在小于 0 时输出 0，在大于等于 0 时输出 1，这样就构造了一个逻辑非门。搭建逻辑非门使用的权重值和激活函数激活条件的组合仍然不是唯一的。

通过对逻辑与门、逻辑或门和逻辑非门进行任意组合，我们可以构造更复杂的神经网络结构，所以 M-P 模型具备非常实用的特性，当然，它仍有不足之处。

1.3.3　感知机的诞生

1957 年，科学家 Frank Rosenblatt 提出了一种具有单层计算单元的神经网络模型，这种模型也叫作感知机（Perceptron），它在结构上和 M-P 模型极为相似，不同之处是感知机被使用的初衷是解决数据的分类问题，因为感知机本身就是一种能够进行二分类的线性模型。那么什么样的模型可被称作二分类线性模型呢？下面让我们通过图 1-9 来直观地感受一下。

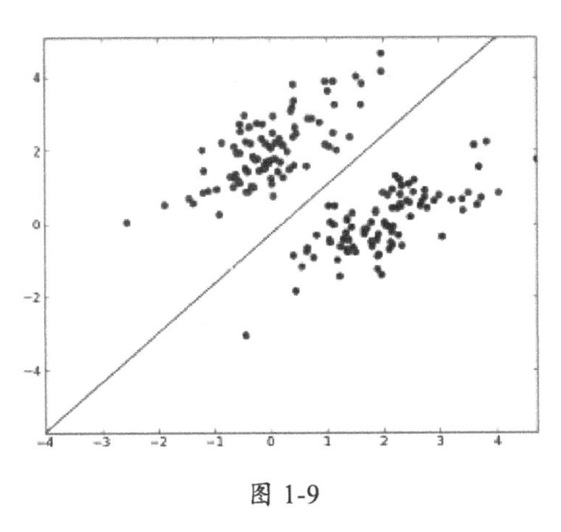

图 1-9

在图 1-9 中用到的数据都是二维的，一条直线将数据一分为二，这条直线就是一个二分类线性模型。在三维空间中同样可以对数据进行二分类，只不过在三维空间中划分数据的不是一条直线，而是一个平面。所以，只要被处理的数据线性可分，就能使用感知机模型不断地进行模型训练和参数优化，最后得到一个能够对数据进行二分类的模型。如果我们处理的数据是线性不可分的，在进行模型训练的过程中就会出现模型一直来回震荡的情况，也就得不到理想的结果了。感知机的数学表达式如下：

$$f(x) = \text{sign}(w \cdot x + b)$$

其中，参数 x 为输入向量，w 为输入向量对应的权重值，b 为偏置，$w \cdot x$ 是输入向量 x 和权重向量 w 的点积表示。*sign* 为符号函数，符号函数的定义如下：

$$\text{sign}(x) = \begin{cases} +1 & x > 0 \\ -1 & x < 0 \end{cases}$$

也就是说，当符号函数的输入值大于 0 时输出正 1，当符号函数的输入值小于 0 时输出负 1。然后，我们使用 $w \cdot x + b$ 来代替以上公式中的 x，得到如下新的公式：

$$\mathrm{sign}(w\cdot x+b)=\begin{cases}+1 & w\cdot x+b>0\\ -1 & w\cdot x+b<0\end{cases}$$

这样就更直观了。如果输入向量 x 是我们要进行分类的数据，那么输出结果值负 1 和正 1 就可以被看作数据经过模型计算后输出的对应标签，这样我们就将输入向量 x 划分成两类了。如果处于二维空间中，那么 $w\cdot x+b=0$ 对应的就是对输入数据进行二分类的那条直线，在感知机中我们也把这条直线叫作分割超平面（Separating Hyperplane）。不过感知机也存在极为明显的优缺点，优点是很容易处理线性可分问题，缺点是不能处理异或问题，也就是说不能处理非线性问题。所以，之后出现了能够处理非线性问题的多层感知机模型，如图 1-10 所示就是一个多层感知机模型的结构图。

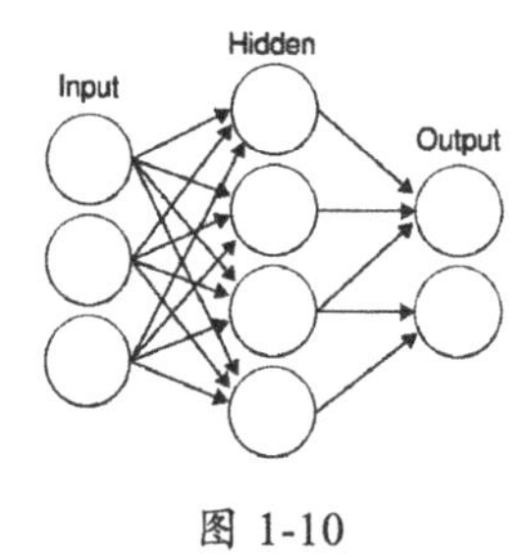

图 1-10

多层感知机和单层感知机的最大区别是多层感知机在它的输入层（Input Layer）和输出层（Output Layer）之间加入了新的网络层次，这个新的网络层次叫作隐藏层（Hidden Layer），我们能够自定义隐藏层的层次数量，层数通常会是一层或者多层。同时，多层感知机具备了一种后向传播能力，我们可以暂时将后向传播理解为多层感知机模型进行自我学习和优化的一种方法。

1.3.4 你好，深度学习

多层感知机的出现使神经网络模型在解决问题的能力上得到很大的提升，而且通过累加多层感知机的网络层次，模型有了能够解决现实世界的复杂问题的能力。因此，难免有人误以为只需对网络层次进行机械性累加，就可以得到一个有强泛化能力的多层感知机模型，最后得到的模型效果却差强人意，还引发了新的问题。模型的深度是一把双刃剑，随着模型深度的不断增加，模型本身会面临许多新的问题，最典型的就是通过机械性累加得到的深层次神经网络模型在进行后向传播的过程中会出现梯度消失的问题，梯度消失就意味着我们搭建的神经网络模型已经丧失了自我学习和优化的能力，所以在搭建神经网络模型时并不是网络的层次越深效果就越好。对于深层次神经网络模型，我们必须有特别的优化和控制手段。

对于在深层次神经网络模型训练中出现的梯度消失问题，科学家一直在探索解决方法，在 2006 年，由 Geoffrey E. Hinton 提出了一种有效的解决方案，就是通过无监督预训练对权值进行初始化和有监督训练微调模型，这也是本书着重使用的深度学习（Deep Learning）方法。不过随着历史的发展，深度学习方法中的有监督训练微调模型更受到人们的青睐，这种方法利用现有的样本数据，通过科学的方法不断微调模型参数，使模型的预测结果和真实结果之间的误差值不断减小。

在深度学习方法被提出后，科学家们通过不断改进和创新，开发出了基于深度学习方法的众多全新模型，这些模型在解决相关领域的问题的效果上比传统的机器学习方法要好出不少。

1.4 计算机视觉

视觉对于生物而言有着非常特殊的意义，远古时代的生物是没有视觉器官的，视觉器官的出现归功于生物长达数万年的进化过程。生物在拥有了视觉器官后也就拥有了一个强有力的图像信息捕获“工具”，通过这个“工具”完成对现实世界的图像分析和处理，这又促进了生物视觉和生物的其他能力的不断进化，所以视觉在某种程度上促进了生物的进化。

再来看看人类的视觉器官眼睛，眼睛是人类获取外部图像信息的重要渠道，通过眼睛和大脑的联动，我们能快速完成对物体的识别、定位等一系列复杂操作。在这个过程中眼睛的主要工作是帮助人类对外界的特定信息进行收集，然后将这些信息全部传递给大脑，并经过大脑的分析和处理，让相应的器官和肢体完成指定的动作。优秀的运动员要完成高难度的肢体动作，就需要不断对这个过程进行反复训练，以形成特定视觉下的肌肉记忆。人类通过视觉获得了了解世界的更好途径，视觉在人类不断探索世界的道路上是一个不可或缺的助推器。

那么，视觉对于机器而言又承载着什么特殊使命呢？其实在计算机被发明之初并没有计算机视觉的概念，我们知道，科学家们发明计算机的初衷是为了得到一个能够进行高精度、低耗时计算的工具，这个工具用于辅助人类更好地工作。在多年之后出现的计算机视觉概念其实和人工智能的发展密不可分，因为机器能否对视觉信息进行收集、处理和分析，是机器智能的一个重要体现途径，所以让机器拥有人类一样的视觉能力就是计算机视觉诞生的初衷。

传统的计算机视觉大致分为信息的收集、信息的分析和信息的处理三部分内容。

计算机获取外部信息主要通过硬件设备来完成，这些硬件设备可以是一些可以实时捕获高清信息的摄像头，当然，计算机还有其他渠道可以获取图像信息，比如将已经存在的视频或者图片作为图像信息提供给计算机进行处理和分析，这与人类进行信息收集的渠道相比是一个重大区别。

即便有了强大的硬件来捕获图像信息或者已经拥有海量的历史图像数据，但是没有进行图像信息的分析和处理的手段，则要想得到一个智能模型，是不切实际的。承担图像信息分析和处理这个艰巨任务的就是计算机视觉的核心算法，目前进行图像信息分析和处理的核心算法都采用了深度学习方法，通过这些核心算法能够处理很多计算机视觉上的问题，比如图片分类、对图像中目标的定位和语义分割，等等，所以在本书中深度学习方法就是在计算机视觉问题中负责对图像进行信息分析和处理的“大脑”。

1.5 深度学习+

当深度学习方法开始融入对计算机视觉问题的分析和处理中时，传统的机器学习方法就逐渐被深度学习方法取代了。下面让我们大致了解一下哪些领域正在使用深度学习方法解决计算机视觉问题。

1.5.1 图片分类

图片分类具体指的是通过使用深度学习方法让计算机能够对输入图片的信息进行分析、处理并判定图片所属的类别。假设我们需要处理一个图片的二分类问题，现在有大量的苹果和梨的图片，其中一部分图片有类型标注，而另一部分没有，我们要完成的任务就是对没有类型标注的图片打上图片内容真实对应的类别标签，来完成对这部分图片的类型划分。其解决的思路就是将已经有标注的图片输入我们搭建好的计算机视觉模型中进行训练，然后使用训练好的模型对没有类型标注的图片进行类别预测，只要我们的预测结果足够准确，就解决了一个典型的图片二分类问题。当然，这个思路同样可以用于解决图片多分类问题。

1.5.2　图像的目标识别和语义分割

图像的目标识别（Object Recognition）和语义分割（Semantic Segmentation）可以说是图片分类的升级版本。图片的分类是指通过使用已经训练好的模型识别出输入图片的特征，然后才能将这些图片归属到具体的类别中。但是，在我们实际获取到的某张图片中不仅仅有一种类别的物品，有时我们还需要对一张图片中的多个物体进行分类和识别，这时就要用到目标识别和语义分割相关的算法了。

同样，在进行图像目标识别和语义分割前，我们首先需要通过训练让我们搭建的模型知道每个类别的重要特征，当在输入图像的信息中包含了我们的模型已经知道的类别特征时，就能很快将图像中的目标全部识别出来。而图像的目标识别和语义分割有一个很大的区别，就是它们对在图像中识别出的目标在结果呈现上有所不同：目标识别会对识别出的类别对象用长方形进行框选并在框上打上标签名，如图 1-11（a）所示；语义分割则会对识别出的类别使用同一种像素进行标识并打上标签，如图 1-11（b）所示。

图 1-11（a）

图 1-11（b）

1.5.3　自动驾驶

目前，主流的自动驾驶技术也用到了计算机视觉相关的技术，在自动驾驶的汽车上会安置大量的高清摄像头和传感器，这些硬件设备会收集汽车附近的图像信息并将其输入汽车“大脑”中进行处理、分析，从而判断出汽车附近的实时路面情况。所以计算机视觉在自动驾驶中有着举足轻重的作用，而且自动驾驶对所分析路面状况的安全性和可靠性的要求非常高，因此自动驾驶中的计算机视觉技术比其在其他领域的应用要求更严苛，不能有半点马虎。

1.5.4 图像风格迁移

除了图像目标识别和语义分割这类主要用于图像识别和分类问题的计算机视觉应用，人们还发现了一些比较有意思的应用场景，比如图像风格迁移（Neural Style）。我们知道，深度学习方法能够提取图像的重要特征，所以我们可以将提取的这些特征迁移到其他图片中进行融合，到达图像风格迁移的目的，这样，混合了其他图片风格的新图片就诞生了。如图 1-12 所示就是一个典型的图像风格迁移的应用。

图 1-12

第 2 章
相关的数学知识

在学习深度学习相关的内容之前，我们还需要掌握一些数学知识。本章将介绍一些基础的数学知识，比如如何在线性代数中进行矩阵运算，以及如何在微积分中对函数求导等。

2.1 矩阵运算入门

矩阵是线性代数中非常核心的内容，其优势就是能够进行大规模的并行计算，所以将矩阵的计算方式引入计算机中能够很大程度地提升计算机的计算效率。在深度学习方法中有很多的地方会涉及矩阵计算，所以掌握矩阵相关的计算方法和原理对我们理解深度学习的算法流程会有很大的帮助。

受限于篇幅，本章重点介绍在深度学习中涉及的矩阵相关的内容，以便于读者快速理解和上手。

2.1.1 标量、向量、矩阵和张量

在线性代数中，我们必须掌握几个核心概念：标量、向量、矩阵和张量，它们是构成线性代数学科的基石。

（1）标量（Scalar）：标量其实就是一个独立存在的数，比如在线性代数中一个实数 5 就可以被看作一个标量，所以标量的运算相对简单，与我们平常做的数字算术运算类似。

（2）向量（Vector）：向量指一列按顺序排列的元素，我们通常习惯用括号将这一列元素括起来，其中的每个元素都由一个索引值来唯一地确定其在向量中的位置，假设这个向量中的第 1 个元素是 x_1，它的索引值就是 1，第 2 个元素是 x_2，它的索引值就是 2，以此类推。如下所示就是一个由三个元素组成的向量，这个向量的索引值从 1 到 3 分别对应了从 x_1 到 x_3 的这三个元素：

$$\begin{bmatrix} x_1 \\ x_2 \\ x_3 \end{bmatrix}$$

向量还有一个特性：向量中的不同数字还可以用于表示不同坐标轴上的坐标值。比如，我们可以把下面这个向量看作三个不同的坐标轴上的坐标值，可以假设 2 是 x 轴上的坐标值，3 是 y 轴上的坐标值，8 是 z 轴上的坐标值：

$$\begin{bmatrix} 2 \\ 3 \\ 8 \end{bmatrix}$$

（3）矩阵（Matrix）：矩阵就是一个二维数组结构，我们会用括号将其中的全部元素括起来。向量的索引值是一维的，而矩阵的索引值是二维的，所以在确定矩阵中每个元素的位置时需要两个数字。举例来说，假设在一个矩阵的左上角存在一个元素 x_{11}，那么确定这个元素的索引值就是由两个 1 构成的二维索引值，即“11”，这个二维索引值代表矩阵中第 1 行和第 1 列交汇处的数字，所以前面的一个数字 1 可以被定义为当前矩阵的行号，后面的一个数字 1 可以被定义为当前矩阵的列号。如下就是一个三行两列的矩阵：

$$\boldsymbol{X} = \begin{bmatrix} x_{11} & x_{12} \\ x_{21} & x_{22} \\ x_{31} & x_{32} \end{bmatrix}$$

在本书中统一使用大写字母来表示一个矩阵的简写，这个矩阵由 6 个元素组成，其中 x_{11} 的位置是第 1 行和第 1 列的交汇处，所以 x_{11} 的索引值就是 11；同理，x_{21} 的位置是第 2 行和第 1 列的交汇处，所以 x_{21} 的索引值就是 21；x_{12} 的位置是第 1 行和第 2 列的交汇处，所以 x_{12} 的索引值是 12；以此类推，最后得到 x_{22} 的索引值是 22，x_{31} 的索引值是 31，x_{32} 的索引值是 32。下面举一个具体的实例，有如下矩阵：

$$X = \begin{bmatrix} 1 & 2 \\ 3 & 4 \\ 5 & 6 \end{bmatrix}$$

如果我们想要获得索引值是 21 和 32 的值，则根据之前的索引值定义规则，可以得到其对应的值分别是 3 和 6。

（4）张量（Tensor）：若数组的维度超过了二维，我们就可以用张量来表示，所以我们可以将张量理解为高维数组。同理，张量的索引值用两个维度的数字来表示已经不够了，其中的元素的索引值会随着张量维度的改变而改变。

2.1.2 矩阵的转置

矩阵的转置是矩阵在进行相关运算时会采用的一种变换方法。在一般情况下，我们通过在矩阵的右上角加上符号“T”来表示其是一个转置矩阵，如下所示就是矩阵 $\boldsymbol{X}$ 的转置矩阵表示：

$$\boldsymbol{X}^T$$

我们对原矩阵 $\boldsymbol{X}$ 中的元素在经过变换后得到的相应的转置矩阵做如下定义：

$$\left(\boldsymbol{X}^T\right)_{i,j} = \boldsymbol{X}_{j,i}$$

等号左边括号内的内容是原矩阵的转置表示，括号外右下角的 i 和 j 分别是原矩阵中元素的行号索引值和列号索引值；等号右边是原矩阵 $\boldsymbol{X}$，但是我们看到它的下标 i 和 j 调换了位置，这个位置的调换意义在于把原矩阵中所有位置为 ij 的元素和位置为 ji 的元素进行对调，在这个过程中完成的全部操作就是原矩阵的转置。

下面通过一个具体的实例来对比矩阵转置前后的元素的位置，这样就能够更清晰地理解转置的过程。如下所示是一个原矩阵 $\boldsymbol{X}$：

$$\boldsymbol{X} = \begin{bmatrix} x_{11} & x_{12} \\ x_{21} & x_{22} \\ x_{31} & x_{32} \end{bmatrix}$$

按照之前的原矩阵的转置变换过程，通过将矩阵内元素的位置进行调换后得到如下结果：

$$\boldsymbol{X}^T = \begin{bmatrix} x_{11} & x_{21} & x_{31} \\ x_{12} & x_{22} & x_{32} \end{bmatrix}$$

在观察转置矩阵之后我们发现，如果原矩阵的维度是不对称的，那么在转置后的矩阵中不仅元素的位置会改变，维度也会有相应的改变，在如上所示的矩阵中原矩阵的三行两列在转置后变成了两行三列。其实，我们可以通过一种更简单的方法来记忆转置的变换过程，就是把原矩阵沿着对角线进行翻转，在翻转后得到的矩阵就是原矩阵的转置矩阵。

再来看两个实际的实例。首先是一个矩阵行号和列号相同的原矩阵 $\boldsymbol{X}$：

$$\boldsymbol{X} = \begin{bmatrix} 1 & 2 \\ 3 & 4 \end{bmatrix}$$

我们沿着对角线对原始矩阵进行翻转，其中对角线的矩阵元素是 1 和 4，在翻转后得到原矩阵的转置矩阵如下：

$$\boldsymbol{X}^T = \begin{bmatrix} 1 & 3 \\ 2 & 4 \end{bmatrix}$$

如果矩阵的行号和列号相同，那么对角线上的元素必定在翻转之后还是一样的，而且索引值不会发生变化。我们再来看一个矩阵的行号和列号不相同的实例，原始矩阵 $\boldsymbol{X}$ 如下：

$$\boldsymbol{X} = \begin{bmatrix} 1 & 2 \\ 3 & 4 \\ 5 & 6 \end{bmatrix}$$

这时对角线上的矩阵元素变成了 1 和 6，在翻转后得到的原矩阵的转置矩阵如下：

$$\boldsymbol{X}^T = \begin{bmatrix} 1 & 3 & 5 \\ 2 & 4 & 6 \end{bmatrix}$$

可以看到，转置矩阵的对角线上的元素仍然没有发生变化，但是转置矩阵的对角线上的元素索引值和原矩阵不同了：矩阵中元素 1 的索引值还是 11，但是矩阵中元素 6 的索引值从原矩阵的 32 变成了现在的 23。

2.1.3 矩阵的基本运算

我们通常使用的数学算术运算包含加法运算、减法运算、乘法运算和除法运算，不过这些运算和矩阵中的算术运算稍微有些区别，因为在矩阵中是不能直接进行除法运算的，如果要在矩阵中进行除法运算，就要引入矩阵的逆来解决这个问题。本书不过多介绍矩阵的逆，而是重点讲解矩阵的加法运算、减法运算和乘法运算。

在进行矩阵算术运算前，我们先假设存在三个行号和列号都为 2 的矩阵，分别使用大写字母 $\boldsymbol{A}$、$\boldsymbol{B}$ 和 $\boldsymbol{C}$ 表示这三个矩阵，其中矩阵 $\boldsymbol{A}$ 中的元素如下：

$$\boldsymbol{A}=\begin{bmatrix} a_{11} & a_{12} \\ a_{21} & a_{22} \end{bmatrix}$$

矩阵 $\boldsymbol{B}$ 中的元素如下：

$$\boldsymbol{B}=\begin{bmatrix} b_{11} & b_{12} \\ b_{21} & b_{22} \end{bmatrix}$$

我们把矩阵 $\boldsymbol{A}$ 和矩阵 $\boldsymbol{B}$ 进行算术运算后的结果都存储在矩阵 $\boldsymbol{C}$ 中，矩阵 C 中的元素如下：

$$\boldsymbol{C}=\begin{bmatrix} c_{11} & c_{12} \\ c_{21} & c_{22} \end{bmatrix}$$

在定义好三个矩阵的结构之后，我们再来看看矩阵中算术运算的公式。

矩阵的加法运算公式如下：

$$\boldsymbol{C}=\boldsymbol{A}+\boldsymbol{B}$$

$$c_{ij}=a_{ij}+b_{ij}$$

矩阵的减法运算公式如下：

$$\boldsymbol{C}=\boldsymbol{A}-\boldsymbol{B}$$

$$c_{ij}=a_{ij}-b_{ij}$$

矩阵的乘法运算公式如下：

$$\boldsymbol{C}=\boldsymbol{A}\times\boldsymbol{B}$$

$$c_{ij}=\sum_{k}a_{ik}\times b_{kj}$$

每个运算公式中的两个公式其实都是矩阵的相应的算术运算法则，只不过第 1 个公式使用的是矩阵的缩写，而第 2 个公式使用的是矩阵中的元素，但是为了便于理解，我们平时习惯使用第 1 种公式。在第 2 个公式中定义的 i 和 j 分别是矩阵的行索引值和列索引值。

我们观察到这两个矩阵在进行加法运算和减法运算时，矩阵中对应的矩阵元素具有相同的行索引值 i 和列索引值 j，这也是矩阵进行加法和减法运算的前提条件，即参与运算的矩阵必须具有相同的行数和列数。

不过，矩阵乘法运算的前提条件和加法、减法运算不同：在参与运算的元素索引值中多了一个 k 值，而且这个 k 值同时出现在两个参与矩阵乘法运算的元素索引值中，前一个元素的 k 值代表的是列索引值，而后一个元素的 k 值代表的是行索引值。

不仅如此，我们还能从矩阵的乘法运算中得到如下有用的信息：若两个矩阵能进行乘法运算，那么前一个矩阵的列数必须和后一个矩阵的行数相等，同时矩阵的乘法运算要满足乘法的分配率和乘法的结合律，即

$$\boldsymbol{A}\times(\boldsymbol{B}+\boldsymbol{C})=\boldsymbol{A}\times\boldsymbol{B}+\boldsymbol{A}\times\boldsymbol{C}$$

$$\boldsymbol{A}\times(\boldsymbol{B}\times\boldsymbol{C})=(\boldsymbol{A}\times\boldsymbol{B})\times\boldsymbol{C}$$

如上所述是常用的算术运算公式，我们需要特别留意矩阵的加法、减法和乘法运算公式之间的区别和联系，下面来看一些实例。

例 1：假设存在两个行号和列号相同的矩阵，其中矩阵 $\boldsymbol{A}=\begin{bmatrix}1 & 2\\3 & 4\end{bmatrix}$，矩阵 $\boldsymbol{B}=\begin{bmatrix}5 & 6\\7 & 8\end{bmatrix}$，计算矩阵 $\boldsymbol{C}=\boldsymbol{A}+\boldsymbol{B}$ 的运算结果。

解答：根据矩阵的加法法则 $c_{ij}=a_{ij}+b_{ij}$，可以得到矩阵 $\boldsymbol{C}=\begin{bmatrix}a_{11}+b_{11} & a_{12}+b_{12}\\a_{21}+b_{21} & a_{22}+b_{22}\end{bmatrix}$，然后将索引值对应的元素代入公式中进行计算，得到计算结果为矩阵 $\boldsymbol{C}=\begin{bmatrix}6 & 8\\10 & 12\end{bmatrix}$。

例 2：假设存在两个行号和列号相同的矩阵，其中矩阵 $\boldsymbol{A}=\begin{bmatrix}1 & 2\\7 & 8\end{bmatrix}$，矩阵 $\boldsymbol{B}=\begin{bmatrix}5 & 2\\4 & 3\end{bmatrix}$，计算矩阵 $\boldsymbol{C}=\boldsymbol{A}-\boldsymbol{B}$ 的运算结果。

解答：根据矩阵的减法法则 $c_{ij}=a_{ij}-b_{ij}$，可以得到矩阵 $\boldsymbol{C}=\begin{bmatrix}a_{11}-b_{11} & a_{12}-b_{12}\\a_{21}-b_{21} & a_{22}-b_{22}\end{bmatrix}$，然后将索引值对应的元素代入公式中进行计算，得到计算结果为矩阵 $\boldsymbol{C}=\begin{bmatrix}-4 & 0\\3 & 5\end{bmatrix}$。

例 3：假设存在两个行号和列号相同的矩阵，其中矩阵 $\boldsymbol{A}=\begin{bmatrix}1 & 2\\3 & 2\end{bmatrix}$，矩阵 $\boldsymbol{B}=\begin{bmatrix}3 & 1\\2 & 1\end{bmatrix}$，

计算矩阵 $\boldsymbol{C}=\boldsymbol{A}\times\boldsymbol{B}$ 的运算结果。

解答：根据矩阵的乘法运算法则 $c_{ij}=\sum_k a_{ik}\times b_{kj}$，可以得到矩阵 $\boldsymbol{C}=\begin{bmatrix} a_{11}\times b_{11}+a_{12}\times b_{21} & a_{11}\times b_{12}+a_{12}\times b_{22} \\ a_{21}\times b_{11}+a_{22}\times b_{21} & a_{21}\times b_{12}+a_{22}\times b_{22} \end{bmatrix}$，然后将索引值对应的元素代入公式中进行计算，得到计算结果为矩阵 $\boldsymbol{C}=\begin{bmatrix} 1\times3+2\times2 & 1\times1+2\times1 \\ 3\times3+2\times2 & 3\times1+2\times1 \end{bmatrix}=\begin{bmatrix} 7 & 3 \\ 13 & 5 \end{bmatrix}$。

例 4：假设存在两个行号和列号不相同的矩阵，其中矩阵 $\boldsymbol{A}=\begin{bmatrix} 1 & 2 \\ 3 & 2 \\ 3 & 3 \end{bmatrix}$，矩阵 $\boldsymbol{B}=\begin{bmatrix} 3 & 1 & 2 \\ 2 & 1 & 2 \end{bmatrix}$，计算矩阵 $\boldsymbol{C}=\boldsymbol{A}\times\boldsymbol{B}$ 的运算结果。

解答：根据矩阵的乘法运算法则 $c_{ij}=\sum_k a_{ik}\times b_{kj}$，可以得到矩阵 $\boldsymbol{C}=\begin{bmatrix} a_{11}\times b_{11}+a_{12}\times b_{21} & a_{11}\times b_{12}+a_{12}\times b_{22} & a_{11}\times b_{13}+a_{12}\times b_{23} \\ a_{21}\times b_{11}+a_{22}\times b_{21} & a_{21}\times b_{12}+a_{22}\times b_{22} & a_{21}\times b_{13}+a_{22}\times b_{23} \\ a_{31}\times b_{11}+a_{32}\times b_{21} & a_{31}\times b_{12}+a_{32}\times b_{22} & a_{31}\times b_{13}+a_{32}\times b_{23} \end{bmatrix}$，然后将索引值对应的元素代入公式中进行计算，计算结果为矩阵 $\boldsymbol{C}=\begin{bmatrix} 1\times3+2\times2 & 1\times1+2\times1 & 1\times2+2\times2 \\ 3\times3+2\times2 & 3\times1+2\times1 & 3\times2+2\times2 \\ 3\times3+3\times2 & 3\times1+3\times1 & 3\times2+3\times2 \end{bmatrix}=\begin{bmatrix} 7 & 3 & 6 \\ 13 & 5 & 10 \\ 15 & 6 & 12 \end{bmatrix}$。

例 5：假设存在三个行号和列号相同的矩阵，其中矩阵 $\boldsymbol{A}=\begin{bmatrix} 1 & 2 \\ 3 & 2 \end{bmatrix}$，矩阵 $\boldsymbol{B}=\begin{bmatrix} 3 & 1 \\ 2 & 1 \end{bmatrix}$，矩阵 $\boldsymbol{C}=\begin{bmatrix} 1 & 1 \\ 2 & 1 \end{bmatrix}$，计算矩阵乘法运算 $\boldsymbol{A}\times(\boldsymbol{B}+\boldsymbol{C})$ 的运算结果是否和矩阵乘法运算 $\boldsymbol{A}\times\boldsymbol{B}+\boldsymbol{A}\times\boldsymbol{C}$ 的运算结果相等，来证明矩阵乘法运算符合乘法的分配律。

解答：根据矩阵的乘法法则 $c_{ij}=\sum_k a_{ik}\times b_{kj}$，可以计算得到 $\boldsymbol{A}\times(\boldsymbol{B}+\boldsymbol{C})$ 的矩阵乘法运算结果为

$$\boldsymbol{A}\times(\boldsymbol{B}+\boldsymbol{C})=\begin{bmatrix} 1 & 2 \\ 3 & 2 \end{bmatrix}\times\begin{bmatrix} 3+1 & 1+1 \\ 2+2 & 1+1 \end{bmatrix}=\begin{bmatrix} 1\times4+2\times4 & 1\times2+2\times2 \\ 3\times4+2\times4 & 3\times2+2\times2 \end{bmatrix}=\begin{bmatrix} 12 & 6 \\ 20 & 10 \end{bmatrix}$$

$\boldsymbol{A}\times\boldsymbol{B}+\boldsymbol{A}\times\boldsymbol{C}$ 的矩阵乘法运算结果为

$$A\times B+A\times C=\begin{bmatrix}1&2\\3&2\end{bmatrix}\times\begin{bmatrix}3&1\\2&1\end{bmatrix}+\begin{bmatrix}1&2\\3&2\end{bmatrix}\times\begin{bmatrix}1&1\\2&1\end{bmatrix}=\begin{bmatrix}7+5&3+3\\13+7&5+5\end{bmatrix}=\begin{bmatrix}12&6\\20&10\end{bmatrix}$$

可以看到，矩阵乘法运算 $A\times(B+C)$ 的结果和矩阵乘法运算 $A\times B+A\times C$ 的结果是相等的，由此可以证明矩阵乘法运算符合乘法的分配律。

例 6：假设存在三个行号和列号相同的矩阵，其中矩阵 $A=\begin{bmatrix}1&2\\3&2\end{bmatrix}$，矩阵 $B=\begin{bmatrix}3&1\\2&1\end{bmatrix}$，矩阵 $C=\begin{bmatrix}1&1\\2&1\end{bmatrix}$，计算矩阵乘法运算 $(A\times B)\times C$ 的运算结果是否和矩阵乘法运算 $A\times(B\times C)$ 的运算结果相等，来证明矩阵乘法运算符合乘法的结合律。

解答：根据矩阵乘法的结合律公式 $c_{ij}=\sum_k a_{ik}\times b_{kj}$，可以计算得到 $(A\times B)\times C$ 的矩阵乘法运算结果为

$$(A\times B)\times C=\begin{bmatrix}7&3\\13&5\end{bmatrix}\times\begin{bmatrix}1&1\\2&1\end{bmatrix}=\begin{bmatrix}7\times1+3\times2&7\times1+3\times1\\13\times1+5\times2&13\times1+5\times1\end{bmatrix}=\begin{bmatrix}13&10\\23&18\end{bmatrix}$$

$A\times(B\times C)$ 的矩阵乘法运算结果为

$$A\times(B\times C)=\begin{bmatrix}1&2\\3&2\end{bmatrix}\times\begin{bmatrix}5&4\\4&3\end{bmatrix}=\begin{bmatrix}1\times5+2\times4&1\times4+2\times3\\3\times5+2\times4&3\times4+2\times3\end{bmatrix}=\begin{bmatrix}13&10\\23&18\end{bmatrix}$$

可以看到，矩阵乘法运算 $(A\times B)\times C$ 的运算结果和矩阵乘法运算 $A\times(B\times C)$ 的运算结果相等，由此可以证明矩阵乘法运算符合乘法的结合律。

2.2 导数求解

导数是微积分中非常核心的概念，它又包括一阶导数、二阶导数和高阶导数（或者说多阶导数），不过阶层不同的导数不仅在导数求解使用的运算方式和方法上存在诸多差异，其几何意义也完全不同，所以我们很难掌握各阶导数的求解方法和几何意义。

本节重点介绍一阶导数的求解方法和其对应的几何意义，因为一阶导数的求解相对于高阶导数会简单很多，而且几何意义比较直观，所以掌握这些内容会有助于我们理解后续要讲的深度学习中后向传播的内容。

2.2.1　一阶导数的几何意义

我们先来了解一阶导数的几何意义。假设存在函数 $y = f(x)$，该函数在点 x_0 处可导，则点 x_0 处的导数的几何意义就是该函数曲线在点 $p(x_0, f(x_0))$ 处的切线的斜率，在几何图中显示的效果如图 2-1 所示。

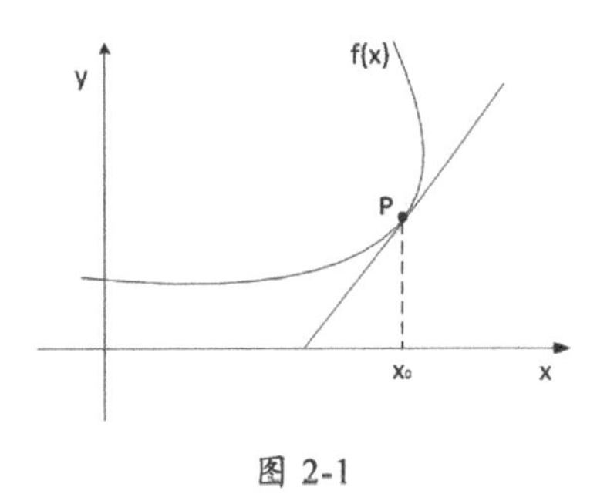

图 2-1

因此，如果想知道在函数曲线上某点的导数，则只需计算该函数在该点的切线的斜率。如图 2-1 所示的函数曲线特征还不是非常明显，下面我们来看看特征更明显的函数曲线，如图 2-2 所示。

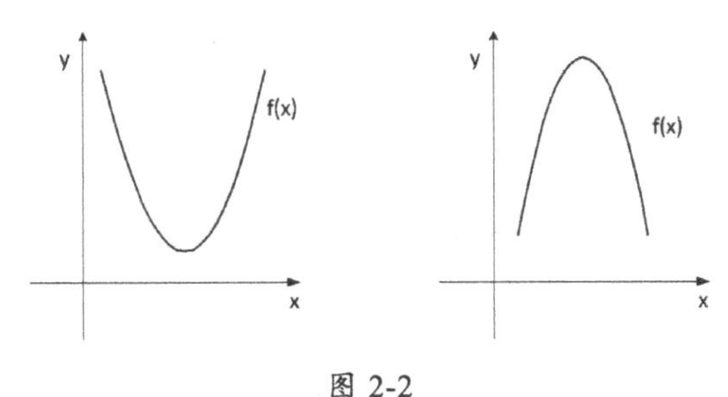

图 2-2

在图 2-2 中，左图中的函数曲线呈现一个很明显的凹型，而右图中的函数曲线呈现一个很明显的凸型，我们将左图中的函数曲线叫作凹函数，将右图中的函数曲线叫作凸函数。这两类曲线除这个特征外，还有一个重要的属性，就是在凹函数中一定存在一个该函数的最低点，相对应地，在凸函数中一定存在一个该函数的最高点。凸函数的最高点和凹函数的最低点的斜率均为 0，即这两点的导数的求解结果为 0，所以在凸函数中如果某点的导数求解结果为零，那么该点就是该函数曲线上的最大值点；在凹函数中如果某点的导数求解结果为零，那么该点就是该函数曲线上的最小值点。

在实际应用中一些函数曲线会同时存在多个点的斜率都是 0 的情况，这种类型的曲线不是完全的凸函数，也不是完全的凹函数，更像是由凹凸函数混合而成的，如图 2-3 所示。

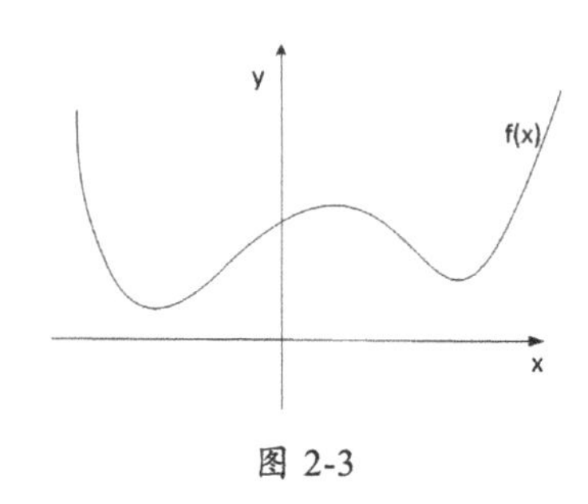

图 2-3

在该函数曲线中既有一部分凸曲线，又有一部分凹曲线，其中的凸曲线最高点的斜率为 0，但是我们不把该点叫作最大值点，而把它叫作极大值点，同理，凹曲线的最低点是极小值点。我们需要明白的是，极大值点和极小值点只代表整个函数局部的最大和最小，在该类函数中极大值点不一定就是最大值点，极小值点也不一定就是最小值点，所以我们又可以将最大值点叫作函数全局最大值，将最小值点叫作函数全局最小值，除此之外，我们可以将其他极值点都叫作函数局部最大值或者函数局部最小值。

通过计算，我们可以得到图 2-3 中斜率为 0 的点有三个，有一个是极大值点，有两个是极小值点，很容易看出极大值点并不是最大值点，但是两个极小值点中的一个是最小值点。

2.2.2 初等函数的求导公式

我们在理解了导数的几何意义之后，就可以进一步学习导数的求解方法了。这里不对导数的求解过程进行详细论证，而是直接讲解如何使用初等函数的导数求导公式，这样更便于理解导数计算的相关方法。

在学习导数的相关计算之前，我们需要知道几种常用的导数表示方法，比如存在函数 $y=f(x)$，那么我们可以将函数 $f(x)$ 的导数表示成 y' 或者 $\frac{dy}{dx}$。多元函数导数的表示方法不太一样，比如对于一个二元函数 $h=f(x,y)$，对其中的 x 求导时表示成 $\frac{\partial h}{\partial x}$，对其中的 y 求导时表示成 $\frac{\partial h}{\partial y}$，这两个计算过程分别叫作对 x 求偏导和对 y 求偏导。

常用的初等函数求导公式如下。

（1） $y=C$， $y'=0$（C 表示实数）

（2） $y=x^n$， $y'=nx^{n-1}$（n 表示整数）

（3） $y = \sin x$， $y' = \cos x$

（4） $y = \cos x$， $y' = -\sin x$

（5） $y = \tan x$， $y' = \frac{1}{\cos^2 x}$

（6） $y = \cot x$， $y' = \frac{1}{\sin^2 x}$

（7） $y = \ln x$， $y' = \frac{1}{x}$

（8） $y = \log_a x$， $y' = \frac{1}{x \ln a}$

（9） $y = e^x$， $y' = e^x$

（10） $y = a^x$， $y' = a^x \ln a \quad (a > 0, a \neq 1)$

在掌握了初等函数求导的计算公式后，现在看几个具体的实例。

例 1： 已知 $y = 5$，求解 y 的导数 y' 的值是多少。

解答： 使用 $y = C$， $y' = 0$ 初等函数求导公式进行求解，因为 y 是实数，所以可以得到 y 的导数 $y' = 0$。

例 2： 已知 $y = x^5$，求解 y 的导数 y' 的值是多少。

解答： 使用 $y = x^n$， $y' = nx^{n-1}$ 初等函数求导公式进行求解，此时在函数中 n 的值等于 5，代入公式中得到 $y' = 5x^4$。

例 3： 已知 $y = \log_{10} x$，求解 y 的导数 y' 的值是多少。

解答： 使用 $y = \log_a x$， $y' = \frac{1}{x \ln a}$ 初等函数求导公式进行求解，此时在函数中 a 的值等于 10，代入公式中得到 $y' = \frac{1}{x \ln 10}$。

例 4： 已知 $y = 5^x$，求解 y 的导数 y' 的值是多少。

解答： 使用 $y = a^x$， $y' = a^x \ln a \quad (a > 0, a \neq 1)$ 初等函数求导公式进行求解，此时在函数中 a 的值等于 5，代入公式中得到 $y' = 5^x \ln 5$。

2.2.3 初等函数的和、差、积、商求导

只掌握初等函数的导数求解方法还远远不够，我们在函数计算的过程中经常会遇到在进行算术运算后需要求导的情况，在这种情况下，函数求导计算的内容较之前更复杂，不过可以直接套用初等函数的算数运算求导公式。假设存在函数 $u=u(x),v=v(x)$，其中函数 $u=u(x),v=v(x)$ 均可导，那么有如下算术运算求导公式：

（1）$(u\pm v)'=u'\pm v'$

（2）$(Cu)'=Cu'$（其中 C 为实数）

（3）$(uv)'=u'v+uv'$

（4）$\left(\frac{u}{v}\right)'=\frac{u'v-uv'}{v^2}$

我们依旧通过几个实例来看看如何运用初等函数的算术运算求导公式。

例 1：已知 $u=2x,v=x^2$，求解 $(u\pm v)$ 的导数值 $(u\pm v)'$ 是多少。

解答：使用 $(u\pm v)'=u'\pm v'$ 初等函数算术运算求导公式进行求解，代入公式中，得到 $(u\pm v)'=u'\pm v'=(2x)'\pm(x^2)'=2\pm 2x$。

例 2：已知 $u=2x$，求解 $(5u)$ 的导数值 $(5u)'$ 是多少。

解答：使用 $(Cu)'=Cu'$ 初等函数算术运算求导公式进行求解，代入公式中，得到 $(5u)'=5u'=5\times(2x)'=5\times 2=10$。

例 3：已知 $u=2x,v=x^2$，求解 (uv) 的导数值 $(uv)'$ 是多少。

解答：使用 $(uv)'=u'v+uv'$ 初等函数算术运算求导公式进行求解，代入公式中，得到 $(uv)'=u'v+uv'=(2x)'\times x^2+2x\times(x^2)'=2x^2+4x^2=6x^2$。

例 4：已知 $u=2x,v=x^2$，求解 $\left(\frac{u}{v}\right)$ 的导数值 $\left(\frac{u}{v}\right)'$ 是多少。

解答： 使用$\left(\frac{u}{v}\right)'=\frac{u'v-uv'}{v^2}$初等函数算术运算求导公式进行求解，代入公式中，得到$\left(\frac{u}{v}\right)'=\frac{u'v-uv'}{v^2}=\frac{(2x)'\times x^2-2x\times(x^2)'}{(x^2)^2}=\frac{2x^2-4x^2}{x^4}=\frac{-2}{x^2}$。

2.2.4　复合函数的链式法则

在介绍复合函数的链式法则之前，我们先回顾一下初等函数的算术运算求导过程。如果把初等函数的和、差、积、商运算改写成一个函数，那么上面的 4 个实例就变成了一个复合函数的求导过程。复合函数其实就是有限个函数使用不同的运算方法嵌套而成的，那么复合函数的导数就是有限个函数在相应的点的导数的乘积，就像锁链一样一环套一环，故将复合函数的求导方法称为链式法则。

在实际应用中，复合函数的求导更复杂：因为复合函数嵌套的函数数量会相对较多，而且在嵌套的函数中用到的不仅有简单的加减乘除运算，还有复杂的幂运算、正弦余弦运算等高级运算。

若在一个复合函数中只嵌套一个函数，则通用的公式可以写成：

$$f(g(x))$$

而这个复合函数的相应求导结果如下：

$$(f(g(x)))'=f'(g(x))g'(x)\text{。}$$

这个公式比较简单，针对的是只有两个函数复合的情况，如果复合函数嵌套两个及以上的函数，则计算方法和过程会变得复杂很多。下面通过几个实例来看看几种类型的复合函数求导的具体求解思路。

例 1： 假设有函数$y=\sin(x^3+1)$，求函数的导数y'。

解答： 首先观察原函数$y=\sin(x^3+1)$，可以知道它是由两个函数复合而成的，这两个函数分别是$f(x)=\sin x$及$g(x)=x^3+1$，那么根据复合函数的链式法则$(f(g(x)))'=f'(g(x))g'(x)$，可以得到$y'=(\sin(x^3+1))'=\sin'(x^3+1)\times(x^3+1)'=\cos(x^3+1)\times 3x^2$。

例 2： 假设有函数$y=e^{\ln(x^3+1)}$，求函数的导数y'。

解答： 首先观察原函数$y=e^{\ln(x^3+1)}$，可以知道它是由三个函数复合而成的，这三个函

数分别是 $f(x)=e^x, g(x)=\ln(x), h(x)=x^3+1$，那么根据复合函数的链式法则 $(f(g(h(x))))' = f'(g(h(x)))g'(h(x))h'(x)$，可以得到 $y'=(e^{\ln(x^3+1)})'=(e^{\ln(x^3+1)})'\times\ln'(x^3+1)\times(x^3+1)'=e^{\ln(x^3+1)}\times\frac{1}{x^3+1}\times 3x^2$。

通过上面的两个实例，可以看到在例 2 中复合函数的求导要比在例 1 中的更复杂，因为例 2 的复合函数嵌套了三个函数。如果遇到复合程度更高的函数，就可以按照例 2 中的方法，将嵌套的函数层层剥离、分别求导，然后将各部分函数的求导结果相乘，就得到了最终结果。

第 3 章

深度神经网络基础

本章重点介绍机器学习中的一些基础知识和概念，掌握这些知识对于理解神经网络的架构和工作原理会有很大的帮助，只有掌握这些知识，我们才能对现有的深度神经网络模型进行解读，并按照自己的想法搭建出更好的网络模型。

3.1 监督学习和无监督学习

监督学习（Supervised Learning）和无监督学习（Unsupervised Learning）是在机器学习中经常被提及的两个重要的学习方法，下面通过一个生活中的实例对这两个概率进行理解。

假如有一堆由苹果和梨混在一起组成的水果，需要设计一个机器对这堆水果按苹果和梨分类，但是这个机器现在并不知道苹果和梨是什么样的，所以我们首先要拿一堆苹果和梨的照片，告诉机器苹果和梨分别长什么样；经过多轮训练后，机器已经能够准确地对照片中的水果类别做出判断，并且对苹果和梨的特征形成自己的定义；之后我们让机器对这堆水果进行分类，看到这堆水果被准确地按类别分开。这就是一个监督学习的过程。

如果我们没有拿苹果和梨的照片对机器进行系统训练，机器也不知道苹果和梨长什么样，而是直接让机器对这一堆水果进行分类，则机器能够根据自己的“直觉”将这一堆水果准确地分成两类。这就是一个无监督学习的过程，说明机器自己总结出了苹果和梨的特征，该过程看起来更贴近我们所设想的人工智能技术。

3.1.1 监督学习

我们可以对监督学习做如下简单定义：提供一组输入数据和其对应的标签数据，然后搭建一个模型，让模型在通过训练后准确地找到输入数据和标签数据之间的最优映射关系，在输入新的数据后，模型能够通过之前学到的最优映射关系，快速地预测出这组新数据的标签。这就是一个监督学习的过程。

在实际应用中有两类问题使用监督学习的频次较高，这两类问题分别是回归问题和分类问题，如下所述。

1. 回归问题

回归问题就是使用监督学习的方法，让我们搭建的模型在通过训练后建立起一个连续的线性映射关系，其重点如下：

◎ 通过提供数据训练模型，让模型得到映射关系并能对新的输入数据进行预测；

◎ 我们得到的映射模型是线性连续的对应关系。

下面通过图 3-1 来直观地看一个线性回归问题。

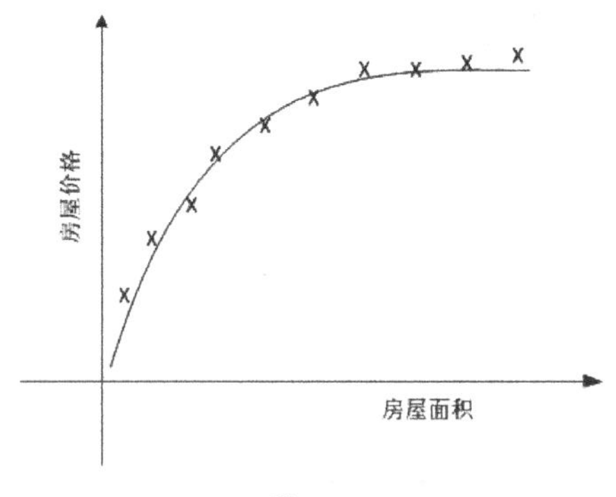

图 3-1

在图 3-1 中提供的数据是两维的，其中 X 轴表示房屋的面积，Y 轴表示房屋的价格，用叉号表示的单点是房价和面积相对应的数据。在该图中有一条弧形的曲线，这条曲线就是我们使用单点数据通过监督学习的方法最终拟合出来的线性映射模型。无论我们想要得到哪种房屋面积对应的价格，通过使用这个线性映射模型，都能很快地做出预测。这就是一个线性回归的完整过程。

线性回归的使用场景是我们已经获得一部分有对应关系的原始数据，并且问题的最终答案是得到一个连续的线性映射关系，其过程就是使用原始数据对建立的初始模型不断地进行训练，让模型不断拟合和修正，最后得到我们想要的线性模型，这个线性模型能够对我们之后输入的新数据准确地进行预测。

2. 分类问题

分类问题就是让我们搭建的模型在通过监督学习之后建立起一个离散的映射关系。分类模型和回归问题在本质上有很大的不同，它依然需要使用提供的数据训练模型让模型得到映射关系，并能够对新的输入数据进行预测，不过最终得到的映射模型是一种离散的对应关系。如图 3-2 所示就是一个分类模型的实例。

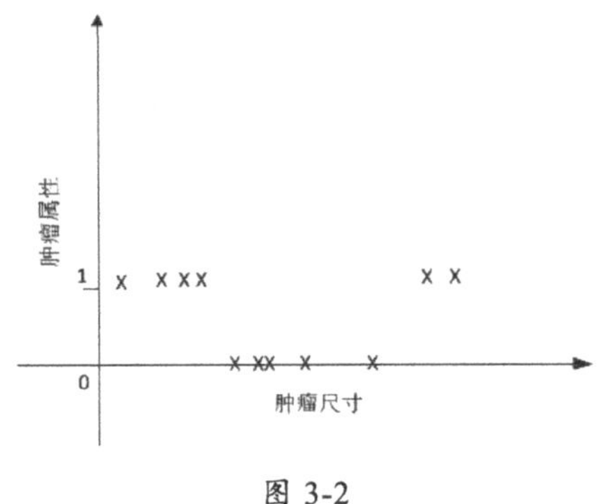

图 3-2

在图 3-2 中使用的依然是两个维度的数据，X 轴表示肿瘤的尺寸大小，Y 轴表示肿瘤的属性，即是良性肿瘤还是恶性肿瘤。因为 Y 轴只有两个离散的输出结果，即 0 和 1，所以用 0 表示良性肿瘤，用 1 表示恶性肿瘤。我们通过监督学习的方法对已有的数据进行训练，最后得到一个分类模型，这个分类模型能够对我们输入的新数据进行分类，预测它们最有可能归属的类别，因为这个分类模型最终输出的结果只有两个，所以我们通常也把这种类型的分类模型叫作二分类模型。

分类模型的输出结果有时不仅仅有两个，也可以有多个，多分类问题与二分类问题相比会更复杂。我们也可以将刚才的实例改造成一个四分类问题，比如将肿瘤大小对应的最终输出结果改成 4 个：0 对应良性肿瘤；1 对应第 1 类肿瘤；2 对应第 2 类肿瘤；3 对应第 3 类肿瘤，这样就构造出了四分类模型。当然，我们也需要相应地调整用于模型训练的输入数据，因为现在的标签数据变成了 4 个，不做调整会导致模型不能被正常训练。依照四分类模型的构造方法，我们还能够构造出五分类模型甚至五分类以上的多分类模型。

3.1.2 无监督学习

我们可以对无监督学习做如下简单定义：提供一组没有任何标签的输入数据，将其在我们搭建好的模型中进行训练，对整个训练过程不做任何干涉，最后得到一个能够发现数据之间隐藏特征的映射模型，使用这个映射模型能够实现对新数据的分类，这就是一个无监督学习的过程。无监督学习主要依靠模型自己寻找数据中隐藏的规律和特征，人工参与的成分远远少于监督学习的过程。如图 3-3 所示为使用监督学习模型和使用无监督学习模型完成数据分类的效果。

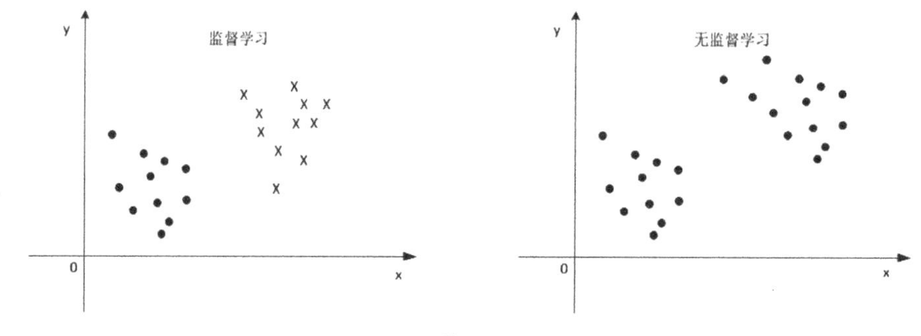

图 3-3

在图 3-3 中，左图显示的是监督学习中的一个二分类模型，因为每个数据都有自己唯一对应的标签，这个标签在图中体现为叉号或者圆点；右图显示的就是无监督学习的过程，虽然数据也被最终分成了两类，但没有相应的数据标签，统一使用圆点表示，这就像实现了将具有相似关系的数据聚集在一起，所以使用无监督学习实现分类的算法又叫作聚类。在无监督训练的整个过程中，我们需要做的仅仅是将训练数据提供给我们的无监督模型，让它自己挖掘数据中的特征和关系。

下面看一个离我们的实际生活很近的聚类的应用实例。如图 3-4 所示，假如我们在一个有大量深度学习相关文章的网站检索“深度学习”，就会显示很多带有“深度学习”关键字的相关网页，但是只要仔细观察就会发现，这些网页被大致分为几个主要的类别，比如关于深度学习的理论、算法、硬件、新闻等。其实这就是一个聚类应用，可以将这个网站中的检索工具看作一个已经训练好的无监督学习模型，在我们对检索工具输入指令后，它就会按照我们的要求将所有的页面搜索出来，但最后呈现在我们眼前的不会是乱糟糟的一堆链接，而是完成聚类后的几大类网址的主链接，这也极大提升了用户体验。

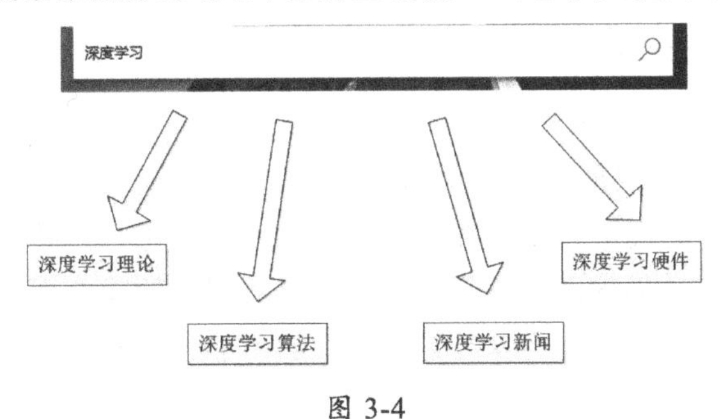

图 3-4

这个检索工具在极短的时间内主要进行了如下三步。

（1）首先，提取网站中全部有关深度学习的网页。

（2）然后，按照检索的关键字或关键词完成这些网页的聚类并为每个类别设置一个主链接。

（3）最后，将主链接返回到用户的浏览器中进行显示。

3.1.3　小结

通过总结以上内容，我们发现监督学习和无监督学习的主要区别如下。

- ◎ 我们通过监督学习能够按照指定的训练数据搭建出想要的模型，但这个过程需要我们投入大量的精力处理原始数据，也因为我们的紧密参与，所以最后得到的模型更符合设计者的需求和初衷。
- ◎ 我们通过无监督学习过程搭建的训练模型能够自己寻找数据之间隐藏的特征和关系，更具有创造性，有时还能够挖掘到数据之间让我们意想不到的映射关系，不过最后的结果也可能会向不好的方向发展。

所以监督学习和无监督学习各有利弊，用好这两种方法对于我们挖掘数据的特征和搭建强泛化能力模型是必不可少的。

除了上面提到的监督学习和无监督学习方法，在实际应用中还有半监督学习和弱监督学习等更具创新性的方法出现，例如半监督学习结合了监督学习和无监督学习各自的优点，是一种更先进的方法。所以我们需要深刻理解各种学习方法的优缺点，只有这样才能知道在每个应用场景中具体使用哪种学习方法才能更好地解决问题。

3.2 欠拟合和过拟合

我们可以将搭建的模型是否发生欠拟合或者过拟合作为评价模型的拟合程度好坏的指标。欠拟合和过拟合的模型预测新数据的准确性都不理想，其最显著的区别就是拥有欠拟合特性的模型对已有数据的匹配性很差，不过对数据中的噪声不敏感；而拥有过拟合特性的模型对数据的匹配性太好，所以对数据中的噪声非常敏感。接下来介绍这两种拟合的具体细节。

3.2.1 欠拟合

我们先通过之前在监督学习中讲到的线性回归的实例，来直观地感受一下模型在什么情况下才算欠拟合。

图 3-5（a）所示的是已获得的房屋的大小和价格的关系数据；图 3-5（b）所示的就是一个欠拟合模型，这个模型虽然捕获了数据的一部分特征，但是不能很好地对新数据进行准确预测，因为这个欠拟合模型的缺点非常明显，如果输入的新数据的真实价格在该模型的上下抖动，那么相同面积的房屋在模型中得到的预测价格会和真实价格存在较大的误差；图 3-5（c）所示的是一个较好的拟合模型，从某种程度上来讲，该模型已经捕获了原始数据的大部分特征，与欠拟合模型相比，不会存在那么严重的问题。

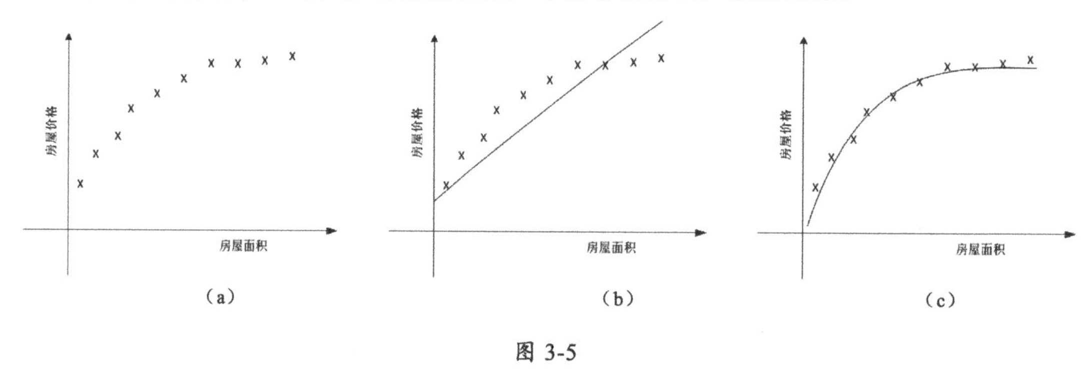

图 3-5

在解决欠拟合问题时，主要从以下三方面着手。

（1）增加特征项：在大多数情况下出现欠拟合是因为我们没有准确地把握数据的主要特征，所以我们可以尝试在模型中加入更多的和原数据有重要相关性的特征来训练搭建的模型，这样得到的模型可能会有更好的泛化能力。

（2）构造复杂的多项式： 这种方法很容易理解，我们知道一次项函数就是一条直线，二次项函数是一条抛物线，一次项和二次项函数的特性决定了它们的泛化能力是有局限性的，如果数据不在直线或者抛物线附近，那么必然出现欠拟合的情形，所以我们可以通过增加函数中的次项来增强模型的变化能力，从而提升其泛化能力。

（3）减少正则化参数： 正则化参数出现的目的其实是防止过拟合情形的出现，但是如果我们的模型已经出现了欠拟合的情形，就可以通过减少正则化参数来消除欠拟合。

3.2.2 过拟合

同样，我们通过之前在监督学习中讲到的线性回归的实例来直观地感受一下模型的过拟合。

图 3-6（a）所示的仍然是之前已获得的房屋的大小和价格的关系数据，图 3-6（b）所示的是一个过拟合的模型，可以看到这个模型过度捕获了原数据的特征。不仅同之前的欠拟合模型存在同样的问题，而且过拟合模型受原数据中的噪声数据影响非常严重。如图 3-6（c）所示，如果噪声数据严重偏离既定的数据轨道，则拟合出来的模型会发生很大改变，这个影响是灾难性的。

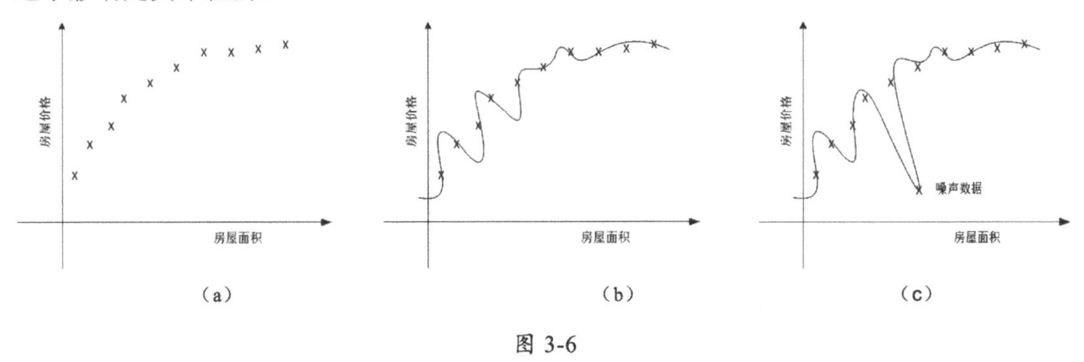

图 3-6

要想解决在实践中遇到的过拟合问题，则主要从以下三方面着手。

（1）增大训练的数据量： 在大多数情况下发生过拟合是因为我们用于模型训练的数据量太小，搭建的模型过度捕获了数据的有限特征，这时就会出现过拟合，在增加参与模型训练的数据量后，模型自然就能捕获数据的更多特征，模型就不会过于依赖数据的个别特征。

（2）采用正则化方法：正则化一般指在目标函数之后加上范数，用来防止模型过拟合的发生，在实践中最常用到的正则化方法有 L0 正则、L1 正则和 L2 正则。

（3）Dropout 方法：Dropout 方法在神经网络模型中使用的频率较高，简单来说就是在神经网络模型进行前向传播的过程中，随机选取和丢弃指定层次之间的部分神经连接，因为整个过程是随机的，所以能有效防止过拟合的发生。

3.3 后向传播

深度学习中的后向传播主要用于对我们搭建的模型中的参数进行微调，在通过多次后向传播后，就可以得到模型的最优参数组合。接下来介绍后向传播这一系列的优化过程具体是如何实现的。深度神经网络中的参数进行后向传播的过程其实就是一个复合函数求导的过程。

首先来看一个模型结构相对简单的实例，在这个实例中我们定义模型的前向传播的计算函数为 $f=(x+y)\times z$，它的流程如图 3-7 所示。

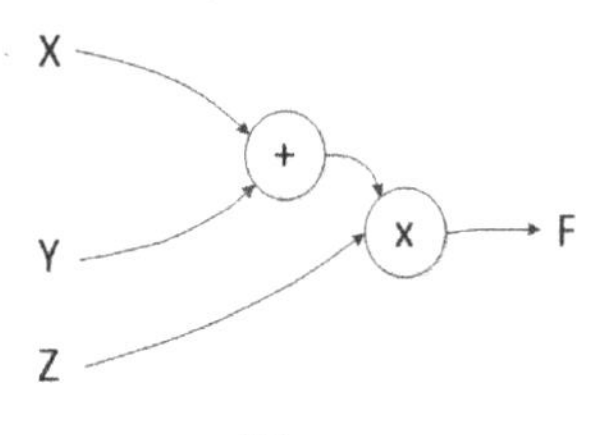

图 3-7

假设输入数据 $x=2$、$y=5$、$z=3$，则可以得到前向传播的计算结果 $f=(x+y)\times z=21$，如果把原函数改写成复合函数的形式，令 $h=x+y=7$，就可以得到 $f=h\times z=21$。

接下来看看在后向传播中需要计算的内容，假设在后向传播的过程中需要微调的参数有三个，分别是 x、y、z，这三个参数每轮后向传播的微调值为 $\frac{\partial f}{\partial x}$、$\frac{\partial f}{\partial y}$ 和 $\frac{\partial f}{\partial z}$，这三个值计算的都是偏导数，我们把求偏导的步骤进行拆解，这样就更容易理解整个计算过程了。

首先，分别计算 $\frac{\partial h}{\partial y}=1$、$\frac{\partial h}{\partial x}=1$、$\frac{\partial f}{\partial z}=h$、$\frac{\partial f}{\partial h}=z$，然后计算 x、y、z 的后向传播微调值，即它们的偏导数，如下所述。

◎　z 的偏导数为 $\frac{\partial f}{\partial z}=7$ 。

◎　y 的偏导数为 $\frac{\partial f}{\partial y}=\frac{\partial f}{\partial h}\frac{\partial h}{\partial y}=z\times 1=3$ 。

◎　x 的偏导数为 $\frac{\partial f}{\partial x}=\frac{\partial f}{\partial h}\frac{\partial h}{\partial x}=z\times 1=3$ 。

在清楚后向传播的大致计算流程和思路后，我们再来看一个模型结构相对复杂的实例，其结构是一个初级神经网络，如图 3-8 所示。

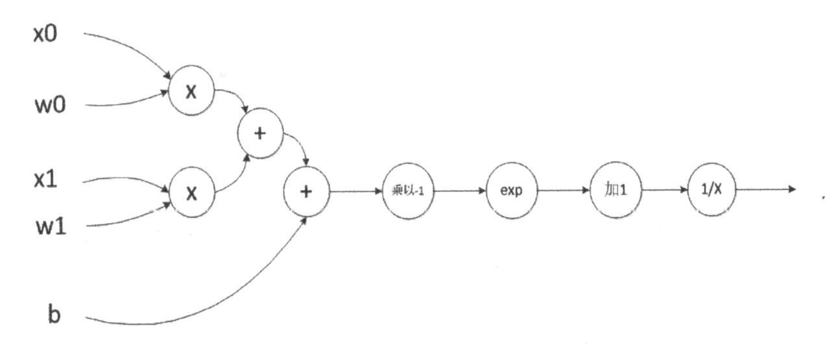

图 3-8

我们假设 $x_0=1$、$x_1=1$、$b=-1$，同时存在相对应的权重值 $w_0=0.5$、$w_1=0.5$，使用 Sigmoid 作为该神经网络的激活函数，就可以得到前向传播的计算函数为 $f=\frac{1}{1+e^{-(w_0x_0+w_1x_1+b)}}$，将相应的参数代入函数中进行计算，得到 $f=\frac{1}{1+e^0}=0.5$，之后再对函数进行求导。同样，可以将原函数进行简化，改写成复合函数的形式求解，令 $h=w_0x_0+w_1x_1+b=0$，简化后的函数为 $f(h)=\frac{1}{1+e^{-h}}=0.5$，在分别计算后得到 $\frac{\partial h}{\partial x_0}=w_0=0.5$、$\frac{\partial h}{\partial x_1}=w_1=0.5$，有了以上结果后，下面来看 x_0、x_1 的后向传播微调值。

◎　x_0 的后向传播微调值为 $\frac{\partial f}{\partial x_0}=\frac{\partial f}{\partial h}\frac{\partial h}{\partial x_0}=(1-f(h))f(h)\times 0.5=(1-0.5)\times 0.5\times 0.5=0.125$

◎　x_1 的后向传播微调值为 $\frac{\partial f}{\partial x_1}=\frac{\partial f}{\partial h}\frac{\partial h}{\partial x_1}=(1-f(h))f(h)\times 0.5=(1-0.5)\times 0.5\times 0.5=0.125$

3.4 损失和优化

深度神经网络中的损失用来度量我们的模型得到的预测值和数据真实值之间的差距，也是一个用来衡量我们训练出来的模型泛化能力好坏的重要指标。模型预测值和真实值的差距越大，损失值就会越高，这时我们就需要通过不断地对模型中的参数进行优化来减少损失；同理，预测值和真实值的差距越小，则说明我们训练的模型预测越准确，具有更好的泛化能力。

对模型进行优化的最终目的是尽可能地在不过拟合的情况下降低损失值。在拥有一部分数据的真实值后，就可通过模型获得这部分数据的预测值，然后计算预测值与真实值之间的损失值，通过不断地优化模型参数来使这个损失值变得尽可能小。可见，优化在模型的整个过程中有举足轻重的作用。

下面看看损失和优化的具体应用过程。以之前讲到的二分类问题为例，在该二分类问题中我们的目的是让搭建的模型能够对一堆苹果和梨混合在一起的水果进行准确分类。首先，建立一个二分类模型，对这堆水果进行第 1 轮预测，得到预测值 y_{pred}，同时把这堆水果中每个水果的真实类别记作真实值 y_{true}，将 y_{true} 与 y_{pred} 之间的差值作为第 1 轮的损失值。第 1 轮计算得到的损失值极有可能会较大，这时我们就需要对模型中的参数进行优化，在优化过程中对参数做相应的更新，然后进行第 2 轮的预测和误差值计算，如此循环往复，最后得到理想模型，该模型的预测值和真实值的差异足够小。

在上面的二分类问题的解决过程中计算模型的真实值和预测值之间损失值的方法有很多，而进行损失值计算的函数叫作损失函数；同样，对模型参数进行优化的函数也有很多，这些函数叫作优化函数。下面对几种较为常用的损失函数和优化函数进行介绍。

3.4.1 损失函数

这里将会列举三种在深度学习实践中经常用到的损失函数，分别是均方误差函数、均方根误差函数和平方绝对误差函数。

1. 均方误差函数

均方误差（Mean Square Error，简称 MSE）函数计算的是预测值与真实值之差的平方的期望值，可用于评价数据的变化程度，其得到的值越小，则说明模型的预测值具有越好的精确度。均方误差函数的计算如下：

$$MSE = \frac{1}{N}\sum_{i=1}^{N}(y_{\text{true}}^{i} - y_{\text{pred}}^{i})^2$$

其中，y_{pred} 表示模型的预测值，y_{true} 表示真实值，它们的上标 i 用于指明是哪个真实值和预测值在进行损失计算，下同。

2. 均方根误差函数

均方根误差（Root Mean Square Error，简称 RMSE）在均方误差函数的基础上进行了改良，计算的是均方误差的算术平方根值，其得到的值越小，则说明模型的预测值具有越好的精确度。均方根误差函数的计算如下：

$$RMSE = \sqrt{\frac{1}{N}\sum_{i=1}^{N}(y_{\text{true}}^{i} - y_{\text{pred}}^{i})^2}$$

3. 平均绝对误差函数

平均绝对误差（Mean Absolute Error，MAE）计算的是绝对误差的平均值，绝对误差即模型预测值和真实值之间的差的绝对值，能更好地反映预测值误差的实际情况，其得到的值越小，则说明模型的预测值具有越好的精确度。平均绝对误差函数如下：

$$MAE = \frac{1}{N}\sum_{i=1}^{N}\left|(y_{\text{true}}^{i} - y_{\text{pred}}^{i})\right|$$

3.4.2 优化函数

在计算出模型的损失值之后，接下来需要利用损失值进行模型参数的优化。之前提到的后向传播只是模型参数优化中的一部分，在实际的优化过程中，我们还面临在优化过程中相关参数的初始化、参数以何种形式进行微调、如何选取合适的学习速率等问题。我们可以把优化函数看作上述问题的解决方案的集合。

在实践操作中最常用到的是一阶优化函数，典型的一阶优化函数包括 GD、SGD、Momentum、Adagrad、Adam，等等。一阶优化函数在优化过程中求解的是参数的一阶导数，这些一阶导数的值就是模型中参数的微调值。

这里引入了一个新的概念：梯度。梯度其实就是将多元函数的各个参数求得的偏导数以向量的形式展现出来，也叫作多元函数的梯度。举例来说，有一个二元函数 $f(x,y)$，分别对二元函数中的 x、y 求偏导数，然后把参数 x、y 求得的偏导数写成向量的形式，即 $(\frac{\partial f}{\partial x},\frac{\partial f}{\partial y})$，这就是二元函数 $f(x,y)$ 的梯度，我们也可以将其记作 $gradf(x,y)$。同理，三元函数 $f(x,y,z)$ 的梯度为 $(\frac{\partial f}{\partial x},\frac{\partial f}{\partial y},\frac{\partial f}{\partial z})$，以此类推。

不难发现，梯度中的内容其实就是在后向传播中对每个参数求得的偏导数，所以我们在模型优化的过程中使用的参数微调值其实就是函数计算得到的梯度，这个过程又叫作参数的梯度更新。对于只有单个参数的函数，我们选择使用计算得到的导数来完成参数的更新，如果在一个函数中需要处理的是多个参数的问题，就选择使用计算得到的梯度来完成参数的更新。

下面来看几种常用的优化函数。

1. 梯度下降

梯度下降（Gradient Descent，简称 GD）是参数优化的基础方法。虽然梯度下降已被广泛应用，但是其自身存在许多不足，所以在其基础上改进的优化函数也非常多。

全局梯度下降的参数更新公式如下：

$$\theta_j=\theta_j-\eta\times\frac{\partial J(\theta_j)}{\partial\theta_j}$$

其中，训练样本总数为 n，$j=0\cdots n$。可以将这里的等号看作编程中的赋值运算，θ 是我们优化的参数对象，η 是学习速率，$J(\theta)$ 是损失函数，$\frac{\partial J(\theta)}{\partial\theta}$ 是根据损失函数来计算 θ 的梯度。学习速率用于控制梯度更新的快慢，如果学习速率过快，参数的更新跨步就会变大，极易出现局部最优和抖动；如果学习速率过慢，梯度更新的迭代次数就会增加，参数更新、优化的时间也会变长，所以选择一个合理的学习速率是非常关键的。

全局的梯度下降在每次计算损失值时都是针对整个参与训练的数据集而言的，所以会出现一个令人困扰的问题：因为模型的训练依赖于整个数据集，所以增加了计算损失值的时间成本和模型训练过程中的复杂度，而参与训练的数据量越大，这两个问题越明显。

2. 批量梯度下降

为了避免全局梯度下降问题带来的弊端，人们对全局梯度下降进行了改进，创造了批量梯度下降（Batch Gradient Descent，简称 BGD）的优化算法。批量梯度下降就是将整个参与训练的数据集划分为若干个大小差不多的训练数据集，我们将其中的一个训练数据集叫作一个批量，每次用一个批量的数据来对模型进行训练，并以这个批量计算得到的损失值为基准来对模型中的全部参数进行梯度更新，默认这个批量只使用一次，然后使用下一个批量的数据来完成相同的工作，直到所有批量的数据全部使用完毕。

假设划分出来的批量个数为 m，其中的一个批量包含 *batch* 个数据样本，那么一个批量的梯度下降的参数更新公式如下：

$$\theta_j = \theta_j - \eta \times \frac{\partial J_{batch}(\theta_j)}{\partial \theta_j}$$

训练样本总数为 *batch*， $j = 0 \cdots batch$ 。从以上公式中我们可以知道，其批量梯度下降算法大体上和全局的梯度下降算法没有多大的区别，唯一的不同就是损失值的计算方式使用的是 $J_{batch}(\theta_j)$，即这个损失值是基于我们的一个批量的数据来进行计算的。如果我们将批量划分得足够好，则计算损失函数的时间成本和模型训练的复杂度将会大大降低，不过仍然存在一些小问题，就是选择批量梯度下降很容易导致优化函数的最终结果是局部最优解。

3. 随机梯度下降

还有一种方法能够很好地处理全局梯度下降中的问题，就是随机梯度下降（Stochastic Gradient Descent，简称 SGD）。随机梯度下降是通过随机的方式从整个参与训练的数据集中选取一部分来参与模型的训练，所以只要我们随机选取的数据集大小合适，就不用担心计算损失函数的时间成本和模型训练的复杂度，而且与整个参与训练的数据集的大小没有关系。

假设我们随机选取的一部分数据集包含 *stochastic* 个数据样本，那么随机梯度下降的参数更新公式如下：

$$\theta_j = \theta_j - \eta \times \frac{\partial J_{stochastic}(\theta_j)}{\partial \theta_j}$$

训练样本的总数为 *stochastic*， $j = 0 \cdots stochastic$ 。从该公式中可以看出，随机梯度下降和批量梯度下降的计算过程非常相似，只不过计算随机梯度下降损失值时使用的是 $J_{stochastic}(\theta_j)$，即这个损失值基于我们随机抽取的 *stochastic* 个训练数据集。随机梯度下降虽然很好地提升了训练速度，但是会在模型的参数优化过程中出现抖动的情况，原因就是我们选取的参与训练的数据集是随机的，所以模型会受到随机训练数据集中噪声数据的影响，又因为有随机的因素，所以也容易导致模型最终得到局部最优解。

4. Adam

最后来看一个比较“智能”的优化函数方法——自适应时刻估计方法（Adaptive Moment Estimation，简称 Adam）。Adam 在模型训练优化的过程中通过让每个参数获得自适应的学习率，来达到优化质量和速度的双重提升。举个简单的实例，假设我们在一开始进行模型参数的训练时损失值比较大，则这时需要使用较大的学习速率让模型参数进行较大的梯度更新，但是到了后期我们的损失值已经趋近于最小了，这时就需要使用较小的学习速率让模型参数进行较小的梯度更新，以防止在优化过程中出现局部最优解。

在实际应用中当然不止 Adam 这种类型的自适应优化函数，不过应用该方法在最后取得的效果都比较理想，这和 Adam 收敛速度快、学习效果好的优点脱不了干系，而且对于在优化过程中出现的学习速率消失、收敛过慢、高方差的参数更新等导致损失值波动等问题，Adam 都有很好的解决方案。

3.5 激活函数

我们在了解感知机和多层感知机时，很容易得到一个没有激活函数的单层神经网络模型，其数学表示如下：

$$f(x) = W \cdot X$$

其中的大写字母代表矩阵或者张量。下面搭建一个二层的神经网络模型并在模型中加入激活函数。假设激活函数的激活条件是比较 0 和输入值中的最大值，如果小于 0，则输出结果为 0；如果大于 0，则输出结果是输入值本身。同时，在神经网络模型中加入偏置（Bias），偏置可以让我们搭建的神经网络模型偏离原点，而没有偏置的函数必定会经过原点，如图 3-9 所示。

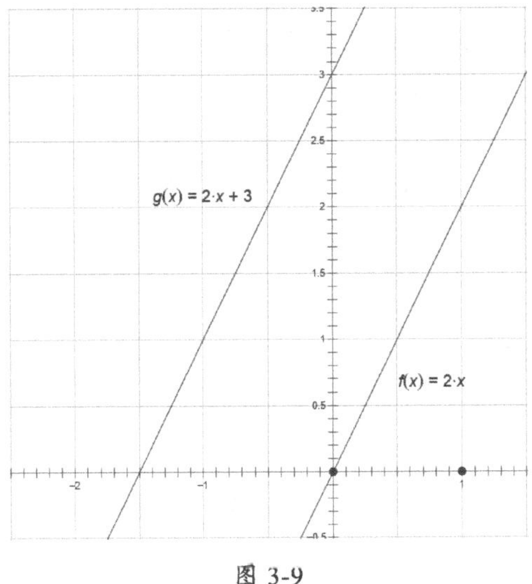

图 3-9

如图 3-9 所示，$f(x)=2\cdot x$ 是不带偏置的函数，而 $g(x)=2\cdot x+3$ 是偏置为 3 的函数。模型偏离原点的好处就是能够使模型具有更强的变换能力，在面对不同的数据时拥有更好的泛化能力。在增加偏置后，我们之前的单层神经网络模型的数学表示如下：

$$f(x)=W\cdot X+b$$

如果搭建二层神经网络，那么加入激活函数的二层神经网络的数学表示如下：

$$f(x)=\max(W_2\cdot\max(W_1\cdot X+b_1,0)+b_2,0)$$

如果是更多层次的神经网络模型，比如一个三层神经网络模型，并且每层的神经输出都使用同样的激活函数，那么数学表示如下：

$$f(x)=\max(W_3\cdot\max(W_2\cdot\max(W_1\cdot X+b_1,0)+b_2,0)+b_3,0)$$

深度更深的神经网络模型按如上原则类推。就数学意义而言，在构建神经网络模型的过程中，激活函数发挥了重要的作用，比如就上面的三层神经网络模型而言，如果没有激活函数，而我们只是一味地加深模型层次，则搭建出来的神经网络数学表示如下：

$$f(x)=W_3\cdot(W_2\cdot(W_1\cdot X+b_1)+b_2)+b_3$$

可以看出，上面的模型存在一个很大的问题，它仍然是一个线性模型，如果不引入激活函数，则无论我们加深多少层，其结果都一样，线性模型在应对非线性问题时会存在很大的局限性。激活函数的引入给我们搭建的模型带来了非线性因素，非线性的模型能够处理更复杂的问题，所以通过选取不同的激活函数便可以得到复杂多变的深度神经网络，从而应对诸如图片分类这类复杂的问题。

下面讲解我们在实际应用最常用到的三种非线性激活函数：Sigmoid、tanh 和 ReLU。

3.5.1 Sigmoid

Sigmoid 的数学表达式如下：

$$f(x)=\frac{1}{1+e^{-x}}$$

根据 Sigmoid 函数，我们可以得到 Sigmoid 的几何图形，如图 3-10 所示。

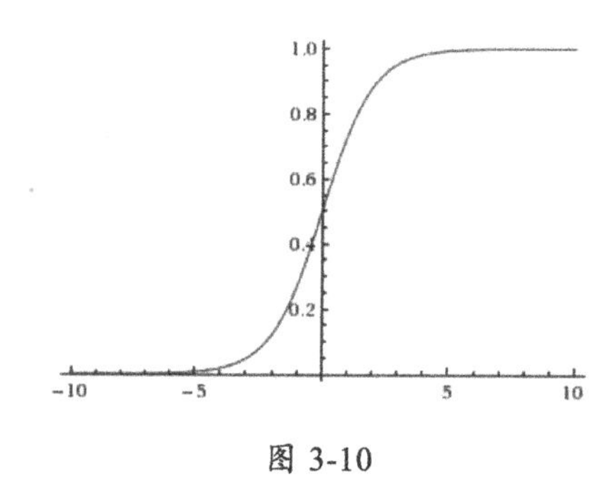

图 3-10

从图 3-10 中可以看到，输入 Sigmoid 激活函数的数据经过激活后输出数据的区间为 0～1，输入数据越大，输出数据越靠近 1，反之越靠近 0。Sigmoid 在一开始被作为激活函数使用时就受到了大众的普遍认可，其主要原因是从输入到经过 Sigmoid 激活函数激活输出的一系列过程与生物神经网络的工作机理非常相似，不过 Sigmoid 作为激活函数的缺点也非常明显，其最大的缺点就是使用 Sigmoid 作为激活函数会导致模型的梯度消失，因为 Sigmoid 导数的取值区间为 0～0.25，如图 3-11 所示。

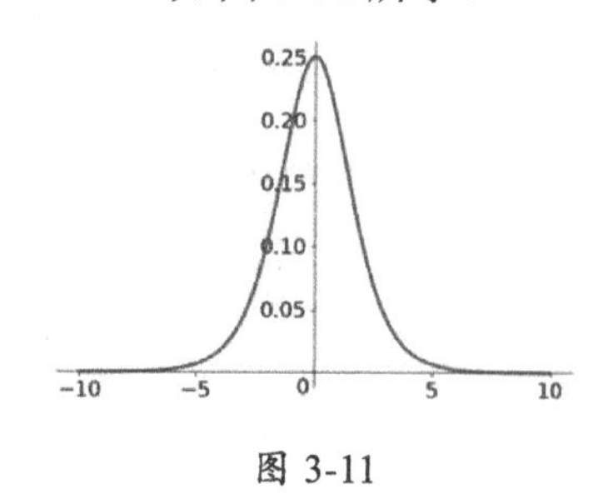

图 3-11

根据复合函数的链式法则可以知道，如果我们的每层神经网络的输出节点都使用Sigmoid作为激活函数，那么在后向传播的过程中每逆向经过一个节点，就要乘上一个Sigmoid的导数值，而Sigmoid的导数值的取值区间为0～0.25，所以即便每次乘上Sigmoid的导数值中的最大值0.25，也相当于在后向传播的过程中每逆向经过一个节点，梯度值的大小就会变成原来的四分之一，如果模型层次达到了一定深度，那么后向传播会导致梯度值越来越小，直到梯度消失。

其次是Sigmoid函数的输出值恒大于0，这会导致我们的模型在优化的过程中收敛速度变慢。因为深度神经网络模型的训练和参数优化往往需要消耗大量的时间，如果模型的收敛速度变慢，就又会增加我们的时间成本。考虑到这一点，在选取参与模型中相关计算的数据时，要尽量使用零中心（Zero-Centered）数据；而且要尽量保证计算得到的输出结果是零中心数据。

3.5.2 tanh

激活函数tanh的数学表达式如下：

$$f(x)=\frac{e^{x}-e^{-x}}{e^{x}+e^{-x}}$$

我们根据tanh函数可以得到tanh的几何图形，如图3-12所示。

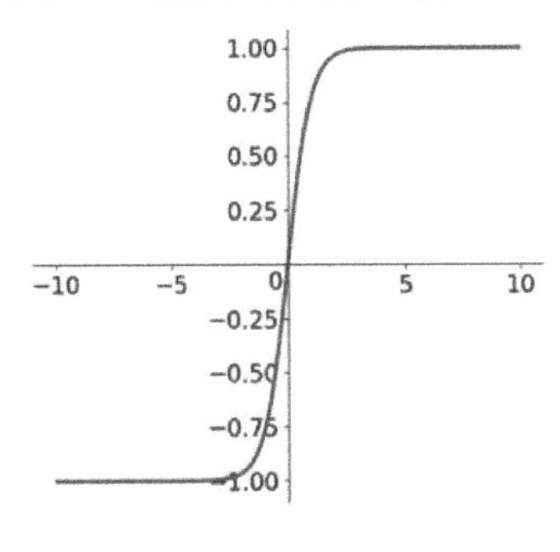

图 3-12

我们从图3-12中可以知道，tanh函数的输出结果是零中心数据，所以解决了激活函数在模型优化过程中收敛速度变慢的问题。而tanh函数的导数取值区间为0～1，仍然不够大，如图3-12所示。

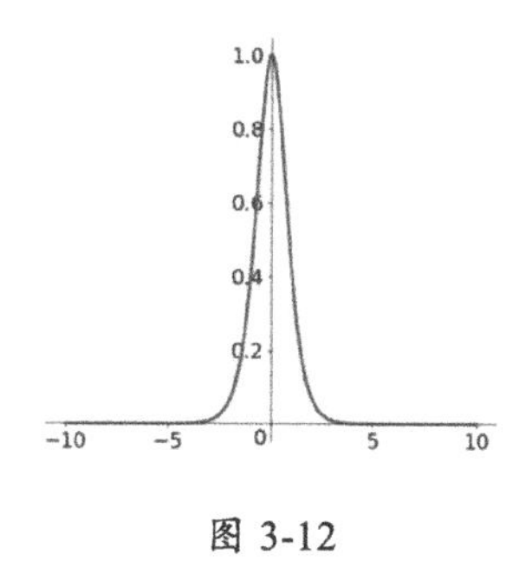

图 3-12

所以，因为导数取值范围的关系，在深度神经网络模型的后向传播过程中仍有可能出现梯度消失的情况。

3.5.3 ReLU

ReLU（Rectified Linear Unit，修正线性单元）是目前在深度神经网络模型中使用率最高的激活函数，其数学表达式如下：

$$f(x)=\max(0,x)$$

ReLU 函数通过判断 0 和输入数据 x 中的最大值作为结果进行输出，即如果 x 小于 0，则输出结果 0；如果 x 大于 0，则输出结果 x。其逻辑非常简单，使用该激活函数的模型在实际计算过程中非常高效。我们根据 ReLU 函数，可以得到 ReLU 的几何图形，如图 3-13 所示。

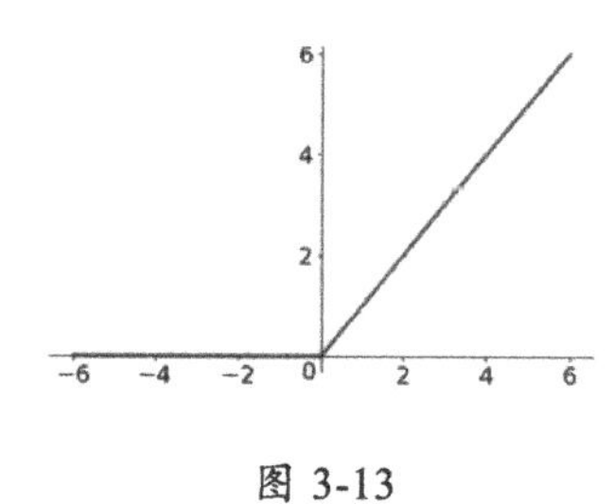

图 3-13

ReLU 函数的收敛速度非常快，其计算效率远远高于 Sigmoid 和 tanh。不过 ReLU 也同样存在需要我们关注的问题：从 ReLU 的几何图形中可以看出，ReLU 的输出并不是零中心数据，这可能会导致某些神经元永远不会被激活，并且这些神经元相对应的参数不能被更新。这一般是由于模型参数在初始化时使用了全正或者全负的值，或者在后向传播过程中设置的学习速率太快导致的。其解决方法是对模型参数使用更高级的初始化方法如 Xavier，以及设置合理的后向传播学习速率，推荐使用自适应的算法如 Adam。

ReLU 尽管存在上述问题，但仍成为许多人搭建深度神经网络模型时使用的主流激活函数，它也在不断被改进，现在已经出现很多 ReLU 的改进版本如 Leaky-ReLU、R-ReLU 等。

3.6 本地深度学习工作站

我们在掌握了搭建深度学习模型的方法后，接下来需要对我们的模型进行训练并优化模型的参数。在一个深度学习模型中需要对大量的参数进行计算和优化，这必然会耗费大量的计算机算力和时间。而一个好的计算机硬件可以大大减少降低训练的时间成本，特别是当我们需要对模型进行反复调参时，时间成本的增加将会是一个灾难性的体验。

一个好用的深度学习工作站对于想要从事深度学习领域相关工作的人员而言可谓如虎添翼，虽然现在已经存在很多提供云端深度学习虚拟主机租用服务的供应商，不过对于想要长期从事该领域的人而言，就成本和方便性来说不如自己搭建一个本地的简易工作站来得方便，本节会简单介绍组装本地深度学习工作站的知识，这里推荐以显卡为其计算核心。

3.6.1 GPU 和 CPU

因为我们推荐的工作站会让显卡输出核心算力，所以在搭建一个深度学习本地工作站之前，我们先来了解一下计算机的 GPU 和 CPU 分别对深度学习的算力贡献有多大。CPU（Central Processing Unit）又被称作中央处理器，是一台计算机的计算处理核心，主要负责计算机的控制命令处理和核心运算输出。GPU（Graphics Processing Unit）又被称作图像处理器，是一台主机的显示处理核心，主要负责对计算机中的图形和图像的处理与运算。它们之间的具体差异如下。

（1）核心数：GPU 相较于 CPU 的硬件构成，在结构上拥有更多的核心数量，虽然 GPU 的核心数量更多，但是 CPU 中的单个核心相对于 GPU 中的单个核心，拥有更快速、高效的算力。

（2）应用场景：在应用场景上 GPU 和 CPU 也各有侧重，GPU 适用于需要并行计算能力的场景，比如图像处理；CPU 更适用于需要串行计算能力的场景，比如计算机的指令处理。

从各个方面来看，CPU 都是为了计算而生的，那么我们为什么还会强力推荐将 GPU 作为核心算力的输出硬件呢？这是因为在深度学习模型中生成的参数结构都是张量（Tensor）形式的，之前我们已经了解了矩阵和张量是如何进行算术运算的，我们发现，其实矩阵和张量的算术运算的模式就是一种并行运算。所以张量的算术运算在 GPU 的加持下会获得比 CPU 更快速、高效的计算能力，因此在对深度学习参数的训练和优化过程中，GPU 能够为我们提供更多的帮助。

下面我们通过一个简单的实验，来看看 GPU 和 CPU 在计算效率上的差距，这个实验会对不同维度的张量进行计算并统计每次计算的耗时，读者暂时不用理解该段代码的含义，只关注最后的输出结果。

首先，我们使用 CPU 来进行 10 次张量运算，并打印最后的计算耗时结果，张量的维度从（100,1000,1000）到（1000,1000,1000）逐次累加。代码如下：

```
import time
import torch

for i in range(1,10):
    start = time.time()
    a = torch.FloatTensor(i*100,1000,1000)
    a = torch.matmul(a,a)
    end = time.time()-start
    print(end)
```

使用 CPU 进行计算的 10 次不同维度的张量计算耗时如下：

```
1.8148512840270996
3.7339303493499756
5.57093071937561
7.456440210342407
9.28883695602417
11.187541961669922
13.080061435699463
14.979827642440796
16.885330200195312
```

然后，我们使用 GPU 进行 10 次张量运算，并打印最后的计算耗时结果，同样，张量的维度从（100,1000,1000）到（1000,1000,1000）逐次累加。代码如下：

```
import time
import torch

for i in range(1,10):
    start = time.time()
    a = torch.FloatTensor(i*100,1000,1000)
```

```
    a = a.cuda()
    a = torch.matmul(a,a)
    end = time.time()-start
    print(end)
```

使用 GPU 进行计算的 10 次不同维度的张量计算耗时如下：

```
0.17897605895996094
0.3705325126647949
0.5765907764434814
0.7730555534362793
0.9685773849487305
1.1655991077423096
1.3581123352050781
1.5747594833374023
1.812837839126587
```

这里使用的硬件分别是 Intel-i7-8700K 型号的 CPU 和 GTX-1080Ti 型号的 GPU，我们通过该实验可以看出，GPU 在处理张量计算的效率上要远远高于 CPU，如果计算参数更多，那么 GPU 和 CPU 之间的差距会更明显。

3.6.2　配置建议

我们在了解了 GPU 和 CPU 在深度学习参数训练过程中各自的侧重点后，必然需要一款功能强大的显卡作为我们组建深度学习工作站的重要部件。这里推荐两款 NVDIA 系列中的性价比较高的显卡：GTX 1080Ti 及 GTX 1070Ti。

这两款显卡比普通版的显卡型号多出了一个 Ti，这个 Ti 在 NVIDIA 中主要用于区别普通版显卡，表示 Ti 版显卡具备更强劲的性能，比如，Ti 版的显卡 GTX 1080Ti 就比普通版本的 GTX 1080 在性能上提升了至少 35%；而且，Ti 版的显卡的核心数量比我们熟知的 X80 系列还要多，在显卡的规格上向更高端的泰坦（TITAN）系列显卡看齐，并且 Ti 版的显卡比泰坦系列拥有更实惠的性价比。如表 2-1 所示是官方给出的 GTX 1080 Ti 显卡的核心参数。

表 2-1

12B Transistors
1.6 GHz Boost, 2GHz OC
28 SMs, 128Cores each

续表

3584 CUDA cores
28 Geometry units
224 Texture units
6 GPCs
88 ROP units
352 bit GDDR5x

GTX 1080 Ti 的显存高达 11GB，显卡的 Boost 频率高达 1.6GHz，超频则高达 2GHz，CUDA 核心数已经多达 3584 个，这些都是显卡的高性能表现。对于其他电脑硬件，我们建议再增加一块能够高速存取数据的固态硬盘 SSD 和一个能够和显卡高效协同工作的性能强劲的 CPU，再加上一块能够实现多块显卡拓展的主板。这样，我们的深度学习工作站的核心部件就凑齐了，该工作站能够满足我们对深度神经网络模型进行训练和对参数进行优化的绝大多数需求。

第 4 章

卷积神经网络

卷积神经网络（Convolutional Neural Networks，简称 CNN）可以说是深度神经网络模型中的“明星”网络架构，在计算机视觉方面贡献颇丰。一个标准的卷积神经网络架构主要由卷积层、池化层和全连接层等核心层次构成，卷积层、池化层和全连接层不仅是搭建卷积神经网络的基础，也是我们需要重点掌握和理解的内容。本章会先对卷积层、池化层和全连接层进行详细介绍，再介绍如何使用这些基本的层次结构，并配合一些调整和改进，来搭建形态各异的卷积神经网络模型。

4.1 卷积神经网络基础

下面讲解卷积神经网络中的核心基础，涉及卷积层、池化层、全连接层在卷积神经网络中扮演的角色、实现的具体功能和工作原理。

4.1.1 卷积层

卷积层（Convolution Layer）的主要作用是对输入的数据进行特征提取，而完成该功能的是卷积层中的卷积核（Filter）。我们可以将卷积核看作一个指定窗口大小的扫描器，扫描器通过一次又一次地扫描输入的数据，来提取数据中的特征。如果我们输入的是图像数据，那么在通过卷积核的处理后，就可以识别出图像中的重要特征了。

那么，在卷积层中是如何定义这个卷积核的呢？卷积层又是怎样工作的呢？下面通过一个实例进行说明。假设有一张 32×32×3 的输入图像，其中 32×32 指图像的高度×宽度，3 指图像具有 R、G、B 三个色彩通道，即红色（Red）、绿色（Green）和蓝色（Blue），我们定义一个窗口大小为 5×5×3 的卷积核，其中 5×5 指卷积核的高度×宽度，3 指卷积核的深度，对应之前输入图像的 R、G、B 三个色彩通道，这样做的目的是当卷积核窗口在输入图像上滑动时，能够一次在其三个色彩通道上同时进行卷积操作。注意，如果我们的原始输入数据都是图像，那么我们定义的卷积核窗口的宽度和高度要比输入图像的宽度和高度小，较常用的卷积核窗口的宽度和高度大小是 3×3 和 5×5。在定义卷积核的深度时，只要保证与输入图像的色彩通道一致就可以了，如果输入图像是 3 个色彩通道的，那么卷积核的深度就是 3；如果输入图像是单色彩通道的，那么卷积核的深度就是 1，以此类推。如图 4-1 所示为单色彩通道的输入图像的卷积过程。

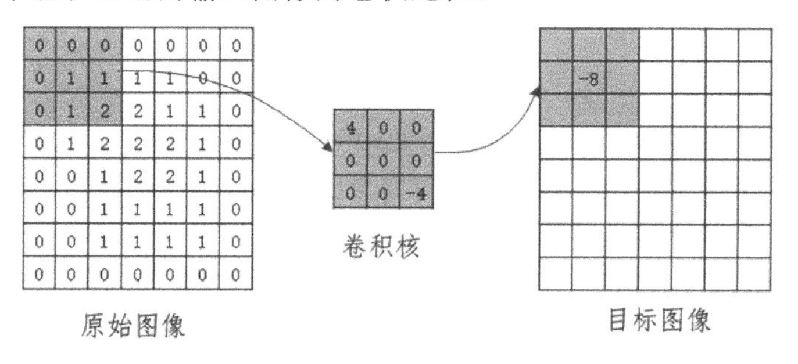

图 4-1

如图 4-1 所示，输入的是一张原始图像，中间的是卷积核，图中显示的是卷积核的一次工作过程，通过卷积核的计算输出了一个结果，其计算方式就是将对应位置的数据相乘然后相加，如下所示：

$$-8 = 0\times4+0\times0+0\times0+0\times0+1\times0+1\times0+0\times0+1\times0+2\times(-4)$$

下面，根据我们定义的卷积核步长对卷积核窗口进行滑动。卷积核的步长其实就是卷积核窗口每次滑动经过的图像上的像素点数量，如图 4-2 所示是一个步长为 2 的卷积核经过一次滑动后窗口位置发生的变化。

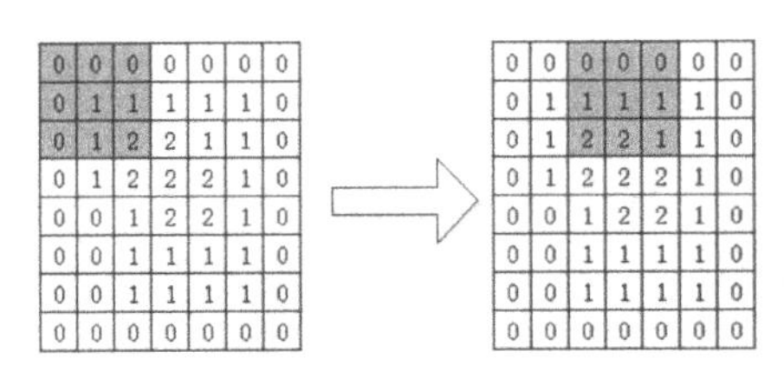

图 4-2

如果我们仔细观察，则还会发现在图 4-2 中输入图像的最外层多了一圈全为 0 的像素，这其实是一种用于提升卷积效果的边界像素填充方式。我们在对输入图像进行卷积之前，有两种边界像素填充方式可以选择，分别是 Same 和 Valid。Valid 方式就是直接对输入图像进行卷积，不对输入图像进行任何前期处理和像素填充，这种方式的缺点是可能会导致图像中的部分像素点不能被滑动窗口捕捉；Same 方式是在输入图像的最外层加上指定层数的值全为 0 的像素边界，这样做是为了让输入图像的全部像素都能被滑动窗口捕捉。

通过对卷积过程的计算，我们可以总结出一个通用公式，在本书中我们统一把它叫作卷积通用公式，用于计算输入图像经过一轮卷积操作后的输出图像的宽度和高度的参数，公式如下：

$$W_{output} = \frac{W_{input} - W_{filter} + 2P}{S} + 1$$

$$H_{output} = \frac{H_{input} - H_{filter} + 2P}{S} + 1$$

其中，通用公式中的 W 和 H 分别表示图像的宽度（Weight）和高度（Height）的值；下标 *input* 表示输入图像的相关参数；下标 *output* 表示输出的图像的相关参数；下标 *filter* 表示卷积核的相关参数；S 表示卷积核的步长；P（是 Padding 的缩写）表示在图像边缘增加的边界像素层数，如果图像边界像素填充方式选择的是 Same 模式，那么 P 的值就等于图像增加的边界层数，如果选择的是 Valid 模式，那么 $P = 0$。

下面看一个具体的实例。输入一个 7×7×1 的图像数据，卷积核窗口为 3×3×1，输入图像的最外层使用了一层边界像素填充，卷积核的步长 stride 为 1，这样可以得到 $W_{input} = 7$、$H_{input} = 7$、$W_{filter} = 3$、$P = 1$、$S = 1$，然后根据公式就能够计算出最后输出特征图的宽度和高度都是 7，即 $7 = \frac{7-3+2}{1} + 1$。

我们已经了解了单通道的卷积操作过程，但是在实际应用中一般很少处理色彩通道只有一个的输入图像，所以接下来看看如何对三个色彩通道的输入图像进行卷积操作，三个色彩通道的输入图像的卷积过程如图 4-3 所示。

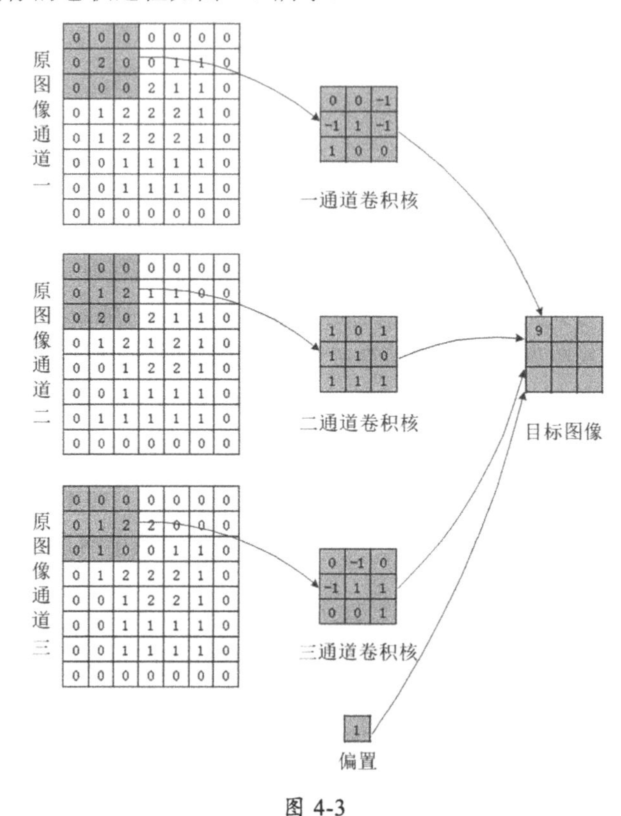

图 4-3

在卷积过程中我们还加入了一个值为 1 的偏置，其实整个计算过程和之前的单通道的卷积过程大同小异，我们可以将三通道的卷积过程看作三个独立的单通道卷积过程，最后将三个独立的单通道卷积过程的结果进行相加，就得到了最后的输出结果。

4.1.2 池化层

卷积神经网络中的池化层可以被看作卷积神经网络中的一种提取输入数据的核心特征的方式，不仅实现了对原始数据的压缩，还大量减少了参与模型计算的参数，从某种意义上提升了计算效率。其中，最常被用到的池化层方法是平均池化层和最大池化层，池化层处理的输入数据在一般情况下是经过卷积操作之后生成的特征图。如图 4-4 所示是一个最大池化层的操作过程。

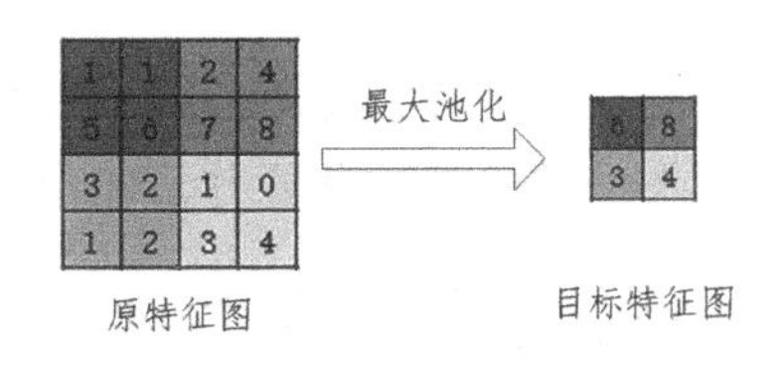

图 4-4

如图 4-4 所示，池化层也需要定义一个类似卷积层中卷积核的滑动窗口，但是这个滑动窗口仅用来提取特征图中的重要特征，本身并没有参数。这里使用的滑动窗口的高度×宽度是 2×2，滑动窗口的深度和特征图的深度保持一致。如图 4-4 所示是对单层特征图进行的操作，并且滑动窗口的步长为 2。

下面来看看这个滑动窗口的计算细节。首先通过滑动窗口框选出特征图中的数据，然后将其中的最大值作为最后的输出结果。图 4-4 中左边的方框就是输入的特征图像，即原特征图，如果滑动窗口是步长为 2 的 2×2 窗口，则刚好可以将输入图像划分成 4 部分，取每部分中数字的最大值作为该部分的输出结果，便可以得到图 4-4 中右边的输出图像，即目标特征图。第 1 个滑动窗口框选的 4 个数字分别是 1、1、5、6，所以最后选出的最大的数字是 6；第 2 个滑动窗口框选的 4 个数字分别是 2、4、7、8，所以最后选出的最大的数字是 8，以此类推，最后得到的结果就是 6、8、3、4。

在了解最大池化层的工作方法后，我们再来看另一种常用的池化层方法，如图 4-5 所示是一个平均池化层的操作过程。

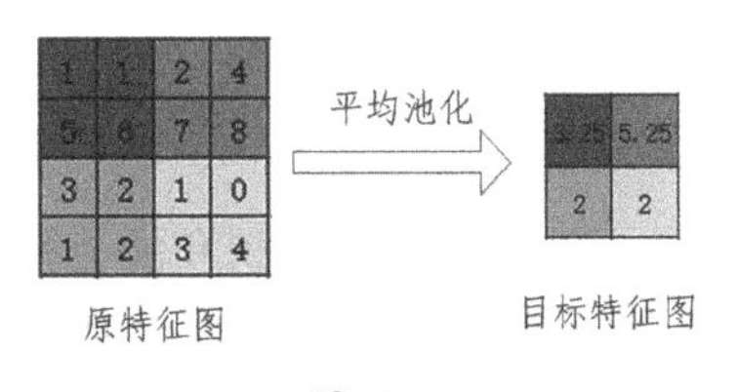

图 4-5

平均池化层的窗口、步长和最大池化层没有区别，但平均池化层最后对窗口框选的数据使用的计算方法与最大池化层不同。平均池化层在得到窗口中的数字后，将它们全部相加再求平均值，将该值作为最后的输出结果。如果滑动窗口依旧是步长为 2 的 2×2 窗口，则同样刚好将输入图像划分成 4 部分，将每部分的数据相加然后求平均值，并将该值作为该部分的输出结果，最后得到图 4-5 中右边的输出图像，即目标特征图。第 1 个滑动窗口框选的 4 个数字分别是 1、1、5、6，那么最后求得平均值为 3.25 并将其作为输出结果；第 2 个滑动窗口框选的 4 个数字分别是 2、4、7、8，那么最后求得平均值为 5.25 并将其作为输出结果，以此类推，最后得到的结果就是 3.25、5.25、2、2。

通过池化层的计算，我们也能总结出一个通用公式，在本书中我们统一把它叫作池化通用公式，用于计算输入的特征图经过一轮池化操作后输出的特征图的宽度和高度：

$$W_{output} = \frac{W_{input} - W_{filter}}{S} + 1$$

$$H_{output} = \frac{H_{input} - H_{filter}}{S} + 1$$

其中，W 和 H 分别表示特征图的宽度和高度值，下标 *input* 表示输入的特征图的相关参数，下标 *output* 表示输出的特征图的相关参数，下标 *filter* 表示滑动窗口的相关参数，S 表示滑动窗口的步长，并且输入的特征图的深度和滑动窗口的深度保持一致。

下面通过一个实例来看看如何计算输入的特征图经过池化层后输出的特征图的高度和宽度，定义一个 16×16×6 的输入图像，池化层的滑动窗口为 2×2×6，滑动窗口的步长 stride 为 2。这样可以得到 $W_{input}=16$、$H_{input}=16$、$W_{filter}=2$、$S=2$，然后根据总结得到的公式，最后输出特征图的宽度和高度都是 8，即 $8=\frac{16-2}{2}+1$。从结果可以看出，在使用 2×2×6 的滑动窗口对输入图像进行池化操作后，得到的输出特征图的高度和宽度变成了原来的一半，这也印证了我们之前提到的池化层的作用：池化层不仅能够最大限度地提取输入的特征图的核心特征，还能够对输入的特征图进行压缩。

4.1.3 全连接层

全连接层的主要作用是将输入图像在经过卷积和池化操作后提取的特征进行压缩，并且根据压缩的特征完成模型的分类功能。如图 4-6 所示是一个全连接层的简化流程。

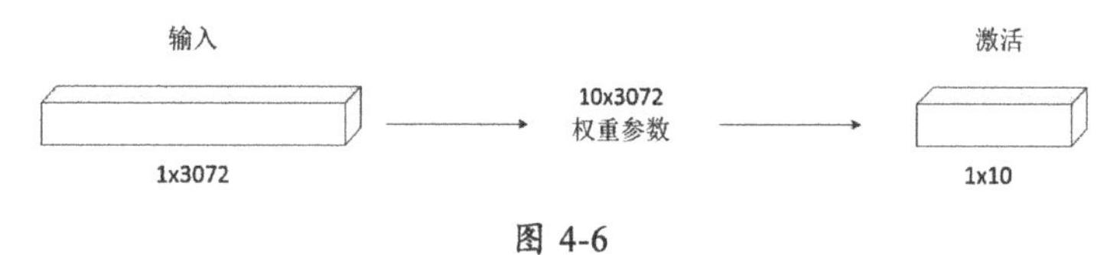

图 4-6

其实全连接层的计算比卷积层和池化层更简单，如图 4-6 所示的输入就是我们通过卷积层和池化层提取的输入图像的核心特征，与全连接层中定义的权重参数相乘，最后被压缩成仅有的 10 个输出参数，这 10 个输出参数其实已经是一个分类的结果，再经过激活函数的进一步处理，就能让我们的分类预测结果更明显。将 10 个参数输入到 Softmax 激活函数中，激活函数的输出结果就是模型预测的输入图像对应各个类别的可能性值。

在介绍完卷积层、池化层、全连接层后，接下来讲解一些经典的卷积神经网络模型的架构和工作原理。

4.2　LeNet 模型

LeNet 是由 LeCun 在 1989 年提出的历史上第 1 个真正意义上的卷积神经网络模型。不过最初的 LeNet 模型已经不再被人们使用了，被使用最多的是在 1998 年出现的 LeNet 的改进版本 LeNet-5。LeNet-5 作为卷积神经网络模型的先驱，最先被用于处理计算机视觉问题，在识别手写字体的准确性上取得了非常好的成绩。如图 4-7 所示是 LeNet-5 卷积神经网络的网络架构。

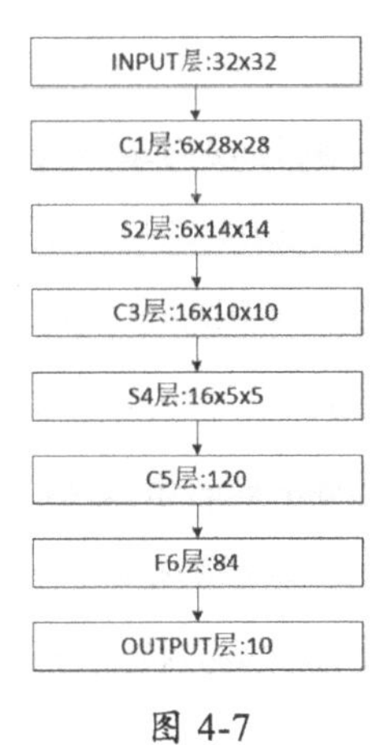

图 4-7

在图 4-7 中，从上往下分别是 INPUT 层、C1 层、S2 层、C3 层、S4 层、C5 层、F6 层和 OUTPUT 层，下面对这些层一一进行介绍。

（1）INPUT 层： 为输入层，LeNet-5 卷积神经网络的默认输入数据必须是维度为 32×32×1 的图像，即输入的是高度和宽度均为 32 的单通道图像。

（2）C1 层： 为 LeNet-5 的第 1 个卷积层，使用的卷积核滑动窗口为 5×5×1，步长为 1，不使用 Padding，如果输入数据的高度和宽度均为 32，那么通过套用卷积通用公式，可以得出最后输出的特征图的高度和宽度均为 28，即 $28=\frac{32-5+0}{1}+1$。同时，我们看到这个卷积层要求最后输出深度为 6 的特征图，所以需要进行 6 次同样的卷积操作，最后得到输出的特征图的维度为 28×28×6。

（3）S2 层：为 LeNet-5 中的下采样层，下采样要完成的功能是缩减输入的特征图的大小，这里我们使用最大池化层来进行下采样。选择最大池化层的滑动窗口为 2×2×6，步长为 2，因为输入的特征图的高度和宽度均为 28，所以通过套用池化通用公式，可以得到最后输出的特征图的高度和宽度均为 14，即 $14=\frac{28-2}{2}+1$，所以本层输出的特征图的维度为 14×14×6。

（4）C3 层：为 LeNet-5 的第 2 个卷积层，使用的卷积核滑动窗口发生了变化，变成了 5×5×6，因为输入的特征图维度是 14×14×6，所以卷积核滑动窗口的深度必须要和输入特征图的深度一致，步长依旧为 1，不使用 Padding。套用卷积通用公式，可以得到最后输出的特征图的高度和宽度均为 10，即 $10=\frac{14-5+0}{1}+1$，同时，这个卷积层要求最后输出深度为 16 的特征图，所以需要进行 16 次卷积，最后得到输出的特征图维度为 10×10×16。

（5）S4 层：为第 2 个下采样层，同样使用最大池化层，这时的输入特征图是 C3 层输出的维度为 10×10×16 的特征图，我们对最大池化层的滑动窗口选择 2×2×16，步长为 2。通过套用池化通用公式，可以得到最后输出的特征图的高度和宽度为 5，即 $5=\frac{10-2}{2}+1$，最后得到输出的特征图维度为 5×5×16。

（6）C5 层：这一层可以看作 LeNet-5 的第 3 个卷积层，是之前的下采样层和之后的全连接层的一个中间层。该层使用的卷积核滑动窗口为 5×5×16，步长为 1，不使用 Padding。通过套用卷积通用公式，可以得到最后输出的特征图的高度和宽度为 1，即 $1=\frac{5-5+0}{1}+1$，同时这个卷积层要求最后输出深度为 120 的特征图，所以需要进行 120 次卷积，最后得到输出的特征图维度为 1×1×120。

（7）F6 层：为 LeNet-5 的第 1 个全连接层，该层的输入数据是维度为 1×1×120 的特征图，要求最后输出深度为 84 的特征图，所以本层要完成的任务就是对输入的特征图进行压缩，最后得到输出维度为 1×84 的特征图。要完成这个过程，就需要让输入的特征图乘上一个维度为 120×84 的权重参数，根据矩阵的乘法运算法则，一个维度为 1×120 的矩阵乘上一个维度为 120×84 的矩阵最后输出的是维度为 1×84 的矩阵，这个维度为 1×84 的矩阵就是全连接层最后输出的特征图。

（8）OUTPUT 层：为输出层，因为 LeNet-5 是用来解决分类问题的，所以需要根据输入图像判断图像中手写字体的类别，输出的结果是输入图像对应 10 个类别的可能性值，在此之前我们需要先将 F6 层输入的维度为 1×84 的数据压缩成维度为 1×10 的数据，同样依靠一个 84×10 的矩阵来完成。将最终得到 10 个数据全部输入 Softmax 激活函数中，得到的就是模型预测的输入图像所对应 10 个类别的可能性值了。

4.3　AlexNet 模型

Hinton 课题组为了证明深度学习的潜力，在 2012 年的 ILSVRC（ImageNet Large Scale Visual Recognition Competition，简称 ILSVRC）比赛中使用了 AlexNet 搭建卷积神经网络模型，并通过 AlexNet 模型在这次比赛中一举获得冠军，而且在识别准确率上比使用支持向量机（Support Vector Machines，简称 SVM）这种传统的机器学习方法的第 2 名有一定的优势。由于在这个比赛上取得的显著成绩，卷积神经网络模型受到众多科学家的关注和重视。下面让我们来看看这个卷积神经网络模型的网络架构，如图 4-8 所示。

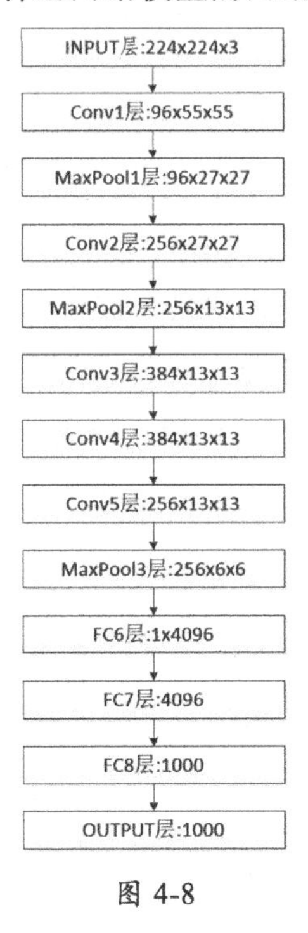

图 4-8

在图 4-8 中，从上往下分别是 INPUT 层、Conv1 层、MaxPool1 层、Conv2 层、MaxPool2 层、Conv3 层、Conv4 层、Conv5 层、MaxPool3 层、FC6 层、FC7 层、FC8 层和 OUTPUT

层，可见 AlexNet 的卷积神经网络架构比 LeNet-5 的卷积神经网络架构的层次更深，也更复杂，下面一一进行介绍。

（1）**INPUT 层**：为输入层，AlexNet 卷积神经网络默认的输入数据必须是维度为 224×224×3 的图像，即输入图像的高度和宽度均为 224，色彩通道是 R、G、B 三个。

（2）**Conv1 层**：为 AlexNet 的第 1 个卷积层，使用的卷积核滑动窗口为 11×11×3，步长为 4，Padding 为 2。通过套用卷积通用公式，可以得到最后输出的特征图的高度和宽度均为 55，即 $55=\frac{224-11+4}{4}+1$，同时这个卷积层要求最后输出深度为 96 的特征图，所以需要进行 96 次卷积，最后得到输出的特征图的维度为 55×55×96。

（3）**MaxPool1 层**：为 AlexNet 的第 1 个最大池化层，最大池化层的滑动窗口为 3×3×96，步长为 2。通过套用池化通用公式，可以得到最后输出的特征图的高度和宽度均为 27，即 $27=\frac{55-3}{2}+1$，最后得到的输出的特征图的维度为 27×27×96。

（4）**Conv2 层**：为 AlexNet 的第 2 个卷积层，使用的卷积核滑动窗口为 5×5×96，步长为 1，Padding 为 2。通过套用卷积通用公式，可以得到最后输出的特征图的高度和宽度均为 27，即 $27=\frac{27-5+4}{1}+1$，同时这个卷积层要求最后输出深度为 256 的特征图，所以需要进行 256 次卷积，最后得到输出的特征图的维度为 27×27×256。

（5）**MaxPool2 层**：为 AlexNet 的第 2 个最大池化层。最大池化层的滑动窗口为 3×3×256，步长为 2。通过套用池化通用公式，可以得到最后输出的特征图的高度和宽度均为 13，即 $13=\frac{27-3}{2}+1$，最后得到输出的特征图的维度为 13×13×256。

（6）**Conv3 层**：为 AlexNet 的第 3 个卷积层，使用的卷积核维度为 3×3×256，步长为 1，Padding 为 1。通过套用卷积通用公式，可以得到最后输出的特征图的高度和宽度均为 13，即 $13=\frac{13-3+2}{1}+1$，同时这个卷积层要求最后输出深度为 384 的特征图，所以需要进行 384 次卷积，最后得到特征图的维度为 13×13×384。

（7）**Conv4 层**：为 AlexNet 的第 4 个卷积层，使用的卷积核滑动窗口为 3×3×384，步长为 1，Padding 为 1。通过套用卷积通用公式，可以得到最后输出的特征图的高度和宽度均为 13，即 $13=\frac{13-3+2}{1}+1$，同时这个卷积层要求最后输出深度依旧为 384 的特征图，所以需要进行 384 次卷积，最后得到输出的特征图的维度为 13×13×384。

（**8**）**Conv5** 层：为 AlexNet 的第 5 个卷积层，使用的卷积核滑动窗口为 3×3×384，步长为 1，Padding 为 1。通过套用卷积通用公式，可以得到最后输出的特征图的高度和宽度均为 13，即 $13=\frac{13-3+2}{1}+1$，同时这个卷积层要求最后输出深度为 256 的特征图，所以需要进行 256 次卷积，最后得到输出的特征图的维度为 13×13×256。

（**9**）**MaxPool3** 层：为 AlexNet 的第 3 个最大池化层，最大池化层的滑动窗口为 3×3×256，步长为 2。通过套用池化通用公式，可以得到最后输出的特征图的高度和宽度均 6，即 $6=\frac{13-3}{2}+1$，最后得到输出的特征图的维度为 6×6×256。

（**10**）**FC6** 层：为 AlexNet 的第 1 个全连接层，输入的特征图的维度为 6×6×256，首先要对输入的特征图进行扁平化处理，将其变成维度为 1×9216 的输入特征图，因为本层要求输出数据的维度是 1×4096，所以需要一个维度为 9216×4096 的矩阵完成输入数据和输出数据的全连接，最后得到输出数据的维度为 1×4096。

（**11**）**FC7** 层：为 AlexNet 的第 2 个全连接层，输入数据的维度为 1×4096，输出数据的维度仍然是 1×4096，所以需要一个维度为 4096×4096 的矩阵完成输入数据和输出数据的全连接，最后得到输出数据的维度依旧为 1×4096。

（**12**）**FC8** 层：为 AlexNet 的第 3 个全连接层，输入数据的维度为 1×4096，输出数据的维度要求是 1×1000，所以需要一个维度为 4096×1000 的矩阵完成输入数据和输出数据的全连接，最后得到输出数据的维度为 1×1000。

（**13**）**OUTPUT** 层：为输出层，要求最后得到输入图像对应 1000 个类别的可能性值，因为 AlexNet 用来解决图像分类问题，即要求通过输入图像判断该图像所属的类别，所以我们要将全连接层最后输出的维度为 1×1000 的数据传递到 Softmax 激活函数中，就能得到 1000 个全新的输出值，这 1000 个输出值就是模型预测的输入图像对应 1000 个类别的可能性值。

4.4　VGGNet 模型

VGGNet 由牛津大学的视觉几何组（Visual Geometry Group）提出，并在 2014 年举办的 ILSVRC 中获得了定位任务第 1 名和分类任务第 2 名的好成绩，相对于 2012 年的 ILSVRC

冠军模型 AlexNet 而言，在 VGGNet 模型中统一了卷积中使用的参数，比如卷积核滑动窗口的高度和宽度统一为 3×3，卷积核步长统一为 1，Padding 统一为 1，等等；而且增加了卷积神经网络模型架构的深度，分别定义了 16 层的 VGG16 模型和 19 层的 VGG19 模型，与 AlexNet 的 8 层结构相比，深度更深。这两个重要的改变对于人们重新定义卷积神经网络模型架构也有不小的帮助，至少证明使用更小的卷积核并且增加卷积神经网络的深度，可以更有效地提升模型的性能。下面看一个 16 层结构的 VGGNet 模型，如图 4-9 所示。

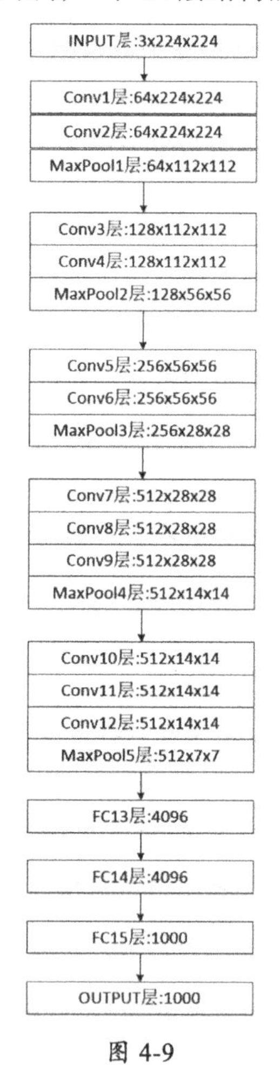

图 4-9

在图 4-9 中，从上往下分别是 INPUT 层、Conv1 层、Conv2 层、MaxPool1 层、Conv3 层、Conv4 层、MaxPool2 层、Conv5 层、Conv6 层、MaxPool3 层、Conv7 层、Conv8 层、Conv9 层、MaxPool4 层、Conv10 层、Conv11 层、Conv12 层、MaxPool5 层、FC13 层、

FC14 层、FC15 层和 OUTPUT 层，一共有 16 层，所以我们将这个模型叫作 VGG16，下面我们重点对模型中的前 7 层和后 8 层进行介绍。

（1）**INPUT 层**：为输入层，VGG16 卷积神经网络默认的输入数据必须是维度为 224×224×3 的图像，和 AlexNet 一样，其输入图像的高度和宽度均为 224，而且拥有的色彩通道是 R、G、B 这三个。

（2）**Conv1 层**：为 VGG16 的第 1 个卷积层，使用的卷积核滑动窗口为 3×3×3，步长为 1，Padding 为 1。套用卷积通用公式，可以得到最后输出的特征图的高度和宽度均为 224，即 $224=\frac{224-3+2}{1}+1$，同时这个卷积层要求最后输出深度为 64 的特征图，所以需要进行 64 次卷积，最后得到输出的特征图的维度为 224×224×64。

（3）**Conv2 层**：为 VGG16 的第 2 个卷积层，使用的卷积核滑动窗口为 3×3×64，步长为 1，Padding 为 1。套用卷积通用公式，可以得到最后输出的特征图的高度和宽度均为 224，即 $224=\frac{224-3+2}{1}+1$，同时这个卷积层要求最后输出深度为 64 的特征图，所以需要进行 64 次卷积，最后得到输出的特征图的维度为 224×224×64。

（4）**MaxPool1 层**：为 VGG16 的第 1 个最大池化层，最大池化层的滑动窗口为 2×2×64，步长为 2。套用池化通用公式，可以得到最后输出的特征图的高度和宽度均为 112，即 $112=\frac{224-2}{2}+1$，最后得到输出的特征图的维度为 112×112×64。

（5）**Conv3 层**：为 VGG16 的第 3 个卷积层，使用的卷积核滑动窗口为 3×3×64，步长为 1，Padding 为 1。套用卷积通用公式，可以得到最后输出的特征图的高度和宽度均为 112，即 $112=\frac{112-3+2}{1}+1$，同时这个卷积层要求最后输出深度为 128 的特征图，所以需要进行 128 次卷积，最后得到输出的特征图的维度为 112×112×128。

（6）**Conv4 层**：为 VGG16 的第 4 个卷积层，使用的卷积核滑动窗口为 3×3×128，步长为 1，Padding 为 1。在套用卷积通用公式后，可以得到最后输出的特征图的高度和宽度均为 112，即 $112=\frac{112-3+2}{1}+1$，同时这个卷积层要求最后输出深度为 128 的特征图，所以需要进行 128 次卷积，最后得到输出的特征图的维度为 112×112×128。

（7）**MaxPool2 层**：为 VGG16 的第 2 个最大池化层，最大池化层的滑动窗口为 2×2×128，步长为 2。在套用池化通用公式后，可以得到最后输出的特征图的高度和宽度均为

56，即 $56=\frac{112-2}{2}+1$，最后得到本层输出的特征图的维度为 56×56×128。

（8）**Conv10 层**：为 VGG16 的第 10 个卷积层，使用的卷积核滑动窗口为 3×3×512，步长为 1，Padding 为 1。通过套用卷积通用公式，我们可以得到最后输出的特征图的高度和宽度均为 14，即 $14=\frac{14-3+2}{1}+1$，同时这个卷积层要求最后输出深度为 512 的特征图，所以需要进行 512 次卷积，最后得到输出的特征图的维度为 14×14×512。

（9）**Conv11 层**：为 VGG16 的第 11 个卷积层，使用的卷积核滑动窗口为 3×3×512，步长为 1，Padding 为 1。通过套用卷积通用公式，我们可以得到最后输出的特征图的高度和宽度均为 14，即 $14=\frac{14-3+2}{1}+1$，同时这个卷积层要求最后输出深度为 512 的特征图，所以需要进行 512 次卷积，最后得到输出的特征图的维度为 14×14×512。

（10）**Conv12 层**：为 VGG16 的第 12 个卷积层，使用的卷积核滑动窗口为 3×3×512，步长为 1，Padding 为 1。通过套用卷积通用公式，我们可以得到最后输出的特征图的高度和宽度均为 14，即 $14=\frac{14-3+2}{1}+1$，同时这个卷积层要求最后输出深度为 512 的特征图，所以需要进行 512 次卷积，最后得到输出的特征图的维度为 14×14×512。

（11）**MaxPool5 层**：为 VGG16 的第 5 个最大池化层。最大池化层的滑动窗口为 2×2，步长为 2。通过套用池化通用公式，我们可以得到最后输出的特征图的高度和宽度均为 7，即 $7=\frac{14-2}{2}+1$，最后得到输出的特征图的维度为 7×7×512。

（12）**FC13 层**：为 VGG16 的第 1 个全连接层。输入特征图的维度为 7×7×512，和 AlexNet 模型一样，都需要对输入特征图进行扁平化处理以得到 1×25088 的数据，输出数据的维度要求是 1×4096，所以需要一个维度为 25088×4096 的矩阵完成输入数据和输出数据的全连接，最后得到输出数据的维度为 1×4096。

（13）**FC14 层**：为 VGG16 的第 2 个全连接层，输入数据的维度为 1×4096，输出数据的维度要求是 1×4096，所以需要一个维度为 4096×4096 的矩阵完成输入数据和输出数据的全连接，最后得到输出数据的维度为 1×4096。

（14）**FC15 层**：为 VGG16 的第 3 个全连接层，输入数据的维度为 1×4096，输出数据的维度要求是 1×1000，所以需要一个维度为 4096×1000 的矩阵完成输入数据和输出数据的全连接，最后得到输入数据的维度为 1×1000。

（15）OUTPUT 层：为输出层，VGG16 同样用于解决图像的分类问题，我们将全连接层最后输出的维度为 1×1000 的数据传递到 Softmax 函数中，就能得到 1000 个预测值，这 1000 个预测值就是模型预测的输入图像所对应每个类别的可能性。

4.5 GoogleNet

在 2014 年还有一个引起人们高度关注的模型出现，这个模型就是在 2014 年举办的 ILSVRC 大赛中取得分类任务第 1 名的 GoogleNet 模型。与在 2014 年的分类任务中取得亚军的 VGGNet 模型相比较，GoogleNet 模型的网络深度已经达到了 22 层，而且在网络架构中引入了 Inception 单元。这两个重要的改变证明，通过使用 Inception 单元构造的深层次卷积神经网络模型，能进一步提升模型整体的性能。先通过图 4-10 大致预览一下 GoogleNet 模型的 22 层网络架构。

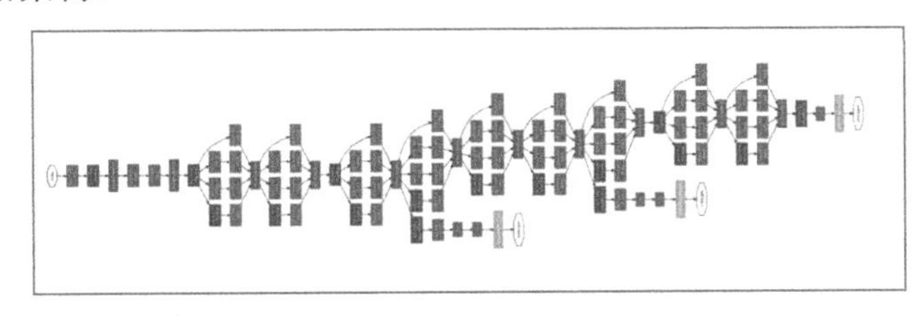

图 4-10

因为在 GoogleNet 模型中重复性比较大，所以我们就不进行逐层介绍了。下面重点看一下模型中的 Inception 单元结构，在此之前先来了解一下 Naive Inception 单元的结构，如图 4-11 所示。

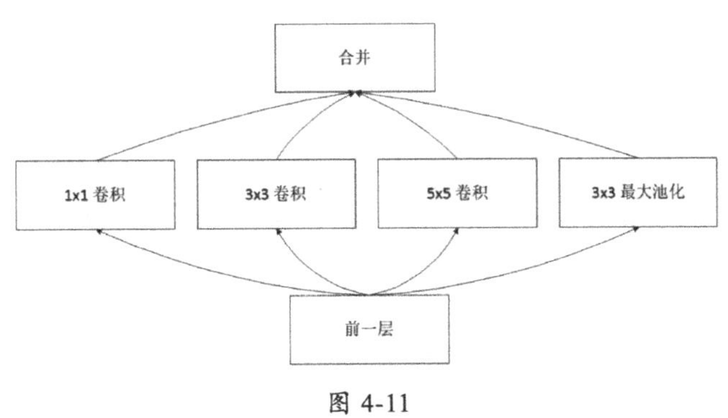

图 4-11

从图 4-11 中可以看出，前一层（Previous Layer）是 Naive Inception 单元的数据输入

层，之后被分成了 4 个部分，这 4 个部分分别对应滑动窗口的高度和宽度为 1×1 的卷积层、3×3 的卷积层、5×5 的卷积层和 3×3 的最大池化层，然后将各层计算的结果汇聚至合并层（Filter Concatenation），在完成合并后将结果输出。

下面通过一个具体的实例来看看整个 Naive Inception 单元的详细工作过程，假设在图 4-11 中 Naive Inception 单元的前一层输入的数据是一个 32×32×256 的特征图，该特征图先被复制成 4 份并分别被传至接下来的 4 个部分。我们假设这 4 个部分对应的滑动窗口的步长均为 1，其中，1×1 卷积层的 Padding 为 0，滑动窗口维度为 1×1×256，要求输出的特征图深度为 128；3×3 卷积层的 Padding 为 1，滑动窗口维度为 3×3×256，要求输出的特征图深度为 192；5×5 卷积层的 Padding 为 2，滑动窗口维度为 5×5×256，要求输出的特征图深度为 96；3×3 最大池化层的 Padding 为 1，滑动窗口维度为 3×3×256。这里对每个卷积层要求输出的特征图深度没有特殊意义，之后通过计算，分别得到这 4 部分输出的特征图为 32×32×128、32×32×192、32×32×96 和 32×32×256，最后在合并层进行合并，得到 32×32×672 的特征图，合并的方法是将各个部分输出的特征图相加，最后这个 Naive Inception 单元输出的特征图维度就是 32×32×672。

但是 Naive Inception 单元有两个非常严重的问题：首先，所有卷积层直接和前一层输入的数据对接，所以卷积层中的计算量会很大；其次，在这个单元中使用的最大池化层保留了输入数据的特征图的深度，所以在最后进行合并时，总的输出的特征图的深度只会增加，这样增加了该单元之后的网络结构的计算量。所以，人们为了解决这些问题，在 Naive Inception 单元的基础上对单元结构进行了改进，开发出了在 GoogleNet 模型中使用的 Inception 单元。

下面看看 GoogleNet 模型中的 Inception 单元结构，如图 4-12 所示。

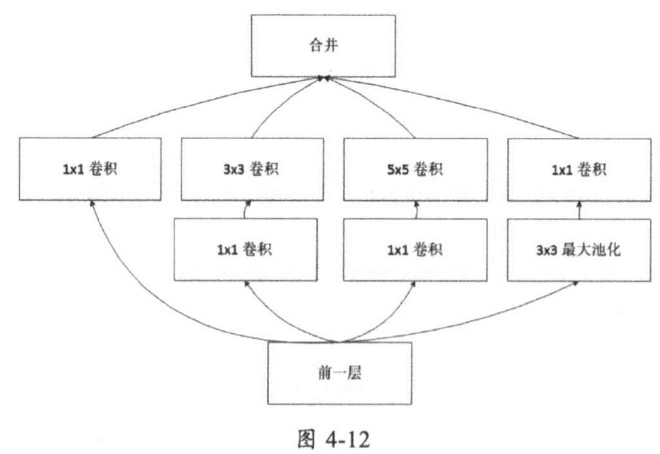

图 4-12

在对 GoogleNet 中的 Inception 单元的内容进行详细介绍之前，我们先了解一下 NIN（Network in Network）中 1×1 卷积层的意义和作用。我们都知道卷积是用来做数据特征提取的，而且最常使用的卷积核滑动窗的高度和宽度一般是 3×3 或者 5×5，那么在卷积核中使用高度和宽度为 1×1 的滑动窗又有什么作用呢？答案是能够完成特征图通道的聚合或发散。

举个例子来说，假设我们现在有一个维度为 50×50×100 的特征图，三个参数分别代表特征图的宽度、高度和深度，接下来将这个特征图输入 1×1 的卷积层中，定义该卷积层使用的卷积核的滑动窗口维度为 1×1×100。如果我们想要输出一个深度为 90 的特征图，则在通过 90 次卷积操作之后，刚才的维度为 50×50×100 的特征图就变成了维度为 50×50×90 的特征图，这就是特征图通道的聚合。反过来，如果我们想要输出的特征图的深度是 110，那么在通过 110 次卷积操作之后，刚才的维度为 50×50×100 的特征图就变成了维度为 50×50×110 的特征图，这个过程实现了特征图通道的发散，通过 1×1 卷积层来控制特征图最后输出的深度，从而间接影响了与其相关联的层的卷积参数数量。比如将一个 32×32×10 的特征图输入 3×3 的卷积层中，要求最后输出的特征图深度为 20，那么在这个过程中需要用到的卷积参数为 1800 个，即 $1800 = 10 \times 20 \times 3 \times 3$，如果将 32×32×10 的特征图先输入 1×1 的卷积层中，使其变成 32×32×5 的特征图，再将其输入 3x3 的卷积层中，那么在这个过程中需要用到的卷积参数减少至 950 个，即 $950 = 1 \times 1 \times 10 \times 5 + 5 \times 20 \times 3 \times 3$。使用 1×1 的卷积层使卷积参数几乎减少了一半，极大提升了模型的性能。

GoogleNet 中的 Inception 单元与 Naive Inception 单元的结构相比，就是在如图 4-12 所示的相应位置增加了 1×1 的卷积层。假设新增加的 1×1 的卷积的输出深度为 64，步长为 1，Padding 为 0，其他卷积和池化的输出深度、步长都和之前在 Naive Inception 单元中定义的一样，前一层输入的数据仍然使用同之前一样的维度为 32×32×256 的特征图，通过计算，分别得到这 4 部分输出的特征图维度为 32×32×128、32×32×192、32×32×96 和 32×32×64，将其合并后得到维度为 32×32×480 的特征图，将这 4 部分输出的特征图进行相加，最后 Inception 单元输出的特征图维度是 32×32×480。

在输出的结果中，32×32×128、32×32×192、32×32×96 和之前的 Naive Inception 单元是一样的，但其实这三部分因为 1×1 卷积层的加入，总的卷积参数数量已经大大低于之前的 Naive Inception 单元，而且因为在最大池化层之前也加入了 1×1 的卷积层，所以最终输出的特征图的深度也降低了。

GoogleNet 的网络架构从上往下一共有 22 层，层次类型主要包括输入层、卷积层、最大池化层、平均池化层、全连接层、Inception 单元和输出层。虽然 GoogleNet 在结构上和我们之前列举的几个模型有所差异，不过可以把整个 GoogleNet 模型看作由三大块组成，分别是模型的起始部分、Inception 单元堆叠部分和模型最后的分类输出部分。

GoogleNet 模型中的起始部分的结构如图 4-13 所示。

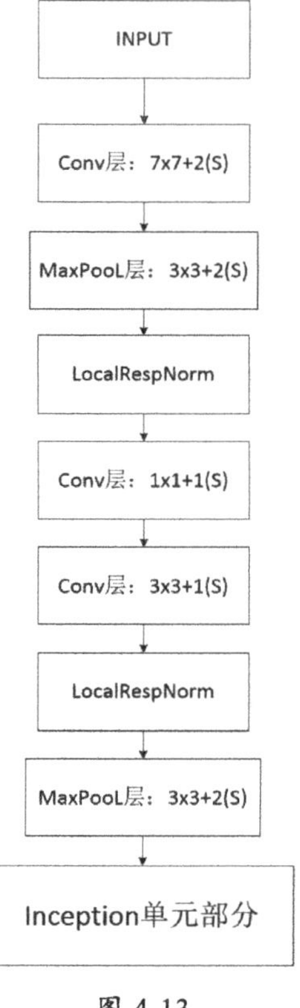

图 4-13

在图 4-13 中，INPUT 是整个 GoogleNet 模型最开始的数据输入层；Conv 层对应在模型中使用的卷积层；MaxPooL 层对应在模型中使用的最大池化层；Local Response Normalization 是在模型中使用的局部响应归一化层。每个层后面的数字表示滑动窗口的高度和宽度及步长，比如第 1 个卷积层中的数字是 7×7+1(S)，7×7 就是滑动窗口的高度和宽度，1 就是滑动窗口的步长。大写的 S 是 Stride 的缩写，这个起始部分的输出结果作为 Inception 单元堆叠部分的输入。

在 GoogleNet 模型中最后分类输出部分的结构如图 4-14 所示。

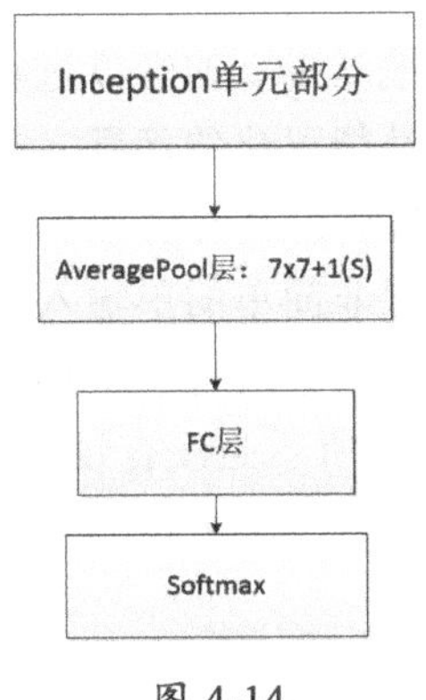

图 4-14

在图 4-14 中，最后分类输出部分的输入数据来自 Inception 单元堆叠部分最后一个 Inception 单元的合并输出，AveragePool 层对应模型中的平均池化层（Average pooling），FC 层对应模型中的全连接层，Softmax 对应模型最后进行分类使用的 Softmax 激活函数。

总而言之，在 GoogLeNet 模型中使用 Inception 单元，使卷积神经网络模型的搭建实现了模块化，如果我们想要增加或者减少 GoogLeNet 模型的深度，则只需增添或者减少相应的 Inception 单元就可以了，非常方便。另外，为了避免出现深层次模型中的梯度消失问题，在 GoogLeNet 模型结构中还增加了两个额外的辅助 Softmax 激活函数，用于向前传导梯度。

4.6 ResNet

ResNet 是更深的卷积神经网络模型，在 2015 年的 ILSVRC 大赛中获得分类任务的第 1 名。在 ResNet 模型中引入了一种残差网络（Residual Network）结构，通过使用残差网络结构，深层次的卷积神经网络模型不仅避免了出现模型性能退化的问题，反而取得了更好的性能。下面是一个具有 34 层网络结构的 ResNet 模型，如图 4-15 所示。

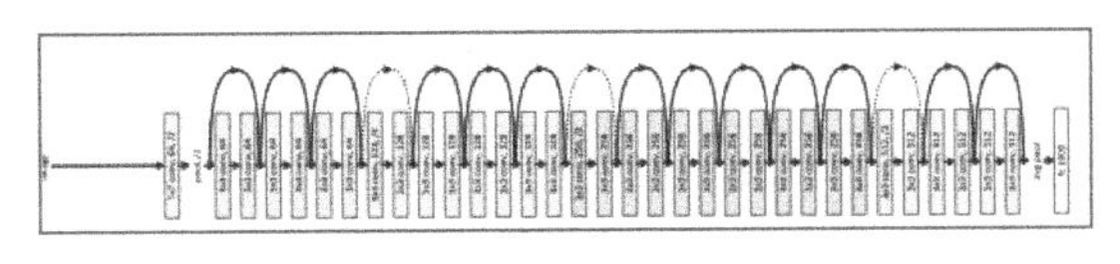

图 4-15

在图 4-15 中，虽然 ResNet 模型的深度达到了 34 层，但是我们发现其实在 ResNet 模型中大部分结构都是残差网络结构，所以同样具备了模块化的性质。之前讲到过，在搭建卷积神经网络模型时如果只是一味地对模型的深度进行机械式累加，则最后得到的模型会出现梯度消失、极易过拟合等模型性能退化的问题。在 ResNet 模型中大量使用了一些相同的模块来搭建深度更深的网络，最后得到的模型在性能上却有不俗的表现，其中一个非常关键的因素就是模型累加的模块并非简单的单输入单输出的结构，而是一种设置了附加关系的新结构，这个附加关系就是恒等映射（Identity Mapping），这个新结构也是我们要重点介绍的残差网络结构。如图 4-16 所示是没有设置附加关系的单输入单输出模块。

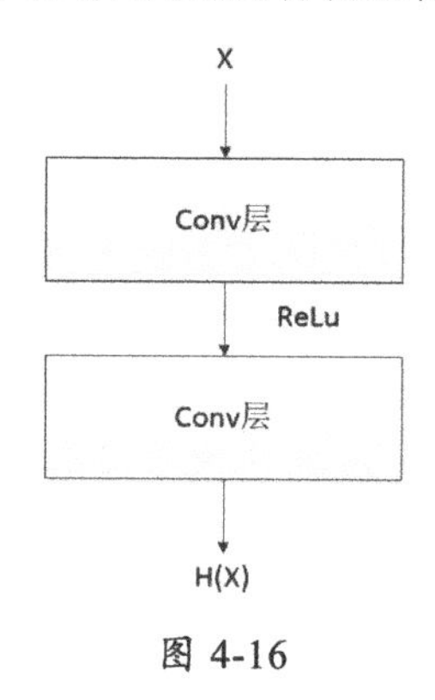

图 4-16

图 4-16 显示了该模块的工作流程，输入数据 X 在通过两个卷积层后得到输出结果 H(X)。在 ResNet 模型中设置附加的恒等映射关系的残差网络结构如图 4-17 所示。

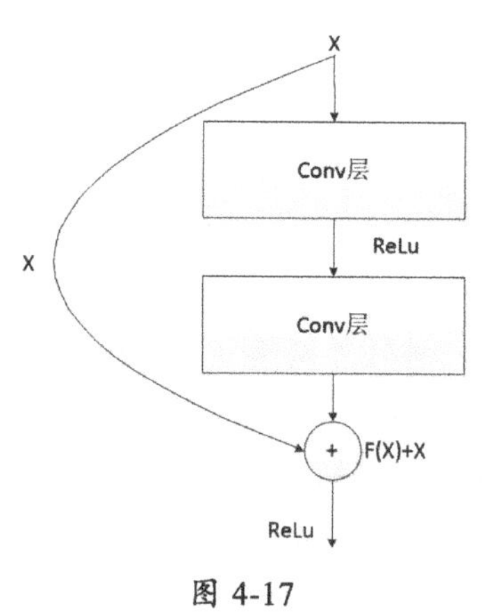

图 4-17

如图 4-17 所示的结构和之前的单输入单输出结构相比并没有太大的变化，唯一的不同是残差模块的最终输出结果等于输入数据 X 经过两个卷积之后的输出 F(X)加上输入数据的恒等映射。在残差模块中使用的这个附加的恒等映射关系能起到什么作用呢？事实证明，残差模块进行的这个简单的加法并不会给整个 ResNet 模型增加额外的参数和计算量，却能加快模型的训练速度，提升模型的训练效果；另外，在我们搭建的 ResNet 模型的深度加深时，使用残差模块的网络结构不仅不会出现模型退化问题，性能反而有所提升。

这里需要注意附加的恒等映射关系的两种不同的使用情况，残差模块的输入数据若和输出结果的维度一致，则直接相加；若维度不一致，则先进行线性投影，在得到一致的维度后，再进行相加或者对维度不一致的部分使用 0 填充。

近几年，ResNet 的研究者还提出了能够让网络结构更深的残差模块，如图 4-18 所示。

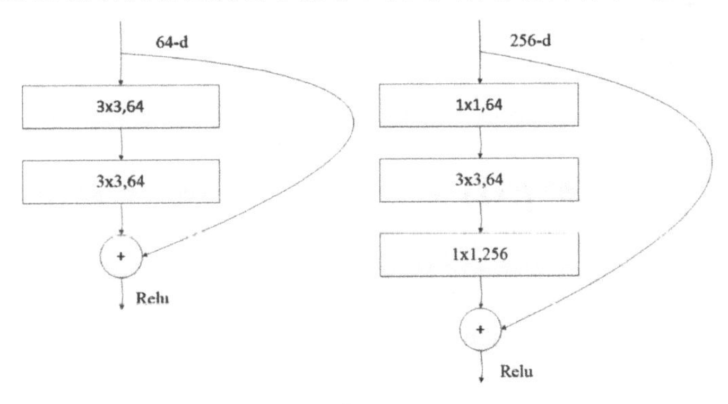

图 4-18

其在之前的残差模块的基础上引入了 NIN，使用 1×1 的卷积层来减少模型训练的参数量，同时减少整个模型的计算量，使得拓展更深的模型结构成为可能。于是出现了拥有 50 层、101 层、152 层的 ResNet 模型，这不仅没有出现模型性能退化的问题，而且错误率和计算复杂度都保持在很低的程度。

第 5 章

Python 基础

对于想要从事深度学习相关工作的人而言，掌握一门编程语言是必不可少的；对于既没有编程经验又想要从事编程开发的人而言，把 Python 作为第 1 个编程语言再合适不过了，因为 Python 不仅简单易学，而且是一个集解释性、编译性、互动性和面向对象等优点于一身的高级脚本语言。Python 的设计者曾说：“Life is short，You need Python”。

5.1 Python 简介

Python 之所以受到大家的关注，是因为它有如下特性。

（1）易读性： Python 的语法结构层次分明，语法逻辑简单易懂，按照 Python 语法构造出的程序代码简单易读，就整体而言已经很贴合自然语言的使用习惯了。

（2）解释性： 在 Python 中去除了编译环节和链接环节，这些修改提升了语言的解释性，提升了程序的开发效率，所以使用 Python 进行程序开发能够相对缩短开发周期。

（3）可移植性： 因为 Python 在设计之初就是一门面向开源的编程语言，而开源的一大特性就是兼容性，所以 Python 能够被众多平台移植和使用。

（4）可扩展性：Python 汲取了其他编程语言的精华，自然也能够使用其他程序语言实现自身的扩展，比如在我们想要提升关键代码的运行效率，或者想编写一些不愿开源的算法时，就可以使用其他编程语言如 C 或者 C++来完成这部分工作，然后扩展到用 Python 设计的程序中。

（5）交互性：Python 提供了很多实时交互的软件，而且本身自带交互功能，我们可以使用 Python 自带的交互提示，以互动的方式执行我们的程序，这样还能方便程序的调试和维护。

（6）面向对象：Python 还是一门面向对象的编程语言，在 Python 中提供了支持面向对象的程序设计和对象封装的编程技术。

（7）初学者的语言：Python 对于初学者而言，是一种易于理解和掌握的编程语言，有相对较少的关键字，而且结构简单，有明确定义的语法，更容易学习；Python 对代码的定义更清晰，还有完备的开源社区和大量的开源库可供学习和使用，对主流的操作系统如 UNIX、Windows、iOS 等也有极强的兼容性。

5.2 Jupyter Notebook

本书的后续代码实践部分都会基于 Jupyter Notebook。Jupyter Notebook 也被称作 IPython Notebook，是一款基于 Web 的开源应用软件，不仅具备强大的文本和代码编辑功能，还具备很棒的交互式体验，这使我们在使用 Jupyter Notebook 进行数据分析和逻辑整理时事半功倍；而且 Jupyter Notebook 是一款兼容性很强的应用软件，具备了 IPython 的所有优点，除了支持运行 Python，还支持运行其他 40 多种编程语言。正是这些特性，使 Jupyter Notebook 在机器学习、数据分析、数据挖掘等领域受到众多用户的青睐。

5.2.1 Anaconda 的安装与使用

在学习使用 Jupyter Notebook 之前，我们有必要先了解一下 Anaconda。Anaconda 是一款基于 Python 的软件平台，集成了环境管理、Python 包的安装、Python 包的检索等非常实用的功能，并集成了大约 1000 多种可供用户调用和安装的 Python 包，同时兼容目前的主流操作系统，所以安装起来十分方便。

因为 Anaconda 是免费的，所以我们可以轻松地完成该软件的下载和安装。登录

Anaconda 官网并进入软件的安装界面，就可以看到有多个操作系统的 Anaconda 版本可供选择安装，这里通过安装 Windows 系统的 Anaconda 版本进行演示，如图 5-1 所示。

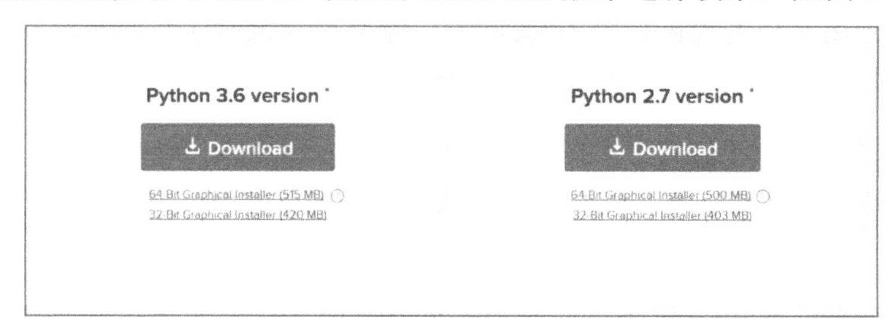

图 5-1

从图 5-1 中可以看到，Windows 系统的 Anaconda 安装软件支持两个 Python 版本，这两个 Python 版本指的是我们安装完 Anaconda 软件后 root 环境默认使用的 Python 版本，而 root 环境是完成 Anaconda 的首次安装后软件默认生成的一个根环境。如果之后我们想使用不同的 Python 版本，则可以按自己的意愿在 root 环境的基础上新建自定义环境，然后进行其他版本的 Python 安装，所以安装 Anaconda 时选择的 Python 的版本在我们后期的使用中不一定会用到。在顺利完成安装后，就可以使用自动生成的 root 环境了，在这个 root 环境里包含了我们安装 Anaconda 时选择的 Python 和一些默认的 Python 包。

下面来看如何对环境进行操作，因为我们现在只有 root 环境，所以可以查看一下 root 环境的基本信息，在 CMD 命令行窗口中输入指令“conda info”并回车，就会显示该环境的基本信息，如图 5-2 所示。

```
C:\Users\Admin>conda info
Current conda install:

             platform : win-64
        conda version : 4.3.14
     conda is private : False
    conda-env version : 4.3.14
  conda-build version : not installed
       python version : 2.7.13.final.0
     requests version : 2.12.4
     root environment : C:\ProgramData\Anaconda2  (read only)
  default environment : C:\ProgramData\Anaconda2
     envs directories : C:\ProgramData\Anaconda2\envs
                        C:\Users\Admin\AppData\Local\conda\conda\envs
                        C:\Users\Admin\.conda\envs
        package cache : C:\ProgramData\Anaconda2\pkgs
                        C:\Users\Admin\AppData\Local\conda\conda\pkgs
         channel URLs : https://conda.anaconda.org/anaconda-fusion/win-64
                        https://conda.anaconda.org/anaconda-fusion/noarch
                        https://repo.continuum.io/pkgs/free/win-64
                        https://repo.continuum.io/pkgs/free/noarch
                        https://repo.continuum.io/pkgs/r/win-64
                        https://repo.continuum.io/pkgs/r/noarch
                        https://repo.continuum.io/pkgs/pro/win-64
                        https://repo.continuum.io/pkgs/pro/noarch
                        https://repo.continuum.io/pkgs/msys2/win-64
                        https://repo.continuum.io/pkgs/msys2/noarch
          config file : C:\Users\Admin\.condarc
         offline mode : False
           user-agent : conda/4.3.14 requests/2.12.4 CPython/2.7.13 Windows/10 Windows/10.0.15063
```

图 5-2

下面对在图 5-2 中显示的信息进行简单解读。

（1）**platform:win-64**：用于说明我们安装 Anaconda 软件时所使用的操作系统的信息，win-64 指 Windows 的 64 位操作系统。

（2）**conda version:4.3.14**：用于说明我们安装的 Anaconda 软件版本，“4.3.14”就是 Anaconda 的软件版本号。

（3）**Python version:2.7.13.final.0**：用于说明在当前环境下安装和使用的 Python 版本，“2.7.13.final.0”就是 Python 的版本号。

（4）**requests version:2.12.4**：用于说明在当前环境下安装和使用的 requests 版本，“2.12.4”就是 requests 的版本号。

在实际使用时我们并不需要安装和使用一些 Python 包，而是更愿意创建一个专属于自己的新环境，然后根据自己的项目需求在环境下安装相应的包，这样更有利于管理和维护环境。下面看看如何搭建一个自定义的新环境。

进入 CMD 命令行窗口并在窗口中输入命令“conda create –n test python=3.5”，然后回车，界面如图 5-3 所示。

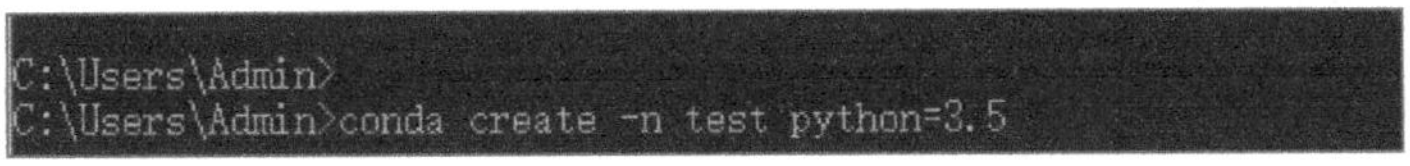

```
C:\Users\Admin>
C:\Users\Admin>conda create -n test python=3.5
```

图 5-3

该命令的各部分含义如下。

（1）**conda**：用于指定接下来使用的命令集来自 Anaconda。

（2）**create**：表示我们的具体操作是要创建一个新环境。

（3）**-n**：用于指定新环境的名称，新环境的名称必须紧跟在空格之后。

（4）**test**：用于指定新环境的名称为 test。

（5）**python=3.5**：用于指定在新环境下需要预先安装的 Python 版本，这里使用的 Python 版本为 3.5。

在回车之后在 CMD 命令行窗口中返回的信息如图 5-4 所示。

```
C:\Users\Administrator>conda -n test python = 3.5

C:\Users\Administrator>conda create -n test python=3.5
Fetching package metadata .........
Solving package specifications: .

Package plan for installation in environment C:\ProgramData\Anaconda2\envs\test:

The following NEW packages will be INSTALLED:

    certifi:         2016.2.28-py35_0
    pip:             9.0.1-py35_1
    python:          3.5.4-0
    setuptools:      36.4.0-py35_1
    vc:              14-0
    vs2015_runtime:  14.0.25420-0
    wheel:           0.29.0-py35_0
    wincertstore:    0.2-py35_0

Proceed ([y]/n)?
```

图 5-4

在图 5-4 中提供了一些在创建新环境后建议安装的默认包，包括我们指定安装的版本为 Python 3.5；最后一行是一个是否选择安装的确认提示信息，如果输入“y”，则表示确认新环境的创建和包的安装，之后系统会自动对这些包进行下载和安装，无须过多干涉，整个过程非常方便。

5.2.2 环境管理

接下来简单介绍如何对创建的新环境进行基本维护和管理。在环境维护和管理中常用的命令如下。

（1）activate test：在命令行窗口中输入“activate test”并回车，命令行窗口将返回如图 5-5 所示的界面。

图 5-5

其实这个命令用于激活并进入我们指定名称的环境下。在回车后，可以看到在命令行的最前面出现了一个带有括号的环境名，这说明我们已经进入指定的环境下。

在开启一个命令行窗口后，所有操作都默认在 root 环境下进行，我们必须通过“activate”加上新环境的名称来激活并进入我们创建的新环境下。

（2）deactivate test：这个命令用于退出当前环境并进入 root 环境下。在命令行窗口中输入“deactivate test”并回车，命令行窗口将返回如图 5-6 所示的界面。

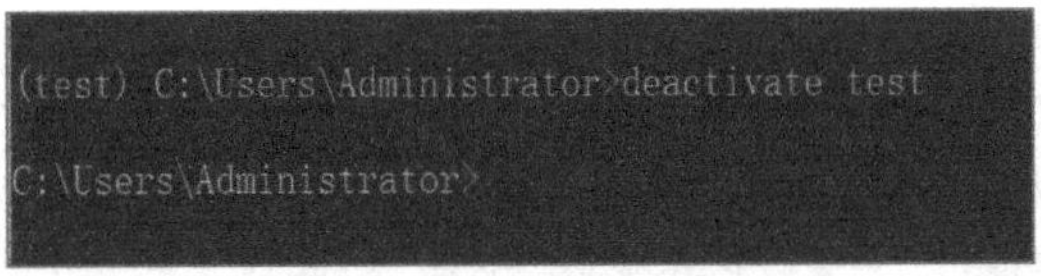

```
(test) C:\Users\Administrator>deactivate test

C:\Users\Administrator>
```

图 5-6

从图 5-6 中可以看到，命令行最前面带有括号的环境名消失了，这表明我们已经成功退出当前环境并进入 root 环境下。在退出当前环境时需要使用命令"deactivate"来执行，不过在命令行中输入"deactivate"加当前环境的名称和直接输入"deactivate"，都能达到同样的效果。

（3）conda remove -n test --all：在命令行窗口中输入"conda remove -n test --all"并回车，将返回如图 5-7 所示的界面。

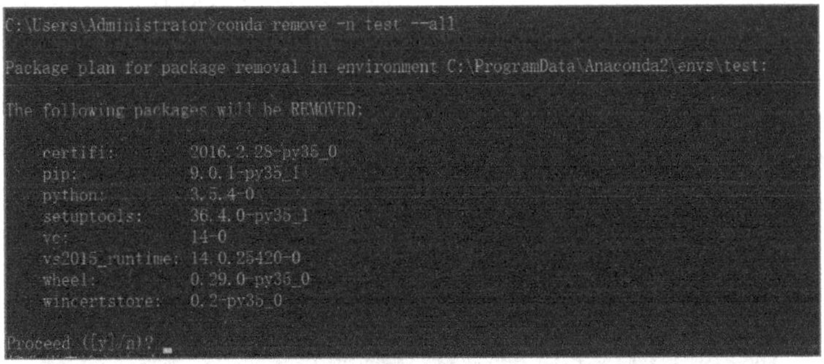

```
C:\Users\Administrator>conda remove -n test --all

Package plan for package removal in environment C:\ProgramData\Anaconda2\envs\test:

The following packages will be REMOVED:

    certifi:        2016.2.28-py35_0
    pip:            9.0.1-py35_1
    python:         3.5.4-0
    setuptools:     36.4.0-py35_1
    vc:             14-0
    vs2015_runtime: 14.0.25420-0
    wheel:          0.29.0-py35_0
    wincertstore:   0.2-py35_0

Proceed ([y]/n)?
```

图 5-7

这个命令用于删除指定名称的环境。若不想再使用已创建的环境了，则可以将它完全删除，不过这个命令只能在 root 环境下执行。"remove"是 Anaconda 的环境删除命令；"-n"表示环境名选项，在空格后紧跟环境的名字；"test"表示需要删除的环境的名称；"--all"表示删除指定环境下所有已经安装的包。在回车后，命令行窗口会返回确认提示信息，在输入"y"后回车，就会删除指定环境及该环境下的所有包。

5.2.3　环境包管理

对环境下的包进行维护和管理时的常用命令如下。

（1）conda search numpy：在命令行窗口中输入"conda search numpy"并回车，命令行窗口将返回如图 5-8 所示的界面。

```
(test) C:\Users\Administrator>conda search numpy
Fetching package metadata ...........
numpy                        1.6.2                    py26_0  defaults
                             1.6.2                    py27_0  defaults
                             1.6.2                    py26_4  defaults
                             1.6.2                   py26_p4  defaults       [mkl]
                             1.6.2                    py27_4  defaults
                             1.6.2                   py27_p4  defaults       [mkl]
                             1.6.2                   py26_p5  defaults       [mkl]
                             1.6.2                   py27_p5  defaults       [mkl]
                             1.7.0                    py26_0  defaults
                             1.7.0                    py27_0  defaults
                             1.7.0                    py33_0  defaults
```

图 5-8

这个命令用于搜索平台中指定名称的 Python 包。不过在搜索之前我们必须知道 Python 包的大致名称，如果使用了错误的名称进行搜索，则很有可能找不到或者找到的并不是我们想要的 Python 包。在图 5-8 中搜索的名称是 numpy，numpy 是一个非常通用的 Python 包，所以在名称上并不会有太大的出入，通过命令进行搜索后在返回的信息中会看到很多搜索结果。“search”就是 Anaconda 中用于搜索指定包的命令，在空格后面紧跟我们需要查找的包的名称，这里的 numpy 就是我们想要查找的包的名称。

（2）conda install numpy：在命令行窗口中输入“conda install numpy”并回车，命令行窗口将返回如图 5-9 所示的界面。

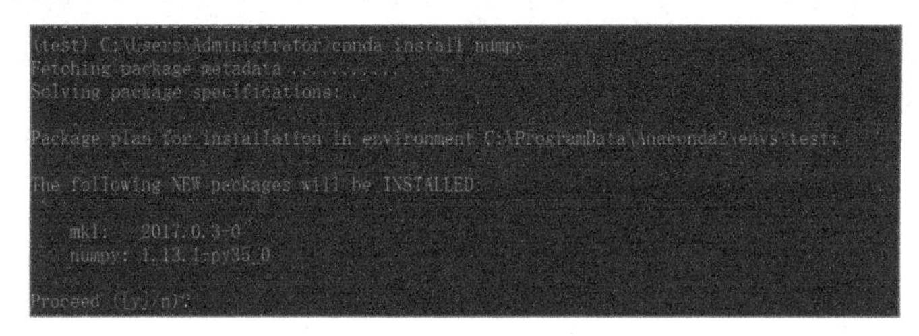

图 5-9

这个命令用于将指定名称的包安装到当前环境下，前提条件是我们已经通过包搜索命令在 Anaconda 软件平台中找到了其对应的名称。“install”是 Anaconda 中用于执行包安装的命令，在空格后面紧跟需要安装的包的名称，这里 numpy 就是我们想要安装的包的名称。

使用 Anaconda 执行包的安装还有一个好处，就是我们在执行某个包的安装命令后，命令行窗口会返回一些建议安装的关联包，我们只要对最后返回的确认提示信息进行确认，就能让所有这些关联包被自动下载和安装，避免了我们在安装指定包的过程中因遗漏关联包而导致程序运行出错，或者因缺少相应的关联包而导致程序不能正常使用。

（3）conda install anaconda：在命令行窗口中输入“conda install anaconda”并回车，命令行窗口将返回如图 5-10 所示的界面。

```
(test) C:\Users\Administrator>conda install anaconda
Fetching package metadata ...........
Solving package specifications: .

Package plan for installation in environment C:\ProgramData\Anaconda2\envs\test:

The following NEW packages will be INSTALLED:

    _license:            1.1-py35_1
    alabaster:           0.7.10-py35_0
    anaconda:            4.4.0-np112py35_0
    anaconda-client:     1.6.3-py35_0
    anaconda-navigator:  1.6.2-py35_0
    anaconda-project:    0.6.0-py35_0
    asn1crypto:          0.22.0-py35_0
    astroid:             1.4.9-py35_0
```

图 5-10

这个命令用于在当前环境下安装所有 Anaconda 软件平台已经集成的包，当我们不知道自己需要安装什么或者需求不太明确时，就可以通过该方法对全部的包进行安装，尤其在不考虑安装效率且只想确保包安装的完备性时。与对单个包进行安装的区别是，“anaconda”并不是某个包的名称。

（4）conda list：在命令行窗口中输入“conda list”并回车，命令行窗口将返回如图 5-11 所示的界面。

```
(test) C:\Users\Administrator>conda list
# packages in environment at C:\ProgramData\Anaconda2\envs\test:
#
certifi                   2016.2.28                py35_0
numpy                     1.13.3                    <pip>
pip                       9.0.1                    py35_1
python                    3.5.4                         0
setuptools                36.4.0                   py35_1
vc                        14                            0
vs2015_runtime            14.0.25420                    0
wheel                     0.29.0                   py35_0
wincertstore              0.2                      py35_0
```

图 5-11

这个命令用于查看当前环境下已经安装的包，这些信息在我们对环境下的包进行管理和维护时非常有帮助。从图 5-11 可以看到罗列的部分已安装的包信息，这些信息主要包含了所安装包的版本号和包所基于的 Python 版本。通过这些信息，我们可以移除一些不再使用的包，下载、安装一些之前没有安装的包。“list”就是在 Anaconda 中执行查看的命令。

5.2.4　Jupyter Notebook 的安装

下面讲解 Jupyter Notebook 的安装过程。首先进入我们创建的新环境下，在 CMD 命令行窗口中输入“conda install jupyter”并回车，命令行窗口会返回如图 5-12 所示的界面。

```
(test) C:\Users\Administrator>conda install jupyter
Fetching package metadata ...........
Solving package specifications: .

Package plan for installation in environment C:\ProgramData\Anaconda2\envs\test:

The following NEW packages will be INSTALLED:

    bleach:          1.5.0-py35_0
    colorama:        0.3.9-py35_0
    decorator:       4.1.2-py35_0
    entrypoints:     0.2.3-py35_0
    html5lib:        0.9999999-py35_0
    icu:             57.1-vc14_0
```

图 5-12

使用 Anaconda 中的“install”命令进行软件或包的安装，在安装过程中程序中会自动罗列所有需要安装的关联包，在 Jupyter Notebook 的安装过程中也不例外，所以对于命令行窗口中返回的确认提示信息，我们只需输入“y”进行确认，就完成 Jupyter Notebook 的安装了。

在安装完成后，要想验证 Jupyter Notebook 能否正常使用，则只需在命令行窗口中输入“jupyter notebook”并回车，这个命令用于开启 Jupyter Notebook，命令行窗口随后会返回如图 5-13 所示的界面。

图 5-13

命令行窗口返回的信息大部分是与 Web 交互的信息，要想确认我们的 Jupyter Notebook 能否正常使用，最简单的方法就是看此时操作系统是否使用默认的浏览器打开了一个 Web 应用程序。

5.2.5 Jupyter Notebook 的使用

在成功运行 Jupyter Notebook 的 Web 应用程序后，我们首先在浏览器中看到的是该应用程序的主界面，如图 5-14 所示。在 Jupyter Notebook 中保存或者创建的文件默认使用的后缀名是“ipynb”，在本书中我们把带有该后缀名的文件称作 Notebook 文件。

图 5-14

在 Jupyter Notebook 的 Web 应用程序主界面中包含以下操作元素。

（1）**Files**：用于显示当前主目录下所有文件的信息，还可以通过不同的筛选方式找到主目录下相应的文件并进行选择和操作。在单击下三角符号后会显示如图 5-15 所示的界面，其中包含所有可供选择的筛选选项。其中，Folders 用于选取当前目录下的所有子文件；All Notebooks 用于选取当前目录下的所有 Notebook 文件；Running 用于选取当前目录下所有正在运行的 Notebook 文件；Files 用于选取当前目录下所有文件夹类型的文件。

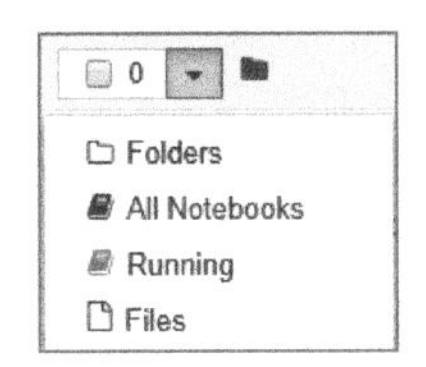

图 5-15

在通过筛选方式选出相应的文件后，相关的操作信息也会被显示出来，而且不同类别的文件对应不同的操作方法。以 All Notebooks 选项为例，显示的操作信息如图 5-16 所示，可以看到，操作选项包括 Duplicate、Rename、Move、Download、View、Edit 和最后的删除图标。

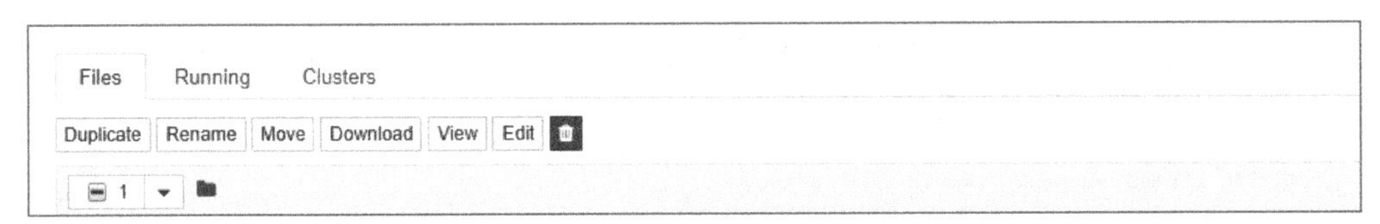

图 5-16

（2）**Running**：用于显示正在运行的 Notebook 文件，如图 5-17 所示，Untitled.ipynb 就是当前正在运行的 Notebook 文件。在该图的右下角还有一个 shutdown 的操作选项，这个选项用于强制关闭正在运行的 Notebook 文件。

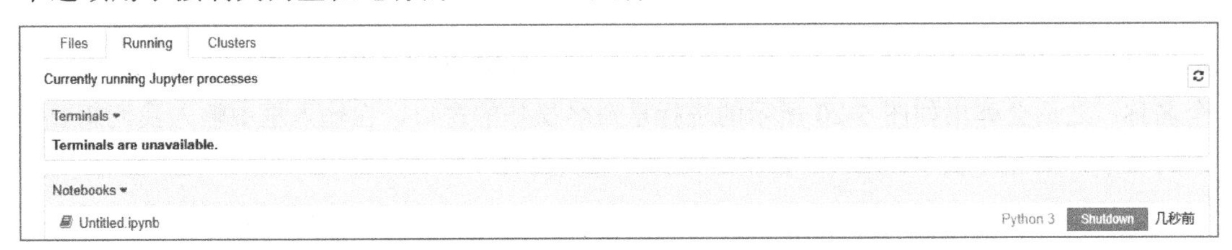

图 5-17

（3）**New**：用于创建新的文件，如图 5-18 所示。可以看到，新建的文件主要有两个类别可供选择，分别是 Notebook 文件和 Other 文件。如果我们选择的是 Notebook 文件中的 Python 3，那么系统会新建一个支持 Python 3.5 版本的 Notebook 文件，这个文件具体支持哪个 Python 版本，是根据我们在启动 Jupyter Notebook 应用程序时所在的环境下安装的 Python 版本而定的。如果我们选择的是 Other 文件中的 Text File 或 Folder，那么系统会新建一个空的文本文件或文件夹。

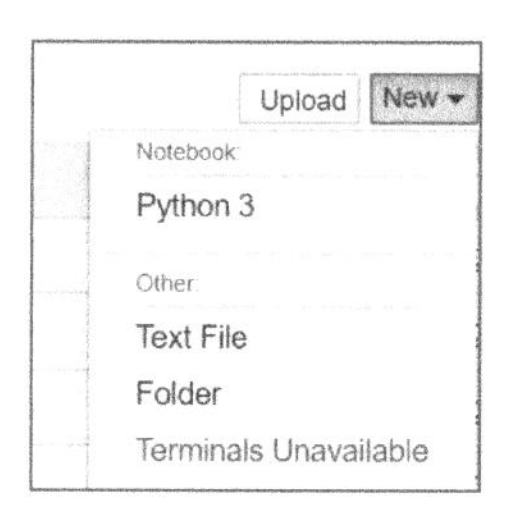

图 5-18

下面重点看看对新建的 Notebook 文件的相关操作，Notebook 文件的主界面如图 5-19 所示，图中以 In [ ]开始的是 Notebook 文件的一个输入单元。在该主界面的第 1 行显示的是这个 Notebook 文件的名称，这里的 Untitled 就是我们当前打开的 Notebook 文件的名称，它是一个默认的文件名，所有被新建且没被重命名的文件都是这个名称，若我们重复新建了 Notebook 文件但没有进行重命名，那么新的 Notebook 文件的名称还是 Untitled，只不过会在名称的最后加上一个数字以做区分。

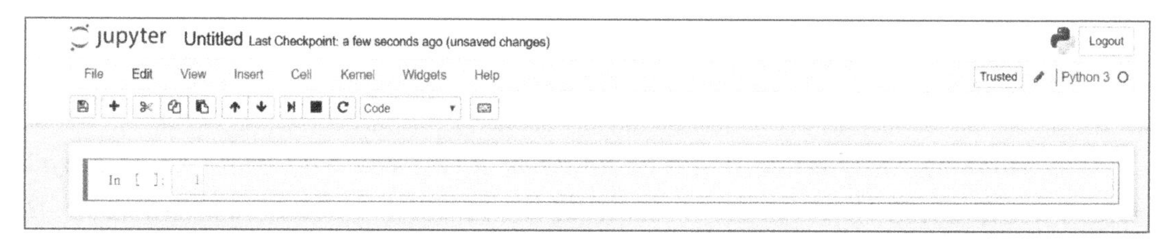

图 5-19

对当前的默认文件进行重命名的方法有很多，最快捷的方式就是直接双击 Untitled 这个名称，之后会弹出如图 5-20 所示的进行重命名操作的窗口，在输入框中输入我们想要更改的名字，然后单击 Rename，重命名的操作就完成了。

Notebook 主界面的第 2 行显示的是一列菜单工具栏，在这一列菜单工具栏中我们最常用的是 File 和 Kernel 这两个菜单选项，单击 File 后会显示如图 5-21 所示的界面，下面对其中常用的子菜单选项进行介绍。

图 5-20

（1）**New Notebook**：用于创建新的 Notebook 文件，在创建完成后会直接进入新的 Notebook 文件的主界面。

（2）**Open**：用于选取我们需要打开的文件，如果文件不在当前默认的目录下，则需要通过目录切换找到文件并载入。

（3）**Rename**：重命名当前打开的 Notebook 文件。

（4）**Download as**：将当前打开的 Notebook 文件保存为指定的文件格式，可选择后缀名为 ipynb 的 Notebook 文件，也可选择后缀名为 html 的 HTML 文件和后缀名为 md 的 Markdown 文件。

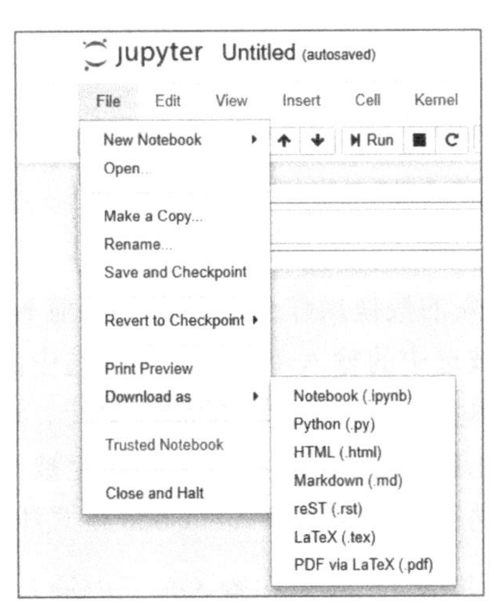

图 5-21

在单击 Kernel 菜单后会显示如图 5-22 所示的界面，其实我们可以将 Kernel 看作 Notebook 文件的核心进程。在 Kernel 菜单下常用的子菜单选项如下。

（1）**Restart**：重启当前 Notebook 文件的 Kernel。

（2）**Restart & Clear Output**：重启当前 Notebook 文件的 Kernel，并清空因运行代码而出现在 Notebook 文件中的内容。

（3）**Restart & Run All**：重启当前 Notebook 文件的 Kernel，在重启完成后重新运行 Notebook 文件的输入单元中的全部代码。

（4）**Shutdown**：强制关闭当前 Notebook 文件的 Kernel，在关闭后如需重新使用，则要手动激活当前文件的 Kernel。

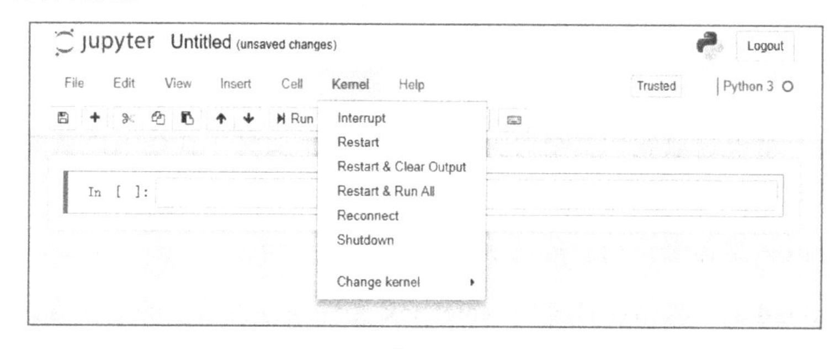

图 5-22

Notebook 文件主界面的第 3 行是一系列快捷操作图标，如图 5-23 所示。

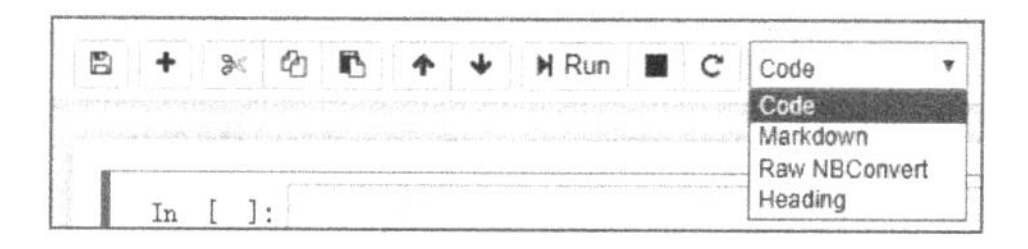

图 5-23

在图 5-23 中从左至右代表的快捷操作分别是保存当前 Notebook 文件、增加 Notebook 文件中新的输入单元、剪切被选中的输入单元、复制被选中的输入单元、粘贴被选中的输入单元、上移被选中的输入单元、下移被选中的输入单元、运行被选中的输入单元、暂停和刷新当前 Notebook 文件的 Kernel，最后一个选项指定被选中的输入单元的内容编辑模式。而我们最常用的是前面两种内容编辑模式：Code 模式和 Markdown 模式。

（1）**Code 模式**：在 Code 模式下，我们在输入单元中输入的内容必须是代码才能运行，如图 5-24 所示。我们在运行输入单元中的内容后会马上得到 Notebook 文件反馈的信息，在我们写的 Python 代码中使用了打印函数，所以在输入单元被运行后，“Hello World!”被打印输出在 Notebook 文件中。同时，我们可以看到输入单元最前面的内容由 In [ ]变成了 In [1]，这表明这个输入单元目前已经被运行了一次，如果同一个输入单元被运行了多次，那么括号中的数字还会累加。

```
In [1]: print("Hello World!")
        Hello World!
```

图 5-24

（2）Markdown 模式：在 Markdown 模式下，Notebook 文件的输入单元变成了一种文本编辑器，我们可以通过不同的设置让输入单元中的内容被运行后显示不同的字体、大小、格式等。如图 5-25 所示就是一个使用了 Markdown 模式的输入单元中的内容。

```
# Hello World!
## Hello World!
### Hello World!
Hello World!
```

图 5-25

在输入单元中的每行文本内容前有数量不等的井号（#），在运行后会得到如图 5-26 所示的输出信息。

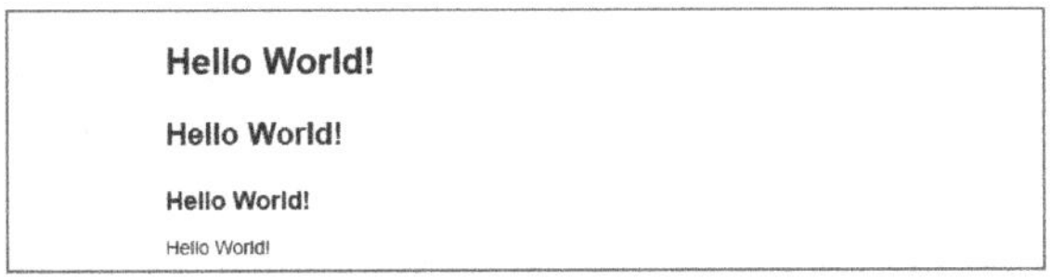

```
Hello World!
Hello World!
Hello World!
Hello World!
```

图 5-26

我们通过该输出信息可以知道，其实在输入单元的文本前使用井号是为了实现类似标题的效果，通过使用数量不等的井号可以定义不同级别的标题。还有个细节需要注意：在井号后面必须紧跟一个空格，然后才是文本的内容。

井号和标题级别的对应关系为：一个井号对应一级标题；两个井号对应二级标题；三个井号对应三级标题，以此类推。

另外，在 Markdown 模式下在输入单元格中还能使用 LaTex 语法编辑公式，如图 5-27 所示，在运行该输入单元中的 LaTex 语法内容后，输出的信息是一个标准的公式：$f(x)=3x+7$。当然，我们也可以构造更复杂的公式，不过这些属于使用 LaTex 语法构造相关公式的范畴，这里不再展开讲解。

```
$f(x) = 3x + 7$
```

图 5-27

5.2.6 Jupyter Notebook 常用的快捷键

我们对于创建的 Notebook 文件有两种操作模式，分别是命令模式（Command Mode）和编辑模式（Edit Mode）。在命令模式下进行的操作是针对整个 Notebook 文件而言的，而在编辑模式下进行的操作是针对输入单元中的内容而言的。

一种简单判断当前所处模式的方法是观察输入单元最左边的条纹颜色：如果为蓝色，则说明当前处于命令模式下；如果为绿色，则说明当前处于编辑模式下。

当处于命令模式时，我们常用的快捷键如下。

（1）**Enter**：进入编辑模式。

（2）**Esc**：退出编辑模式，进入命令模式。

（3）**Shift-Enter**：运行当前选中的输入单元中的内容，并选中下一个输入单元。

（4）**Ctrl-Enter**：仅运行当前选中的输入单元中的内容。

（5）**Alt-Enter**：运行当前选中的输入单元中的内容，并在选中的输入单元之后插入新的输入单元。

（6）**1**：将输入单元的内容编辑模式设置为 Markdown 模式，并在输入单元中的内容的开始处添加一级标题对应的井号个数和一个空格字符。

（7）**2**：将输入单元的内容编辑模式设置为 Markdown 模式，并在输入单元中的内容的开始处添加二级标题对应的井号个数和一个空格字符。

（8）**3**：将输入单元的内容编辑模式设置为 Markdown 模式，并在输入单元中的内容的开始处添加三级标题对应的井号个数和一个空格字符。

（9）**4**：将输入单元的内容编辑模式设置为 Markdown 模式，并在输入单元中的内容的开始处添加四级标题对应的井号个数和一个空格字符。

（10）**5**：将输入单元的内容编辑模式设置为 Markdown 模式，并在输入单元中的内容的开始处添加五级标题对应的井号个数和一个空格字符。

（11）**6**：将输入单元的内容编辑模式设置为 Markdown 模式，并在输入单元中的内容的开始处添加六级标题对应的井号个数和一个空格字符。

（12）**Y**：将输入单元的内容编辑模式设置为 Code 模式。

（13）**M**：将输入单元的内容编辑模式设置为 Markdown 模式。

（14）**A**：在当前的输入单元的上方插入新的输入单元。

（15）**B**：在当前的输入单元的下方插入新的输入单元。

（16）**D**：删除当前选中的输入单元。

（17）**X**：剪切当前选中的输入单元。

（18）**C**：复制当前选中的输入单元。

（19）**Shift-V**：将复制或者剪切的输入单元粘贴到选定的输入单元上方。

（20）**V**：将复制或者剪切的输入单元粘贴到选定的输入单元下方。

（21）**Z**：恢复删除的最后一个输入单元。

（22）**S**：保存当前正在编辑的 Notebook 文件。

（23）**L**：在 Notebook 的所有输入单元前显示行号。

当处于编辑模式时，我们常用的快捷键如下。

（1）**Enter**：进入编辑模式。

（2）**Esc**：退出编辑模式，进入命令模式。

（3）**Tab**：如果输入单元的内容编辑模式为 Code 模式，则可以通过该快捷键对不完整的代码进行补全或缩进。

（4）**Shift-Tab**：如果输入单元的内容编辑模式为 Code 模式，则可以通过该快捷键显示被选取的代码的相关提示信息。

（5）**Shift-Enter**：运行当前选中的输入单元中的内容并选中下一个输入单元，在运行后会退出编辑模式并进入命令模式。

（6）**Ctrl-Enter**：仅运行当前选中的输入单元中的内容，在运行后会退出编辑模式并进入命令模式。

（7）**Alt-Enter**：运行当前选中的输入单元中的内容，并在选中的输入单元之后插入新的输入单元，在运行后会退出编辑模式并进入命令模式。

（8）**PageUp**：将光标上移到输入单元的内容前面。

（9）**PageDown**：将光标下移到输入单元的内容后面。

5.3 Python 入门

学习编程语言最快的方式就是实践，本节会提供一些实例供大家学习和参考，所有实例都在 Notebook 文件中运行，并且实例代码都基于 Python 3.5。

下面，让我们开始编写真正意义上的第 1 行 Python 代码。首先打开 Jupyter Notebook 的 Web 应用程序，创建一个新的 Notebook 文件，在该 Notebook 文件的输入单元中输入如下代码：

```
print("Hello,World.")
```

该代码实现的功能是打印输出一段“Hello,World.”的字符串，运行输入单元中的内容，得到如图 5-28 所示的输出结果。

```
In  [1]: print("Hello,World.")
         Hello,World.
```

图 5-28

通过上面的简单实例可以看出，Python 语言非常简洁、高效，不用定义很多规则，仅仅通过一串简单的脚本代码就实现了程序的打印输出功能。

接下来让我们深入学习 Python 编程语言，学习 Python 中常用的函数和语法。

5.3.1 Python 的基本语法

这里首先介绍 Python 中的打印输出、代码缩进、语句分割等基本语法。

1. 打印输出

在 Python 中使用 print 语句来完成代码的打印输出，而且默认对打印输出的结果进行自动换行，所以如果我们写了多个 print 语句，则会发现每个 print 语句打印输出的内容自成一行。如果我们想在一行中对多个独立的内容进行打印输出，则需要在代码中使用逗号将这些独立的内容分开；如果我们想对某个内容自定义重复打印输出的次数，则可以在代码中通过乘以一个数字来实现。下面来看具体的实例。

在 Notebook 的输入单元中输入：

```
print("Hello,World")
print("-"*10)
print("Hello")
print("World")
print("-"*10)
print("Hello","World")
```

在运行后，输出的内容如下：

```
Hello,World
----------
Hello
World
----------
Hello World
```

2. 代码中的注释

在 Python 中可以通过在开头添加井号（#）来标注我们想要注释的内容。下面来看具体的实例。

在 Notebook 的输入单元中输入：

```
#一行注释
print("Hello,World")
```

在运行后，输出的内容如下：

```
Hello,World
```

注意，一个井号只能完成对一行内容进行注释。如果需要对多行内容进行注释，则可以使用三个单引号（'''）或三个双引号（"""），使用的位置是被注释内容的第 1 行和最后一行。下面来看具体的实例。

在 Notebook 的输入单元中输入：

```
"""
多行注释
多行注释
多行注释
"""
```

```
'''
多行注释
多行注释
多行注释
'''
print("Hello,World")
```

在运行后，输出的内容如下：

```
Hello,World
```

3. 代码的缩进

在某些编程语言中，代码的缩进对代码本身并没有特别的影响，但是在 Python 中代码的缩进有着特别的意义。Python 通过对每行代码使用不同的缩进来控制语法的判断逻辑，让程序知道有相同缩进的代码构成的是同一个逻辑代码块，而大部分编程语言使用大括号（{}）来帮助程序识别代码的逻辑代码块，从而完成逻辑的判断。

在 Python 中代码的缩进使用的是空格，所以必须严格控制空格的使用数量，对同一层次的逻辑代码块必须使用相同的缩进，如果缩进使用的空格数量不同，则会导致程序的逻辑出现错误。下面来看一个实例。

在 Notebook 的输入单元中输入：

```
print("Hello,World")

 print("Hello,World")
```

在运行后，输出的内容如下：

```
File "<ipython-input-9-e34c31135268>", line 3
print("Hello,World")
^
IndentationError: unexpected indent
```

在代码中，因为第 2 个打印输出的语句使用了不合法的缩进，即多了一个空格，所以程序在运行时发生错误。

我们建议在写 Python 代码时按如下原则来控制缩进字符的使用数量：在第 1 个逻辑代码块中不使用缩进，而在第 2 个逻辑代码块中使用一个空格来缩进，在第 3 个逻辑代码块中使用两个空格来缩进，以此类推，通过逐层增加缩进字符的使用数量来表示不同的逻辑代码块。

缩进相同的一组语句可以构成同一个逻辑代码块，不过对于复合语句而言会有一些小小的差异。复合语句有个很大的特点，就是在第 1 行语句结束后会使用冒号（:）作为结尾，在冒号之后新起的一行或者多行代码会被默认为归属于复合语句下的一个逻辑代码块，所以在这个逻辑代码块中使用的缩进字符的数量必须保持一致，循环语句、判断语句等常用的复合语句都要遵守这个约定。下面来看具体的实例。

在 Notebook 的输入单元中输入：

```
for i in range(3):
    print(i)
    print("-"*10)
```

在运行后，输出的内容如下：

```
0
----------
1
----------
2
```

如上所示是一个循环复合语句，在循环语句冒号之后的就是该循环的具体操作内容，这些内容同属于一个逻辑代码块，所以两个 print 语句必须具有相同的缩进，这样的代码才是合法的。

4. 多行语句的分割

有时我们将某行代码写得过长，导致代码既不美观，又不易读，所以我们需要对这种冗长的代码进行分割。

不同的编程语言对代码分割使用的语法也不一样，在 Python 中可以使用斜杠（\）来将原本完整的一行代码分割成多行，虽然代码被分割成了多行，但是这些代码仍然是一个完整的整体，所以在 Python 中使用的分割方法比较简单且容易操作。下面来看具体的实例。

在 Notebook 的输入单元中输入：

```
print("Hello,World.Hello,World.\
```

```
Hello,World.Hello,World.")
```

在运行后，输出的内容如下：

```
Hello,World.Hello,World.Hello,World.Hello,World.
```

5.3.2 Python 变量

在编程语言中，变量主要用于存储目标数据，Python 中的变量也不例外。在 Python 中，我们通过定义变量来存储不同类型的数据，所以对变量的命名也是非常关键的，最好使用与需要存储的数据相对应的名字。下面来看一些常用的变量操作和运算。

我们可以将对变量赋值的过程理解为往盒子里装东西的过程，定义的变量是一个可以存储数据的盒子，一开始这个盒子没有任何参数和属性，只有一个名字，当我们把不同类型的数据装入这个盒子中后，这个盒子就有了和被装入的数据相同的参数和属性，比如装入的是一个参数为 10 的整型数据，这个盒子的参数就变成了 10，数据类型就是整型数据。下面来看具体的实例。

在 Notebook 的输入单元中输入：

```
int_num = 10
float_num = 10.00
string = "Hello,World"

print(int_num)
print(float_num)
print(string)
```

在运行后，输出的内容如下：

```
10
10.0
Hello,World
```

在代码中使用了三种不同类型的数据对变量进行赋值，int_num、float_num、string 是我们定义的三个初始变量，int_num、float_num、string 也是这三个变量的名字，如需使用这些变量，则可以通过直接调用这些变量名进行相关操作，所以变量名是不能重复的；等号右边的是准备赋值给变量的数据，第 1 个是参数为 10 的整型数据，第 2 个是参数为 10.00 的浮点型数据，第 3 个是参数为“Hello，World”的字符串型数据，在赋值完成后变量就获得了与右边数据相同的参数和属性，所以最后打印输出的结果就是相应类型的数据。

以上只是变量的点对点的赋值操作过程，在实际应用中还可以有点对多点和多点对多点的变量赋值操作。点对多点的变量赋值操作其实就是将一个数据在一次赋值操作中同时传递给已经定义好的多个变量。下面来看具体的实例。

在 Notebook 的输入单元中输入：

```
string1 = string2 = string3 = "Hello,World"

print(string1)
print(string2)
print(string3)
```

在运行后，输出的内容如下：

```
Hello,World
Hello,World
Hello,World
```

另外，多点对多点其实就是在一条语句中将多个数据赋值给多个变量，不过赋值的数据个数和定义的变量个数要相等，并且位置要一一对应，在改变位置后会得到截然不同的结果。下面来看具体的实例。

在 Notebook 的输入单元中输入：

```
string1, string2, string3 = "Hello", "World","Hello,World"

print(string1)
print(string2)
print(string3)
```

在运行后，输出的内容如下：

```
Hello
World
Hello,World
```

如果我们不小心打乱了赋值操作的顺序，将最后的两个字符串对调了位置，那么最后打印输出的结果会发生变化。下面来看具体的实例。

在 Notebook 的输入单元中输入：

```
string1, string2, string3 = "Hello","Hello,World","World"

print(string1)
print(string2)
print(string3)
```

在运行后，输出的内容如下：

```
Hello
Hello,World
World
```

如果正确的打印输出顺序是“Hello”、“World”和“Hello,World”，那么在赋值顺序被颠倒后得到了完全错误的结果。

5.3.3 常用的数据类型

在 Python 中定义了很多通用的数据类型，常用的数据类型有数字、字符串、列表、元组和字典。

1. 数字

常用的数字数据类型有整型（int）和浮点型（float）。下面来看具体的实例。

在 Notebook 的输入单元中输入：

```
int_num = 10
float_num = 10.00

print(int_num)
print(float_num)
```

在运行后，输出的内容如下：

```
10
10.0
```

在以上代码中分别对变量 int_num 和 float_num 赋值整型数据和浮点型数据，然后进行打印输出。我们看到整型数据和浮点型数据的最大区别是浮点型数据带有精度而整型数据没有。在打印输出时浮点型数据默认保留到小数点后一位，和我们赋值时使用的精度不同，其实，我们可以自定义浮点数打印输出的精度。下面来看具体的实例。

在 Notebook 的输入单元中输入：

```
float_num = 10.000

print(float_num)
print("%f" % float_num)
print("%.2f" % float_num)
print("%.4f" % float_num)
```

在运行后，输出的内容如下：

```
10.0
10.000000
10.00
10.0000
```

如上所示，一开始被赋值给 float_num 变量的浮点数精度保留到了小数点后 3 位，第 1 个打印输出使用了默认的输出精度；第 2 个打印输出使用了“%f”来定义输出的浮点数精度，让输出的结果保留到小数点后 6 位；第 3 个打印输出将之前的“%f”替换成了“%.2f”，“%.2f”中的“.2”指将输出的结果保留到小数点后 2 位，如果数字写在点号（.）之前，则表示保留到小数点前的位数，如果写在点号之后，则表示保留到小数点后的位数；第 4 个打印输出使用了“%.4f”来定义输出的浮点数精度，让输出的结果保留到小数点后 4 位。

2. 字符串

字符串数据类型是由字母、数字和下画线等特殊符号组成的一连串字符表示，使用单引号（'）或者双引号（"）来标识赋值给变量的数据。下面来看具体的实例。

在 Notebook 的输入单元中输入：

```
string1 = 'Hello,World_@1'
string2 = "Hello,World_@2"

print(string1)
print(string2)
```

在运行后，输出的内容如下：

```
Hello,World_@1
Hello,World_@2
```

代码中的 string1 和 string2 变量均包含了 14 个字符。对于这类长字符串变量，我们可以使用索引值对变量中的字符进行操作，通过使用变量的索引值，我们不仅可以随意提取变量中的字符，还可以通过相应的操作生成新的字符串。

下面看看在字符串变量中对索引值的定义。以 string1 字符串变量为例，如果从左往右看，变量最左边的字符“H”的索引值是 0，并且索引值以 1 为步长向右依次递增，那么变量最右边的字符“1”的索引值是变量的总长度减去 1，即 13。如果从右往左看，变量最右边的字符“1”的索引值是-1，并且索引值以 1 为步长向左依次递减，那么变量最左边的字符“H”的索引值是-14。根据这个索引值的定义规则，我们可以得到 string1 和 string2 的索引值从左到右的范围是 0～13，从右到左的范围是-1～-14。

下面介绍具体的索引值操作方法，如果想选取特定位置的字符，则只需在变量后加上[索引值]；如果想选取特定位置的字符串，则需要在变量后加上[前索引值:后索引值]，其中后索引值对应的字符不会被提取，结束字符是后索引值的前一个字符，若前索引值或后索引值为空，则表示取前索引以前的全部字符或后索引以后的全部字符。下面来看具体的实例。

在 Notebook 的输入单元中输入：

```
string = 'Hello,World'
string0 = string[0]
string1 = string[0:13]
string2 = string[0:5]
string3 = string[-1]
string4 = string[-5:]
string5 = string[6:]
string6 = string[:5]

print(string0)
print(string1)
print(string2)
print(string3)
print(string4)
print(string5)
print(string6)
```

在运行后，输出的内容如下：

```
H
```

```
Hello,World
Hello
d
World
World
Hello
```

3. 列表

列表是一种容器型数据类型，容器型数据类型的最大特点就是可以实现多种数据类型的嵌套，所以我们可以在列表中将数字、字符串等类型的数据嵌套到列表中，甚至能够在列表中嵌套列表。我们之前把变量比作一个盒子，那么可以将具备容器特性的变量比作一个更大的盒子，在这个大盒子里还装了许多不同的小盒子，这些不同的小盒子就是不同数据类型的变量。列表用方括号（[]）进行标识，列表的索引值的使用规则和字符串一样，这里不再赘述。下面来看具体的实例。

在 Notebook 的输入单元中输入：

```
list1 = [ "Hello,World", 100 , 10.00 ]
list2 = [123, 'Hi']

print(list1)     # 输出整个 list1 列表元素
print(list1[0])     # 输出列表的第 1 个元素
print(list1[1:])     # 输出从第 1 个索引开始至列表末尾的所有元素
print(list1[-1])     # 输出列表的最后一个元素
print(list1 + list2)     # 输出列表的组合
```

在运行后，输出的内容如下：

```
['Hello,World', 100, 10.0]
Hello,World
[100, 10.0]
10.0
['Hello,World', 100, 10.0, 123, 'Hi']
```

正因为列表具备了容器的特性，所以我们还可以对列表中的元素进行重新赋值。重新赋值相当于对旧数据进行了一次覆盖操作，可将其理解为使用新的小盒子替换了大盒子里面的旧的小盒子。下面来看具体的实例。

在 Notebook 的输入单元中输入：

```
list_old = [ "Hello,World", 100 , 10.00 ]
print(list_old)    # 输出整个 list_old 列表元素

list_old[0] = "Hello,World,Hi"    # 对 list_old 的第 1 个元素重新赋值
list_new = list_old
print(list_new)    # 输出整个 list_old 列表元素
```

在运行后，输出的内容如下：

```
['Hello,World', 100, 10.0]
['Hello,World,Hi', 100, 10.0]
```

4. 元组

元组是另一种容器型数据类型，用圆括号（()）进行标识，它的基本性质、索引值操作和列表是一样的，其最大的区别就是元组内的元素不能重新赋值，如果定义好了一个元组，那么它内部的元素就固定了，所以元组也被称作只读型列表。这个只读的特性也非常有用，可以应用于不需要重新赋值的场景下。下面来看具体的实例。

在 Notebook 的输入单元中输入：

```
tuple1 = ("Hello,World", 100 , 10.00 )
tuple2 = (123, 'Hi')

print(tuple1)      # 输出整个 tuple1 元组元素
print(tuple1[0])     # 输出元组的第 1 个元素
print(tuple1[1:])     # 输出从第 1 个索引开始至列表末尾的所有元素
print(tuple1[-1])     # 输出元组的最后一个元素
print(tuple1 + tuple2)     # 输出元组的组合
```

在运行后，输出的内容如下：

```
('Hello,World', 100, 10.0)
Hello,World
(100, 10.0)
10.0
('Hello,World', 100, 10.0, 123, 'Hi')
```

5. 字典

字典虽然也是一种容器型数据类型，但是相较于列表和元组，具有更灵活的操作和复

杂的性质，相应地，对字典数据类型的操作也更有难度。其中一个区别就是列表和元组是有序的元素集合，字典却是一组无序的元素集合，虽然是无序的，但是为了达到对字典内元素的可操控性，在字典的每个元素中都会加入相应的键值。若我们需要对字典中元素的值进行赋值或者重新赋值等，则只能通过元素对应的键值来进行，而不能使用在列表和元组中操作索引值的方法。字典用大括号（{}）进行标识。下面来看具体的实例。

在 Notebook 的输入单元中输入：

```
dict_1 = {}
dict_1["one"] = "This is one"
dict_1[2] = "This is two"
dict_info = {"name": "Tang", "num":7272, "city": "GL"}

print (dict_1["one"])           # 输出键值为 one 的值
print (dict_1[2])              # 输出键值为 2 的值
print (dict_info)              # 输出整个 dict_info 字典
print (dict_info.keys())        # 输出 dict_info 的所有键值
print (dict_info.values())     # 输出 dict_info 的所有值
```

在运行后，输出的内容如下：

```
This is one
This is two
{'name': 'Tang', 'city': 'GL', 'num': 7272}
dict_keys(['name', 'city', 'num'])
dict_values(['Tang', 'GL', 7272])
```

5.3.4　Python 运算

代码的运算是程序设计中很重要的内容，通过各种运算，我们能够实现更复杂的代码功能。这里介绍在 Python 中常用的运算操作和运算符，先来看算术运算、逻辑运算在 Python 中是如何实现的。

1. 算术运算符

算术运算符是我们对变量进行算术运算时用到的符号，不同的符号代表使用了不同的算术运算方式，常用的算术运算符如下。

（1）加法算术运算符：使用符号“+”表示，对符号前后的变量进行相加运算。

（2）减法运算符：使用符号“-”表示，对符号前后的变量进行相减运算。

（3）乘法运算符：使用符号“*”表示，对符号前后的变量进行相乘运算。

（4）除法运算符：使用符号“/”表示，对符号前后的变量进行相除运算。

（5）取模运算符：使用符号“%”表示，符号前的变量以符号后的变量为模进行取模运算。

（6）求幂运算符：使用符号“**”表示，符号前的变量以符号后的变量为幂进行求幂运算。

（7）取整运算符：使用符号“//”表示，符号前的变量以符号后的变量为底进行取整运算。

在明白了 Python 中各种算术运算符在代码中的具体表示方法和功能后，下面来看具体的实例。

在 Notebook 的输入单元中输入：

```
a = 5    #定义变量 a
b = 2    #定义变量 b

c = a + b    #进行加法运算
print("a + b =", c)

c = a - b    #进行减法运算
print("a - b =", c)

c = a / b    #进行除法运算
print("a / b =", c)

c = a * b    #进行乘法运算
print("a * b =", c)

c = a // b    #进行取整运算
print("a // b =", c)

c = a % b    #进行取模运算
print("a % b =", c)

c = a ** b    #进行幂运算
```

```
print("a ** b =", c)
```

在运行后，输出的内容如下：

```
a + b = 7
a - b = 3
a / b = 2.5
a * b = 10
a // b = 2
a % b = 1
a ** b = 25
```

如果不需要对算术运算后的结果进行存储，则还可以对算术运算代码进行简化。下面来看具体的实例。

在 Notebook 的输入单元中输入：

```
a = 5    #定义变量a
b = 2    #定义变量b

a += b    #进行加法运算
print("a + b =", a)

a = 5    #对变量进行重置
a -= b    #进行减法运算
print("a - b =", a)

a = 5    #对变量进行重置
a /= b  #进行除法运算
print("a / b =", a)

a = 5    #对变量进行重置
a *= b    #进行乘法运算
print("a * b =", a)

a = 5    #对变量进行重置
a //= b     #进行取整运算
print("a // b =", a)

a = 5    #对变量进行重置
a %= b    #进行取模运算
```

```
print("a % b =", a)

a = 5    #对变量进行重置
a **= b    #进行幂运算
print("a ** b =", a)
```

在运行后，输出的内容如下：

```
a + b = 7
a - b = 3
a / b = 2.5
a * b = 10
a // b = 2
a % b = 1
a ** b = 25
```

2. 比较运算符

比较运算符主要用于对比较运算符前后的变量进行比较，然后返回一个布尔值。布尔值也是一种数据类型，不过布尔型数据的值只有两个，分别是真值（True）和假值（False）。下面以运算符号前后均为变量为例，来看看比较运算符具体是如何工作的。

（1）相等比较运算符：使用符号“==”表示，比较运算符前后的变量的值，如果两个变量的值相等，那么返回 True，否则返回 False。

（2）不等比较运算符：使用符号“!=”表示，比较运算符前后的变量的值，如果两个变量的值不相等，那么返回 True，否则返回 False。

（3）大于比较运算符：使用符号“>”表示，比较运算符前后的变量的值，如果前一个变量的值大于后一个变量的值，那么返回 True，否则返回 False。

（4）小于比较运算符：使用符号“<”表示，比较运算符前后的变量的值，如果前一个变量的值小于后一个变量的值，那么返回 True，否则返回 False。

（5）大于等于比较运算符：使用符号“>=”表示，比较运算符前后的变量的值，如果前一个变量的值大于等于后一个变量的值，那么返回 True，否则返回 False。

（6）小于等于比较运算符：使用符号“<=”表示，比较运算符前后的变量的值，如果前一个变量的值小于等于后一个变量的值，那么返回 True，否则返回 False。

在实际应用中比较运算还分为单层比较和多层比较，单层比较指参与比较运算的变量只是前后两个变量，多层比较指参与比较运算的变量可以有 3 个及以上。下面来看一个单层比较的实例。

在 Notebook 的输入单元中输入：

```
a = 5    #定义变量a
b = 2    #定义变量b

print(a == b)    #判断a是否等于b
print(a != b)    #判断a是否不等于b
print(a > b)    #判断a是否大于b
print(a >= b)    #判断a是否大于等于b
print(a < b)    #判断a是否小于b
print(a <= b)    #判断a是否小于等于b
```

在运行后，输出的内容如下：

```
False
True
True
True
False
False
```

接着来看一个多层比较的实例。

在 Notebook 的输入单元中输入：

```
a = 5    #定义变量a
b = 2    #定义变量b
c = 4    #定义变量c

print(a == b == c)    #判断a是否等于b且b等于c
print(a > b > c)    #判断a是否大于b且b大于c
print(a < b <c)    #判断a是否小于b且b小于c
```

在运行后，输出的内容如下：

```
False
False
False
```

可以看到多层比较需要考虑的情况要比单层比较更复杂。

3. 布尔运算符

我们最常用的布尔运算符是与、或、非这三个，并且这三个布尔运算符在进行运算后返回的运算结果值也是布尔型的。接下来我们以运算符号前后均为变量为例，来看看布尔运算符具体是如何工作的。

（1）与布尔运算符：使用字母“and”来表示，在字母前后参与运算的变量均为 True 时返回 True，否则返回 False。

（2）或布尔运算符：使用字母“or”来表示，在字母前后参与运算的变量均为 False 时返回 False，否则返回 True。

（3）非布尔运算符：使用字母“not”来表示，在字母后参与运算的变量为 True 时返回 False，为假时返回 True。

首先来看一个简单的布尔运算的实例。

在 Notebook 的输入单元中输入：

```
a = True    #定义变量a
b = False   #定义变量b

print(a and b) #与预算
print(a or b)  #或运算
print(not a)  #非运算
```

在运行后，输出的内容如下：

```
False
True
False
```

我们通过将比较运算和布尔运算进行融合来构造一个相对复杂的布尔运算，实例如下。

在 Notebook 的输入单元中输入：

```
a = 2   #定义变量a
b = 1   #定义变量b
c = 3   #定义变量c

print(a>b and a<b) #与预算
print(a>b or a<b)  #或运算
print(not a<b)  #非运算
```

```
print(not a>b)  #非运算
print(a>b and c<b and c>a)
print(a>b or a<b and c>a)
print(a>b or a<b or c>a)
print(a>b and a<b or c>a)
```

在运行后，输出的内容如下：

```
False
True
True
False
False
True
True
True
```

4. 成员运算符

什么是成员运算符呢？若我们已经拥有一个目标列表，则当我们想判断某个元素是否是目标列表中的元素时，就可以使用成员运算符进行操作，使用成员运算符进行运算后返回的值是布尔型的。最典型的成员运算符是“in”，下面来看一个实例。

在 Notebook 的输入单元中输入：

```
list_1 = ["I","am","super","man"]
a = "super"
b = 1

print(a in list_1)
print(b in list_1)
```

在运行后，输出的内容如下：

```
True
False
```

如上所示，我们首先定义了一个目标列表和两个变量 a、b，然后通过成员运算符判断变量 a 的值和变量 b 的值是否在目标列表中，如果在，则返回布尔值 True，否则返回布尔值 False。

5. 身份运算符

以变量为例，身份运算符用于判断我们比较的变量是否是同一个对象，或者定义的这些变量是否指向相同的内存地址。身份运算符在进行运算后返回的值同样是布尔型的。常用的身份运算符是“is”和“is not”。下面来看具体的实例。

在 Notebook 的输入单元中输入：

```
a = 500    #定义变量a
b = 500  #定义变量b
print("a的内存地址：",id(a))
print("b的内存地址：",id(b))
print("a is b",a is b)
print("a is not b",a is not b)
print("a == b",a == b)

a = 10    #定义变量a
b = 10  #定义变量b
print("a的内存地址：",id(a))
print("b的内存地址：",id(b))
print("a is b",a is b)
print("a is not b",a is not b)
print("a == b",a == b)
```

在运行后，输出的内容如下：

```
a的内存地址： 2603725507120
b的内存地址： 2603725507280
a is b False
a is not b True
a == b True
a的内存地址： 1370321792
b的内存地址： 1370321792
a is b True
a is not b False
a == b True
```

代码中的 id 函数用于返回我们所定义的变量的内存地址。可以看到，只要变量指向的内存地址相同，那么使用身份运算符运算后返回的结果就是 True，否则返回的结果是 False。不过上面有个很奇怪的地方，就是在赋给变量 a 和变量 b 的值为 10 时，它们的内存地址是一样的，但是在赋给变量 a 和 b 的值为 500 时，它们的内存地址就不一样了，这其实是 Python 的解释器引起的问题。在代码中我们还使用了等于运算符来比较变量 a 和变量 b，可见“is”和“==”运算有着本质的区别，后者仅仅比较变量值是否相等，而前者比较变量是否属于同一个对象。

5.3.5　Python 条件判断语句

条件判断语句用于通过对给定的条件进行判断来确定接下来是否执行指定的代码块，最简单的条件判断语句的设计方式就是：如果满足已经给定的条件，就执行指定的代码块，否则进行其他操作，定义的其他操作也可以是另一个代码块或者不做任何处理。

在条件判断语句中有 4 种常用的条件判断形式，但其使用的关键词只有三个，分别是 if、elif 和 else。如下所示的第 1 种形式是只有一个代码块的条件判断语句，如果满足在 if 后紧跟的条件判断，那么执行 if 下的代码块；如果不满足在 if 后紧跟的条件判断，那么不做任何操作，伪代码如下：

```
if 条件判断语句:
    代码块
```

第 2 种形式是只有两个代码块的条件判断语句，如果满足在 if 后紧跟的条件判断语句，那么执行 if 下的代码块；如果不满足在 if 后紧跟的条件判断语句，那么执行 else 下的代码块，伪代码如下：

```
if 条件判断语句:
    代码块
else:
    代码块
```

第 3 种形式是有三个代码块的条件判断语句，如果满足在 if 后紧跟的条件判断语句，那么执行 if 下的代码块；如果不满足在 if 后紧跟的条件判断语句，就再看看在 elif 后紧跟的条件判断语句，如果满足在 elif 后紧跟的条件判断语句，就执行 elif 下的代码块，否则执行 else 下的代码块，伪代码如下：

```
if 条件判断语句:
    代码块
elif 条件判断语句:
    代码块
else:
    代码块
```

第 4 种形式是有多个代码块的条件判断语句，和第 3 种形式类似，唯一的区别是在开始的 if 条件判断语句和结束的 else 条件判断语句之间有两个或两个以上的 elif 条件判断语句，伪代码如下：

```
if 条件判断语句:
    代码块
elif 条件判断语句:
    代码块
    .
    .
    .
elif 条件判断语句:
    代码块
else:
    代码块
```

下面通过实例来看看第 2 种和第 4 种条件判断形式在使用上的不同。

首先是使用第 2 种条件判断形式的实例。

在 Notebook 的输入单元中输入：

```
number = 10
if number == 10:  # 条件判断语句
    print("The number is equal", number)   # 输出符合条件判断语句的代码块
else:                # 条件判断语句
    print("The number is not equal 10.")  # 输出符合条件判断语句的代码块
```

在运行后，输出的内容如下：

```
The number is equal 10
```

然后是使用第 4 种条件判断形式的实例。

在 Notebook 的输入单元中输入：

```
number = 15
if number == 10:  # 条件判断语句
    print("The number is equal", number)   # 输出符合条件判断语句的代码块
elif number > 10: # 条件判断语句
    print("The number is greater than 10.")     # 输出符合条件判断语句的代码块
elif number < 10: # 条件判断语句
    print("The number is less than 10.")   # 输出符合条件判断语句的代码块
```

```
else:    # 条件判断语句
    print("Error.")      # 输出符合条件判断的代码块
```

在运行后，输出的内容如下：

```
The number is greater than 10.
```

5.3.6　Python 循环语句

循环语句要做的是先定义一个循环条件，当满足循环条件的情况发生时，就会执行我们事先定义好的内容代码块，如果一直满足循环条件，就会一直执行下去。循环语句和之前介绍的条件判断语句不同，循环语句只要满足条件就能够反复执行，如果使用得当，就可以减少很多重复的工作。在 Python 中最常用的循环语句有两种，分别是 while 循环和 for 循环。除了循环语句，还有三种常用的循环控制语句，分别是 break、continue 和 pass，下面简单介绍这三种循环控制语句。

（1）**break**：出现在循环代码块中，用于中断当次循环并结束整个循环语句。

（2）**continue**：出现在循环代码块中，用于中断当次循环并直接开始下次循环。

（3）**pass**：出现在循环代码块中，不做任何操作，继续执行当次循环中的后续代码。该循环控制语句主要用于保持代码块的完整性。

下面看看具体的循环语句的使用方法，首先通过 while 循环语句来构建一个循环，具体的实例如下。

在 Notebook 的输入单元中输入：

```
number = 0
while (number < 10):
    print( "The number is", number)
    number += 1
```

在运行后，输出的内容如下：

```
The number is 0
The number is 1
The number is 2
The number is 3
The number is 4
The number is 5
```

```
The number is 6
The number is 7
The number is 8
The number is 9
```

再看看如何使用 for 循环语句来构建一个循环，具体的实例如下。

在 Notebook 的输入单元中输入：

```
number = 10
for i in range(10):
    if i<number:
        print( "The number is", i)
```

在运行后，输出的内容如下：

```
The number is 0
The number is 1
The number is 2
The number is 3
The number is 4
The number is 5
The number is 6
The number is 7
The number is 8
The number is 9
```

通过以上内容，我们知道了 while 和 for 循环语句之间的区别和联系，接下来通过实例看看如何使用之前提到的循环控制语句，首先看看 break 循环控制语句的具体使用方法。

在 Notebook 的输入单元中输入：

```
number = 10
for i in range(10):
    if i == 5:
        break
    if i<number:
        print( "The number is", i)
```

在运行后，输出的内容如下：

```
The number is 0
The number is 1
```

```
The number is 2
The number is 3
The number is 4
```

在以上代码中定义了触发 break 循环控制语句的条件是变量 i 的值等于 5，不过，在 break 循环控制语句没有被触发前，循环一直在打印输出变量 i 的值，而在 break 循环控制语句之后，整个循环语句就直接结束了，所以我们看到最后的输出结果是 0、1、2、3、4，没有 5、6、7、8、9。

下面看看 continue 循环控制语句的使用方法，实例如下。

在 Notebook 的输入单元中输入：

```
number = 10
for i in range(10):
    if i == 5:
        continue
    if i<number:
        print( "The number is", i)
```

在运行后，输出的内容如下：

```
The number is 0
The number is 1
The number is 2
The number is 3
The number is 4
The number is 6
The number is 7
The number is 8
The number is 9
```

在最后的打印输出结果中我们发现少了数字 5。在以上代码中我们定义的 continue 循环控制语句的触发条件和 break 循环控制语句的是一样的，但是在 continue 循环控制语句被触发后，受影响的仅仅是当次循环，所以导致当次循环没有进行打印输出，但是之后的循环过程没有受到任何影响。

最后来看看 pass 循环控制语句的使用方法，实例如下。

在 Notebook 的输入单元中输入：

```
number = 10
```

```
for i in range(10):
    if i == 5:
        pass
    if i<number:
        print( "The number is", i)
```

在运行后，输出的内容如下：

```
The number is 0
The number is 1
The number is 2
The number is 3
The number is 4
The number is 5
The number is 6
The number is 7
The number is 8
The number is 9
```

代码中的 pass 语句不执行任何处理和操作，但是循环并没有卡壳，而是继续执行了下去，整个循环代码的运行没有任何异常。

除了以上内容，还有个非常实用的操作，就是通过使用循环完成列表的迭代，通过对列表的迭代可以遍历列表中的每个元素。来看一个具体的实例。

在 Notebook 的输入单元中输入：

```
a_list = [1,2,3,4,5,6]

for i in a_list:
   print(i)
```

在运行后，输出的内容如下：

```
1
2
3
4
5
6
```

5.3.7 Python 中的函数

编程语言中的函数就是一组按照相应的规则编写的能够实现相关功能的代码块，Python 中的函数也是这样的。通过对函数的使用，代码具备了模块化的性质，降低了代码编写的重复性。在 Python 中已经存在许多优秀的函数库，可供我们设计程序时使用，不过要想满足一些个性化的需求，使用自定义的函数会更方便。

1. 定义函数

在 Python 中创建自定义函数必须遵守函数定义的语法，如下所述是定义函数需要遵守的通用规则。

（1）在定义的函数代码块开头要使用 def 关键词，而且在关键词后需要紧跟函数名称和括号（()），在括号内定义在函数被调用时需要传入的参数，在括号后以冒号（:）结尾。

（2）在函数内同一个逻辑代码块需要使用相同的空格缩进。

（3）在函数代码块的最后，我们可以通过 return 关键词返回一个值给调用该函数的方法，如果在 return 后没有接任何内容或者在代码段中根本没有使用 return 关键词，那么函数默认返回一个空值（None）给调用该函数的方法。

接下来通过一些实例来掌握对函数进行定义和使用的方法。

不需要进行参数传递的函数的调用实例如下。

在 Notebook 的输入单元中输入：

```
def function():
    print("Hello,World.")
    return

a = function()
print(a)
```

在运行后，输出的内容如下：

```
Hello,World.
None
```

因为我们定义的函数不需要进行参数传递，所以在调用该函数时括号内的内容必须留空，不然会报错。

在函数被调用的过程中发生参数传递的实例如下。

在 Notebook 的输入单元中输入：

```
def function(string = "Hi"):
    print("What you say is:", string)
    return

function()
function(string = "Hello,World.")
```

在运行后，输出的内容如下：

```
What you say is: Hi
What you say is: Hello,World.
```

虽然函数被定义成了可传递参数的函数，但是在实际使用中我们可以传递参数给这个函数，也可以不传递参数给这个函数。在不传递参数给这个函数时，函数本身也不会报错，而是使用函数定义的默认参数，这和无参数传递的函数是有明显区别的。如果在调用函数时传递了合法的参数，在该函数中就会使用我们传递的参数来进行相应的操作，而不再使用默认的参数。

2. 函数的参数

在定义附带参数的函数时，会涉及参数的传递方式，但是在函数中参数的传递方式又与定义的参数类别有非常大的联系。下面简要说明在参数传递的过程中经常会用到的几种参数类别。

（1）必备参数：如果函数定义的参数是必备参数，那么在调用该函数时必须将相应的参数传递给函数，否则程序会报错。

（2）关键字参数：关键字参数和函数的调用关系很紧密，在函数调用时使用关键字参数来确定传入的参数值，在传递时调换关键字的位置不会对最终的参数传递顺序产生影响。

（3）默认参数：使用默认参数的函数，在调用函数时如果我们没有对该函数进行参数传递，那么该函数使用的参数就是其已经定义的默认参数。

（4）不定长参数：当我们需要传递给函数的参数比函数声明时的参数要多很多时，我们就可以使用不定长参数来完成。

下面通过具体的实例来看看各种不同类别的参数间的具体使用方式。

在 Notebook 的输入单元中输入：

```
def function1(string):  #定义必备参数
    print("What you say is:", string)
    return


def function2(string = "Hi"):  #定义默认参数
    print("What you say is:", string)
    return

def function3(string2 = "World",string1 = "Hello"):  #定义关键字参数
    print("What you say is:", string1, string2)
    return

def function4(arg1, *arg2):  #定义不定长参数
    print(arg1)
    for i in arg2:
        print(i)
    return

function1("Hello,World.")
function2()
function3()
function4(10, 1, 2, 3, 4)
```

在运行后，输出的内容如下：

```
What you say is: Hello,World.
What you say is: Hi
What you say is: Hello,World.
10
1
2
3
4
```

5.3.8 Python 中的类

之前我们说过，Python 也是面向对象的程序语言，所以在 Python 中也有面向对象的方法，所以在 Python 中创建一个类或对象并不是一件困难的事情。类是用来描述具有相同属性和方法的对象的集合，定义了该集合中每个对象所共有的属性和方法，对象则是类的实例。

1. 类的创建

在 Python 中使用 class 关键词来创建一个类，在 class 关键词之后紧接着的是类的名称，以冒号（:）结尾。在类的创建过程中需要注意的事项如下。

（1）类变量：在创建的类中会定义一些变量，我们把这些变量叫作类变量，类变量的值在这个类的所有实例之间是共享的，同时内部类或者外部类也能对这个变量的值进行访问。

（2）__init__()：是类的初始化方法，我们在创建一个类的实例时就会调用一次这个方法。

（3）self：代表类的实例，在定义类的方法时是必须要有的，但是在调用时不必传入参数。

下面通过具体的实例来看看如何创建和使用类。

在 Notebook 的输入单元中输入：

```
class Student:

    student_Count = 0

    def __init__(self, name, age):
        self.name = name
        self.age = age
        Student.student_Count += 1

    def dis_student(self):
        print("Student name:",self.name,"Student age:",self.age)

student1 = Student("Tang", "20") #创建第 1 个 Student 对象
student2 = Student("Wu", "22") #创建第 2 个 Student 对象

student1.dis_student()
```

```
student2.dis_student()
print("Total Student:", Student.student_Count)
```

在运行后，输出的内容如下：

```
Student name: Tang Student age: 20
Student name: Wu Student age: 22
Total Student: 2
```

2. 类的继承

我们可以将继承理解为：定义一个类，通过继承获得另一个类的所有方法，被继承的类叫作父类，进行继承的类叫作子类。这样可以有效地解决代码的重用问题，在提升了代码的效率和利用率的基础上还增加了可扩展性。

不过需要注意的是，当一个类被继承时，这个类中的类初始化方法是不会被自动调用的，所以我们需要在子类中重新定义类的初始化方法；另外，我们在使用 Python 代码去调用某个方法时，默认会先在所在的类中进行查找，如果没有找到，则判断所在的类是否为子类，如果为子类，就继续到父类中查找。下面通过一个具体的实例来看看如何创建和使用子类。

在 Notebook 的输入单元中输入：

```
class People:

    def __init__(self, name, age):
        self.name = name
        self.age = age

    def dis_name(self):
        print("name is:",self.name)

    def set_age(self, age):
        self.age = age

    def dis_age(self):
        print("age is:",self.age)

class Student(People):
```

```
    def __init__(self, name, age, school_name):
        self.name = name
        self.age = age
        self.school_name = school_name

    def dis_student(self):
        print("school name is:",self.school_name)

student = Student("Wu", "20", "GLDZ") #创建一个 Student 对象
student.dis_student() #调用子类的方法
student.dis_name() #调用父类的方法
student.dis_age() #调用父类的方法
student.set_age(22) #调用父类的方法
student.dis_age() #调用父类的方法
```

在运行后，输出的内容如下：

```
school name is: GLDZ
name is: Wu
age is: 20
age is: 22
```

3. 类的重写

在继承一个类后，父类中的很多方法也许就不能满足我们现有的需求了，这时我们就要对类进行重写。下面通过一个实例来看看如何对类中的内容进行重写。

在 Notebook 的输入单元中输入：

```
class Parent: #定义父类

    def __init__(self):
        pass

    def print_info(self):
        print("This is Parent.")

class Child(Parent): #定义子类

    def __init__(self):
        pass
```

```
    def print_info(self): #对父类的方法进行重写
        print("This is Child.")

child = Child()
child.print_info()
```

在运行后，输出的内容如下：

```
This is Child.
```

5.4 Python 中的 NumPy

NumPy 是一个高性能的科学计算和数据分析基础包，在现在的数据分析领域有很多应用，这得益于 NumPy 的多维数组对象、线性代数、傅里叶变换和随机数等强大功能，下面看看如何对 NumPy 进行安装和使用。

5.4.1 NumPy 的安装

NumPy 的安装相对简单，我们可以通过 Anaconda 中的命令进行安装，也可以通过“pip install numpy”语句对 NumPy 进行安装。如果需要验证 NumPy 是否安装成功，则可以在 NumPy 安装完成后通过输入“import numpy”后运行，看看是否输出报错提示。如图 5-29 所示，在“import numpy”运行后并没有输出报错，说明 NumPy 已经正确安装并可使用了。在平时的使用中，我们习惯将“import numpy”写成“import numpy as np”。

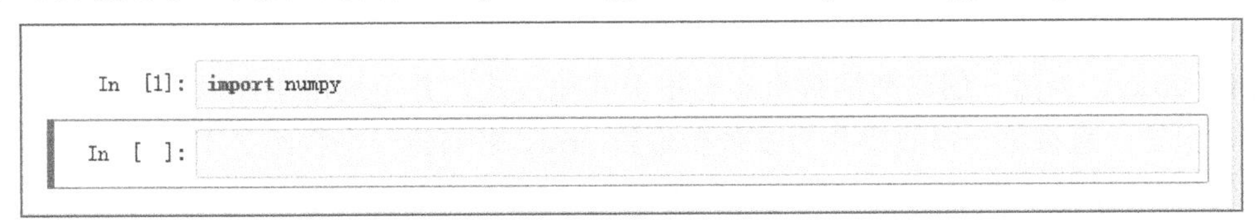

图 5-29

5.4.2 多维数组

在 NumPy 中非常重要的一个应用就是其多维数组对象。为了更好地理解多维数组对象，我们可以将它想象成一个用于存放数据的表格，在这个表格内存放的都是同一种类型的数据，当我们想要提取表格中的某个数据时，就可通过索引值来完成，索引值使用整数来表示。

1. 创建多维数组

这里介绍如何创建一个多维数组，常用的方法是使用 NumPy 中的 array。

在 Notebook 的输入单元中输入：

```
import numpy as np
np.array([1,2,3])
```

在运行后，输出的内容如下：

```
array([1, 2, 3])
```

在以上代码中创建的是一个一维数组，其方法是直接在 array 中传入一个带有参数的列表，这个列表会被转换成数组。

接下来看看如何创建一个更高维度的数组。

在 Notebook 的输入单元中输入：

```
import numpy as np
np.array([[1,2,3],[4,5,6]])
```

在运行后，输出的内容如下：

```
array([[1, 2, 3],
       [4, 5, 6]])
```

创建更高维数组的方法和一维数组差不多，只不过变成了把一个嵌套的列表作为参数传递给 array。当然，创建高维数组还有很多其他方式，并不局限于在以上实例中使用的方法。但是，直接将一串数字作为参数传递给 array 来创建一个数组是不合法的，如果我们传递给 array 的参数是列表，则列表会被 array 当作一个不定长参数进行处理，但若传递给 array 的参数是一串数字，则会被 array 当作多个参数而不能处理，实例如下。

在 Notebook 的输入单元中输入：

```
import numpy as np
np.array(1,2,3)
```

在运行后，输出的内容如下：

```
    ---------------------------------------------------------------------------
    ValueError                                Traceback (most recent call
last)<ipython-input-18-8a433483e187> in <module>()      1 import numpy as
np----> 2 np.array(1,2,3)
    ValueError: only 2 non-keyword arguments accepted
```

有时我们需要创建一个临时的数组，以方便之后对数据进行存储。对于这种情况，在 NumPy 中有多种方法可以创建维度指定的临时数组，如下所示。

（1）使用 NumPy 中的 ones 可以创建维度指定且元素全为 1 的数组。

在 Notebook 的输入单元中输入：

```
import numpy as np
np.ones([2,3]) #创建全 1 的数组：
```

在运行后，输出的内容如下：

```
array([[ 1.,  1.,  1.],
       [ 1.,  1.,  1.]])
```

在以上代码中使用 ones 生成了一个元素全为 1 且维度为(2,3)的数组，传递给 ones 的参数是一个列表，如果使用元组，则也能够达到一样的效果。这样，一个可用来进行临时数据存放的数组就创建完成了，之后若要更新这个数组中的元素，则直接进行覆盖就可以了。

在 Notebook 的输入单元中输入：

```
import numpy as np
a = np.ones([2,3]) #创建全 1 的数组：
a[1,2] = 2 #对数组中的元素进行覆盖

print(a)
```

在运行后，输出的内容如下：

```
[[ 1.  1.  1.]
 [ 1.  1.  2.]]
```

（2）使用 NumPy 中的 zeros 可以创建维度指定且元素全为 0 的数组。在 Notebook 的输入单元中输入：

```
import numpy as np
```

```
np.zeros([2,3]) #创建全 0 的数组
```

在运行后，输出的内容如下：

```
array([[ 0.,  0.,  0.],
       [ 0.,  0.,  0.]])
```

（3）使用 NumPy 中的 empty 可以创建维度指定且元素全为随机数的数组。

在 Notebook 的输入单元中输入：

```
import numpy as np
np.empty([2,3]) #创建随机初始化的数组
```

在运行后，输出的内容如下：

```
array([[  9.90881571e-312,   9.90880375e-312,   9.90890071e-312],
       [  9.90870747e-312,   9.90890023e-312,   9.90881361e-312]])
```

2. 多维数组的常用属性

下面介绍多维数组中的常用属性。

（1）ndim：返回统计的数组维数，即维度的数量。

在 Notebook 的输入单元中输入：

```
import numpy as np
a = np.ones([2,3]) #创建全 1 的数组
a.ndim
```

在运行后，输出的内容如下：

```
2
```

（2）shape：返回数组的维度值，对返回的结果使用一个数据类型为整型的元组来表示，比如一个二维数组返回的结果为（n,m），那么 n 和 m 表示数组中对应维度的数据的长度。如果使用 shape 输出的是矩阵的维度，那么在输出的（n,m）中，n 表示矩阵的行，m 表示矩阵的列。查看维度的方法如下。

在 Notebook 的输入单元中输入：

```
import numpy as np
a = np.ones([2,3]) #创建全 1 的数组
print(a)
```

```
print(a.shape)
```

在运行后，输出的内容如下：

```
[[ 1.  1.  1.]
 [ 1.  1.  1.]]
(2, 3)
```

在以上代码中输出的数组维度为（2,3），其中 2 表示第 1 个维度的数据长度为 2，只要我们把以上代码的数组中的[1. 1. 1.]看作一个整体，那么在数组中就只有两个数据。然后我们把[1. 1. 1.]看作第 2 个维度的数据，那么第 2 个维度的数据长度是 3，所以数组的维度是（2,3）。查看矩阵维度的方法如下。

在 Notebook 的输入单元中输入：

```
import numpy as np
a = np.matrix([[2,3],[3,4]]) #创建矩阵
print(a)
print(a.shape)
```

在运行后，输出的内容如下：

```
[[2 3]
 [3 4]]
(2, 2)
```

在以上代码中使用了 np.matrix 来搭建矩阵，搭建矩阵需要传递的参数和使用 array 搭建数组时传递参数的方法一样。

（3）size：返回要统计的数组中的元素的总数量。具体的实例如下。

在 Notebook 的输入单元中输入：

```
import numpy as np
a = np.ones([2,3]) #创建全 1 的数组
print(a.size)
```

在运行后，输出的内容如下：

```
6
```

（4）dtype：返回数组中的元素的数据类型。不过其显示的数据类型和我们之前定义的变量的数据类型名有所区别，因为这些数据类型都是使用 NumPy 进行定义的，而在 NumPy 中表示数据类型使用的是 numpy.int32、numpy.int16 和 numpy.float64 这类格式的名

字。具体的实例如下。

在 Notebook 的输入单元中输入：

```
import numpy as np
a = np.ones([2,3]) #创建全1的数组
a.dtype
```

在运行后，输出的内容如下：

```
dtype('float64')
```

若想要重新改写现有元素的数据类型，则可以通过如下方法进行，不过只能使用在 NumPy 中定义的数据类型的名字。

在 Notebook 的输入单元中输入：

```
import numpy as np
a = np.ones([2,3], dtype= np.int32) #创建全1的数组
a.dtype
```

在运行后，输出的内容如下：

```
dtype('int32')
```

（5）**itemsize**：返回数组中每个元素的字节大小。比如元素的 dtype 是 float64，那么其 itemsize 是 8，计算方法为 $8=\frac{64}{8}$；如果元素的 dtype 是 complex32，那么其 itemsize 是 4，计算方法为 $8=\frac{32}{8}$，其他 dtype 的计算方法以此类推。

在 Notebook 的输入单元中输入：

```
import numpy as np
a = np.ones([2,3], dtype= np.int32) #创建全1的数组
a.itemsize
```

在运行后，输出的内容如下：

```
4
```

3. 数组的打印

数组可以通过 print 进行打印输出，打印出的数组和嵌套的列表很相似。

在 Notebook 的输入单元中输入：

```
import numpy as np
a = np.ones([2,5,3]) #创建全 1 的数组
print(a)
```

在运行后，输出的内容如下：

```
[[[ 1.  1.  1.]
  [ 1.  1.  1.]
  [ 1.  1.  1.]
  [ 1.  1.  1.]
  [ 1.  1.  1.]]

 [[ 1.  1.  1.]
  [ 1.  1.  1.]
  [ 1.  1.  1.]
  [ 1.  1.  1.]
  [ 1.  1.  1.]]]
```

还有一种情况，在数组中的元素太多时，若全部进行打印输出，则会占用大面积的显示空间，而且不易查看，所以在打印输出元素过多的数组时，输出显示的内容会自动跳过中间的部分，只打印首尾的一小部分，对中间的部分用省略号（...）来代替。

在 Notebook 的输入单元中输入：

```
import numpy as np
a = np.arange(2000) #创建有 2000 个元素的数组
print(a)
```

在运行后，输出的内容如下：

```
[   0    1    2 ..., 1997 1998 1999]
```

5.4.3　多维数组的基本操作

在讲解完如何构建数组后，接下来讲解对数组的一些基本操作，这些操作包括数组的算术运算、索引、切片、迭代等。

1. 数组的算术运算

数组能够直接进行加法、减法、乘法和除法算术运算，实例如下。

在 Notebook 的输入单元中输入：

```
import numpy as np
a = np.array([1,2,3])
b = np.array([4,5,6])

print("a - b =",a-b) #打印a-b的结果
print("a + b =",a+b) #打印a+b的结果
print("a / b =",a/b) #打印a/b的结果
print("a * b =",a*b) #打印a*b的结果
```

在运行后，输出的内容如下：

```
a - b = [-3 -3 -3]
a + b = [5 7 9]
a / b = [ 0.25  0.4   0.5 ]
a * b = [ 4 10 18]
```

从上面的实例可以看出，虽然数组在构造上类似于矩阵，但是其运算和之前介绍的矩阵运算存在诸多不同：首先，矩阵是不存在除法运算的，但是数组能够进行除法运算；其次，数组的乘法运算机制是通过将位置对应的元素相乘来完成的，和矩阵的乘法运算机制不同。下面来看看如何通过数组实现矩阵乘法运算。

在 Notebook 的输入单元中输入：

```
import numpy as np
a = np.array([1,2,3])
b = np.array([4,5,6])

print("a * b =",a*b) #打印a*b的结果

c = a.dot(b)
print("Matrix1: a * b =",c) #打印a*b的结果

d = np.dot(a,b)
print("Matrix2: a * b =",c) #打印a*b的结果
```

在运行后，输出的内容如下：

```
a * b = [ 4 10 18]
Matrix1: a * b = 32
Matrix2: a * b = 32
```

在以上代码中使用了两种方法来实现矩阵的乘法运算，其计算结果是一样的。数组和矩阵的算术运算还有一个较大的不同点，就是数组可以直接和标量进行算术运算，但是在矩阵运算中是不可以的。

在 Notebook 的输入单元中输入：

```
import numpy as np

a = np.array([1,2,3])

print("a * 2 =",a*2)
print("a / 2 =",a/2)
print("a - 2 =",a-2)
print("a + 2 =",a+2)
```

在运行后，输出的内容如下：

```
a * 2 = [2 4 6]
a / 2 = [ 0.5  1.   1.5]
a - 2 = [-1  0  1]
a + 2 = [3 4 5]
```

2. 数组的自身运算

除了数组和数组、数组和标量之间的算术运算，我们还可以通过自定义一些方法来对数组本身进行操作。一些常用的操作方法如下。

（1）min：默认找出数组的所有元素中值最小的元素，可以通过设置 axis 的值来按行或者列查找元素中的最小值。

（2）max：默认找出数组的所有元素中值最大的元素，可以通过设置 axis 的值来按行或者列查找元素中的最大值。

（3）sum：默认对数组中的所有元素进行求和运算，并返回运算结果，同样可以通过设置 axis 的值来按行或者列对元素进行求和运算。

在 Notebook 的输入单元中输入：

```
import numpy as np
a = np.array([1,2,3])

print("min of array:",a.min())
print("max of array:",a.max())
print("sum of array:",a.sum())
```

在运行后，输出的内容如下：

```
min of array: 1
max of array: 3
sum of array: 6
```

以上代码只是针对一维数组的情况编写的，如果是多维数组的情况，则操作又将如何进行呢？下面来看看具体的实例。

在 Notebook 的输入单元中输入：

```
import numpy as np
a = np.array([[1,2,3],
              [3,2,1]])

print("min of array:",a.min())
print("min of array:",a.min(axis=0))
print("min of array:",a.min(axis=1))

print("max of array:",a.max())
print("max of array:",a.max(axis=0))
print("max of array:",a.max(axis=1))

print("sum of array:",a.sum())
print("sum of array:",a.sum(axis=0))
print("sum of array:",a.sum(axis=1))
```

在运行后，输出的内容如下：

```
min of array: 1
min of array: [1 2 1]
min of array: [1 1]
max of array: 3
max of array: [3 2 3]
max of array: [3 3]
```

```
sum of array: 12
sum of array: [4 4 4]
sum of array: [6 6]
```

在复杂的多维数组中，我们通过对 axis 参数进行不同的设置，来得到不同的运算结果：当 axis 为 0 时，计算方向是针对数组的列的；当 axis 为 1 时，计算方向是针对数组的行的。

（4）**exp**：对数组中的所有元素进行指数运算。

（5）**sqrt**：对数组中的所有元素进行平方根运算。

（6）**square**：对数组中的所有元素进行平方运算。

在 Notebook 的输入单元中输入：

```
import numpy as np
a = np.array([[1,2,3]])

print("Exp of array:",np.exp(a))
print("Sqrit of array:",np.sqrt(a))
print("Square of array:",np.square(a))
```

在运行后，输出的内容如下：

```
Exp of array: [[  2.71828183   7.3890561   20.08553692]]
Sqrt of array: [[ 1.          1.41421356  1.73205081]]
Square of array: [[1 4 9]]
```

3. 随机数组

生成随机数在我们平时的应用中是很有用的，在 NumPy 中有许多方法可以生成不同属性的随机数，以满足在计算中使用随机数字的需求。

（1）**seed**：随机因子，在随机数生成器的随机因子被确定后，无论我们运行多少次随机程序，最后生成的数字都是一样的，随机因子更像把随机的过程变成一种伪随机的机制，不过这有利于结果的复现。

（2）**rand**：生成一个在[0,1)范围内满足均匀分布的随机样本数。

（3）**randn**：生成一个满足平均值为 0 且方差为 1 的正态分布随机样本数。

（4）**randint**：在给定的范围内生成类型为整数的随机样本数。

（5）**binomial**：生成一个维度指定且满足二项分布的随机样本数。

（6）**beta**：生成一个指定维度且满足 beta 分布的随机样本数。

（7）**normal**：生成一个指定维度且满足高斯正态分布的随机样本数。

在 Notebook 的输入单元中输入：

```
import numpy as np
np.random.seed(42)

print(np.random.rand(2,3))
print(np.random.randn(2,3))
print(np.random.randint(1,10))
print(np.random.binomial(6,1))
print(np.random.beta(2,3))
print(np.random.normal(2,3))
```

在运行后，输出的内容如下：

```
[[ 0.37454012  0.95071431  0.73199394]
 [ 0.59865848  0.15601864  0.15599452]]
[[ 1.57921282  0.76743473 -0.46947439]
 [ 0.54256004 -0.46341769 -0.46572975]]
6
6
0.45543839870822056
2.666236704694229
```

我们在以上代码中确定了随机因子，所以不论运行几次，最后得到的随机结果都是一样的。

4. 索引、切片和迭代

我们已经掌握了如何在列表中对索引、切片和迭代进行操作，而在数组中也有索引、切片和迭代，其操作过程和列表类似，不过多维数组相较于一维数组，在索引、切片和迭代等操作上会更复杂。来看一个一维数组的实例。

在 Notebook 的输入单元中输入：

```
import numpy as np
```

```
a = np.arange(10)

print(a) #输出整个数组
print(a[:5]) #输出数组的前五个元素

for i in a:  #迭代输出数组的全部元素
    print(i)
```

在运行后，输出的内容如下：

```
[0 1 2 3 4 5 6 7 8 9]
[0 1 2 3 4]
0
1
2
3
4
5
6
7
8
9
```

下面重点介绍多维数组的索引、切片和迭代操作。对于多维数组而言，在每个维度上都可以通过索引值进行切片，这些索引值构成的是一个用逗号分隔的元组。

在 Notebook 的输入单元中输入：

```
import numpy as np

a = np.array([[1,2,3],
              [4,5,6],
              [7,8,9]])

print(a) #输出整个数组
print("-"*10)
print(a[1]) #输出指定维度的数据
print("-"*10)
print(a[0:2, 1:3]) #输出指定维度的数据
```

在运行后，输出的内容如下：

```
[[1 2 3]
 [4 5 6]
 [7 8 9]]
----------
[4 5 6]
----------
[[2 3]
 [5 6]]
```

我们从以上实例的输出结果中可以看到，多维数组的切片可以分别针对多个维度进行操作，而且多维数组可以针对不同的维度进行迭代，具体的实例如下。

在 Notebook 的输入单元中输入：

```
import numpy as np

a = np.array([[1,2,3],
              [4,5,6],
              [7,8,9]])

for i in a:
    print(i)

print("-"*10)
for i in a:
    for j in i:
        print(j)
```

在运行后，输出的内容如下：

```
[1 2 3]
[4 5 6]
[7 8 9]
----------
1
2
3
4
5
6
7
```

```
8
9
```

将代码中的第 2 种迭代方法写成如下形式，也可以达到同样的效果，这相当于将多维数组进行了扁平化处理，将其转变成了一维数组：

```
for i in a.flat:
    print(i)
```

5.5 Python 中的 Matplotlib

Matplotlib 是 Python 的绘图库，不仅具备强大的绘图功能，还能够在很多平台上使用，和 Jupyter Notebook 有极强的兼容性。

5.5.1 Matplotlib 的安装

我们可以通过 Anaconda 中的命令或者“pip install matplotlib”语句来安装 Matplotlib，在安装完成后通过运行“import matplotlib”语句，来检验安装是否成功。如果没有输出报错，则说明安装没有问题，可以正常使用。在实际应用中，我们同样习惯于将“import matplotlib”写成“import matplotlib.pyplot as plt”。如果是在 Jupyter Notebook 的 Notebook 文件中使用的，则要想直接显示 Matplotlib 绘制的图像，就需要添加“%matplotlib inline”语句，如图 5-30 所示。

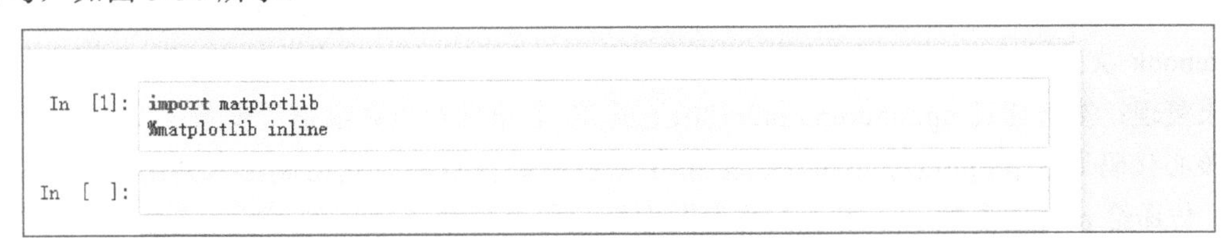

图 5-30

5.5.2 创建图

Matplotlib 本身定位于数据的可视化展现，所以集成了很多数据可视化方法。下面通过实例来了解在 Matplotlib 中进行数据可视化的常用方法。

1. 线型图

线型图通过线条的形式对数据进行展示，可以通过它很方便地看出数据的趋势和波动性，下面来看一个简单的线型图绘制实例。

在 Notebook 的输入单元中输入：

```
import matplotlib.pyplot as plt
import numpy as np
%matplotlib inline

np.random.seed(42)
x = np.random.randn(30)
plt.plot(x, "r--o")
```

在运行后，输出的内容如图 5-31 所示。

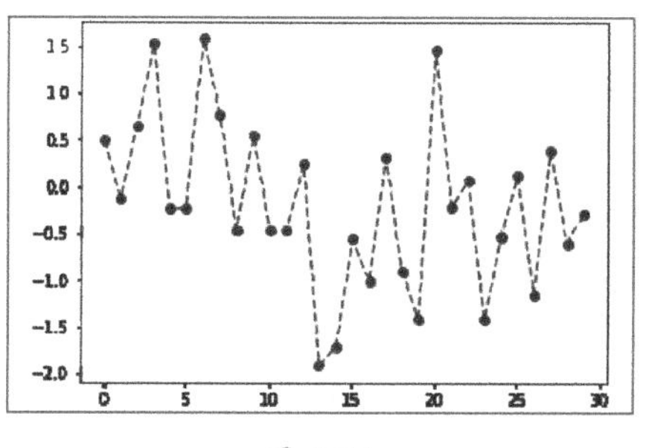

图 5-31

以上代码的前三行用于导入我们需要的包，并让通过 Matplotlib 绘制的图像直接在 Notebook 文件中显示；然后通过 np.random.seed(42)设置了随机种子，以方便我们之后的结果复现；接着通过 np.random.randn(30)生成 30 个随机参数并赋值给变量 x；最后，绘图的核心代码通过 plt.plot(x, "r--o")将这 30 个随机参数以点的方式绘制出来并用线条进行连接，传递给 plot 的参数 r--o 用于在线型图中标记每个参数点使用的形状、连接参数点使用的线条颜色和线型，而且线型图的横轴和纵轴也是有区别的，纵轴生成的是 30 个随机数的值，横轴生成的是这 30 个点的索引值，同样是 30 个。

2. 线条颜色、标记形状和线型

在绘制线型图时，我们通过标记每个参数点使用的形状、连接参数点使用的线条颜色和线型，可以很好地区分不同的数据，这样做可以使我们想要显示的数据更清晰，还能突出重要的数据。

用于设置线型图中线条颜色的常用参数如下。

（1）“b”： 指定绘制的线条颜色为蓝色。

（2）“g”： 指定绘制的线条颜色为绿色。

（3）“r”： 指定绘制的线条颜色为红色。

（4）“c”： 指定绘制的线条颜色为蓝绿色。

（5）“m”： 指定绘制的线条颜色为洋红色。

（6）“y”： 指定绘制的线条颜色为黄色。

（7）“k”： 指定绘制的线条颜色为黑色。

（8）“w”： 指定绘制的线条颜色为白色。

用于设置线型图中标记参数点形状的常用参数如下。

（1）“o”： 指定标记实际点使用的形状为圆形。

（2）“*”： 指定标记实际点使用“*”符号。

（3）“+”： 指定标记实际点使用“+”符号。

（4）“x”： 指定标记实际点使用“x”符号。

用于设置线型图中连接参数点线条形状的常用参数如下。

（1）“-”： 指定线条形状为实线。

（2）“--”： 指定线条形状为虚线。

（3）“-.”： 指定线条形状为点实线。

（4）“:”： 指定线条形状为点线。

下面来看一个使用不同的线条颜色、形状和标记参数点形状的实例。

在 Notebook 的输入单元中输入：

```
import matplotlib.pyplot as plt
import numpy as np
%matplotlib inline
```

```
a = np.random.randn(30)
b = np.random.randn(30)
c = np.random.randn(30)
d = np.random.randn(30)
plt.plot(a, "r--o", b, "b-*", c, "g-.+", d, "m:x")
```

在运行后，输出的内容如图 5-32 所示。

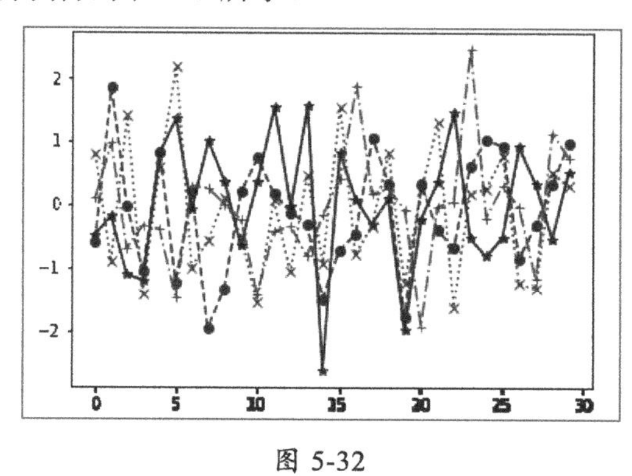

图 5-32

以上代码和之前代码的不同是没有使用随机种子，这样做是为了让最后得到的结果有更大的差异性，在绘制的图中对比更明显。

3. 标签和图例

为了让我们绘制的图像更易理解，我们可以增加一些绘制图像的说明，一般是添加图像的轴标签和图例，如下所示就是一个添加图例和轴标签的实例。

在 Notebook 的输入单元中输入：

```
import matplotlib.pyplot as plt
import numpy as np
%matplotlib inline

np.random.seed(42)
x = np.random.randn(30)
y = np.random.randn(30)

plt.title("Example")
plt.xlabel("X")
plt.ylabel("Y")
```

```
X, = plt.plot(x, "r--o")
Y, = plt.plot(y, "b-*")
plt.legend([X, Y], ["X", "Y"])
```

在运行后，输出的内容如图 5-33 所示。

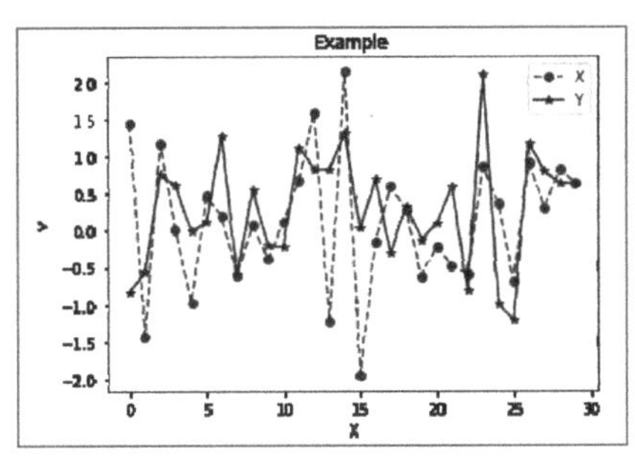

图 5-33

我们在图 5-33 中看到了图标签和图例，这是因为在以上代码中增加了标签的显示代码 plt.xlabel("Y")、plt.ylabel("Y")和图例的显示代码 plt.legend([X, Y], ["X", "Y"])，传递给 plt.legend 的是两个列表参数，第 1 个列表参数是在图中实际使用的标记和线形，第 2 个列表参数是对应图例的文字描述。

4. 子图

若我们需要将多个图像同时在不同的位置显示，则需要用到子图（Subplot）的功能。

在 Notebook 的输入单元中输入：

```
import matplotlib.pyplot as plt
import numpy as np
%matplotlib inline

a = np.random.randn(30)
b = np.random.randn(30)
c = np.random.randn(30)
d = np.random.randn(30)

fig = plt.figure()
ax1 = fig.add_subplot(2,2,1)
ax2 = fig.add_subplot(2,2,2)
ax3 = fig.add_subplot(2,2,3)
```

```
ax4 = fig.add_subplot(2,2,4)

A, = ax1.plot(a, "r--o")
ax1.legend([A], ["A"])
B, = ax2.plot(b, "b-*")
ax2.legend([B], ["B"])
C, = ax3.plot(c, "g-.+")
ax3.legend([C], ["C"])
D, = ax4.plot(d, "m:x")
ax4.legend([D], ["D"])
```

在运行后，输出的内容如图 5-34 所示。

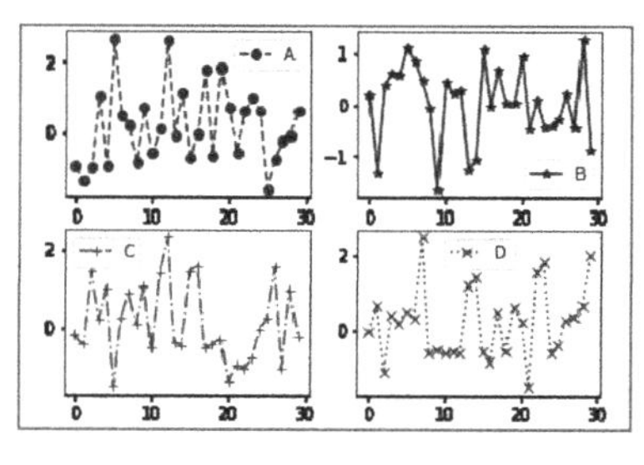

图 5-34

在绘制子图时，我们首先需要通过 fig = plt.figure()定义一个实例，然后通过 fig.add_subplot 方法向 fig 实例中添加我们需要的子图。在代码中传递给 fig.add_subplot 方法的参数是 1 组数字，拿第 1 组数字（2,2,1）来说，前两个数字表示把整块图划分成了两行两列，一共 4 张子图，最后 1 个数字表示具体使用哪一张子图进行绘制。除了绘制线型图，利用 Matplotlib 强大的绘图库还能绘制散点图、直方图、饼图等常用的图形。

5. 散点图

如果我们获取的是一些散点数据，则可以通过绘制散点图（Scatter）更清晰地展示所有数据的分布和布局。

在 Notebook 的输入单元中输入：

```
import matplotlib.pyplot as plt
import numpy as np
%matplotlib inline

np.random.seed(42)
```

```
x = np.random.randn(30)
y = np.random.randn(30)

plt.scatter(x,y, c="g", marker="o", label="(X,Y)")
plt.title("Example")
plt.xlabel("X")
plt.ylabel("Y")
plt.legend(loc=1)
plt.show()
```

在运行后，输出的内容如图 5-35 所示。

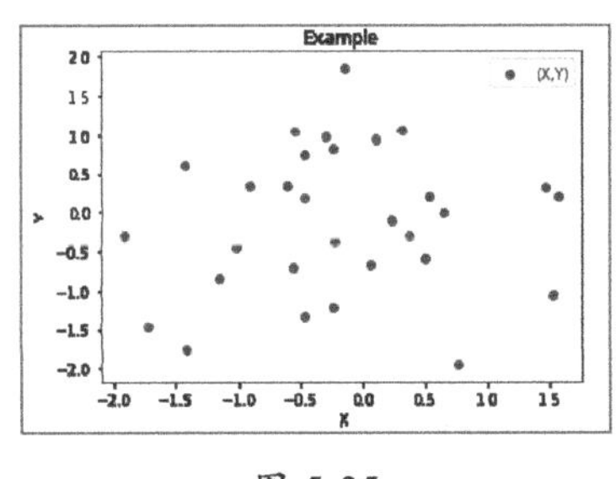

图 5-35

绘制散点图的核心代码是 plt.scatter(x,y, c="g", marker="o", label="(X,Y)")，其中有三个我们需要特别留意的参数，如下所述。

（1）“c”：指定散点图中绘制的参数点使用哪种颜色，可设置的颜色参数可参考之前绘制线型图时对线条颜色选择的参数范围，这里使用“g”表示设置为绿色。

（2）“marker”：指定散点图中绘制的参数点使用哪种形状，和之前线型图中的设置一样，这里使用“o”表示设置为圆形。

（3）“label”：指定在散点图中绘制的参数点使用的图例，与线型图中的图例不同。

我们还可以通过 plt.legend(loc=1)对图例的位置进行强制设定，对图例位置的参数设置一般有以下几种。

（1）“loc=0”：图例使用最好的位置。

（2）“loc=1”：强制图例使用图中右上角的位置。

（3）“loc=2”：强制图例使用图中左上角的位置。

（4）“loc=3”：强制图例使用图中左下角的位置。

（5）**“loc=4”**：强制图例使用图中右下角的位置。

当然还有其他位置可供选择，以上几个位置已经是最常用的了。

6. 直方图

直方图（Histogram）又称质量分布图，是一种统计报告图，通过使用一系列高度不等的纵向条纹或直方表示数据分布的情况，一般用横轴表示数据类型，用纵轴表示分布情况，下面看看具体的实例。

在 Notebook 的输入单元中输入：

```
import matplotlib.pyplot as plt
import numpy as np
%matplotlib inline


np.random.seed(42)
x = np.random.randn(1000)
plt.hist(x,bins=20,color="g")
plt.title("Example")
plt.xlabel("X")
plt.ylabel("Y")
plt.show()
```

在运行后，输出的内容如图 5-36 所示。

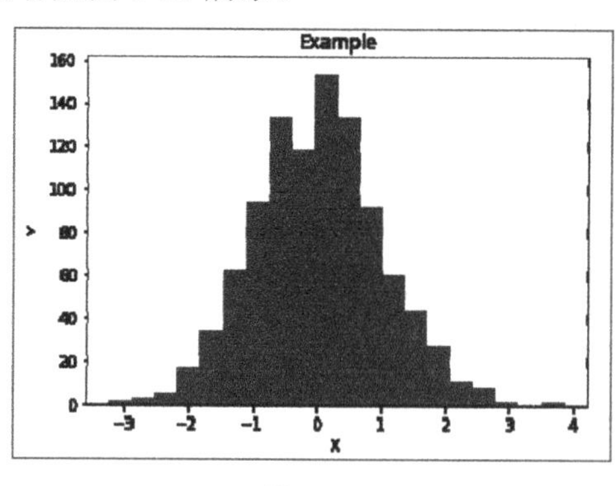

图 5-36

绘制直方图的核心代码是 plt.hist(x,bins=20,color="g")，其中 color 的功能和散点图中的 c 是一样的，bins 用于指定我们绘制的直方图条纹的数量。

7. 饼图

饼图用于显示一个数据系列，我们可以将一个数据系列理解为一类数据，而每个数据系列都应当拥有自己唯一的颜色。在同一个饼图中可以绘制多个系列的数据，并根据每个系列的数据量的不同来分配它们在饼图中的占比。下面看看具体的实例。

在 Notebook 的输入单元中输入：

```
    import matplotlib.pyplot as plt

    labels = ['Dos', 'Cats', 'Birds']
    sizes = [15, 50, 35]

    plt.pie(sizes, explode=(0, 0, 0.1), labels=labels, autopct='%1.1f%%',
startangle=90)
    plt.axis('equal')

    plt.show()
```

在运行后，输出的内容如图 5-37 所示。

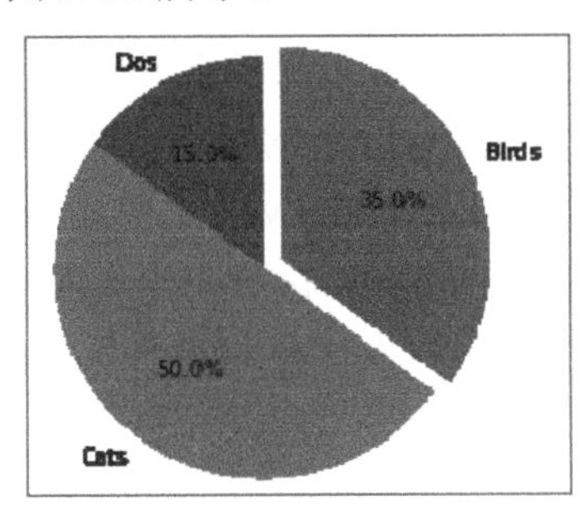

图 5-37

绘制饼图的核心代码为 plt.pie(sizes, explode=(0, 0, 0.1), labels=labels, autopct='%1.1f%%', startangle=60)，其中 sizes= [15, 50, 35]的三个数字确定了每部分数据系列在整个圆形中的占比；explode 定义每部分数据系列之间的间隔，如果设置两个 0 和一个 0.1，就能突出第 3 部分；autopct 其实就是将 sizes 中的数据以所定义的浮点精度进行显示；startangle 是绘制第 1 块饼图时该饼图与 *X* 轴正方向的夹角度数，这里设置为 90，默认为 0；plt.axis('equal')是必不可少的，用于使 *X* 轴和 *Y* 轴的刻度保持一致，只有这样，最后得到饼图才是圆形的。

第 6 章 PyTorch 基础

PyTorch 是美国互联网巨头 Facebook 在深度学习框架 Torch 的基础上使用 Python 重写的一个全新的深度学习框架，它更像 NumPy 的替代产物，不仅继承了 NumPy 的众多优点，还支持 GPUs 计算，在计算效率上要比 NumPy 有更明显的优势；不仅如此，PyTorch 还有许多高级功能，比如拥有丰富的 API，可以快速完成深度神经网络模型的搭建和训练。所以 PyTorch 一经发布，便受到了众多开发人员和科研人员的追捧和喜爱，成为 AI 从业者的重要工具之一。

6.1 PyTorch 中的 Tensor

安装 PyTorch 比较便捷的方法是直接登录它的官网 http://pytorch.org/，通过如图 6-1 所示的界面生成相应的安装命令。

在顺利安装 PyTorch 后便可以开始我们的 PyTorch 之旅了。首先，我们需要学会使用 PyTorch 中的 Tensor。Tensor 在 PyTorch 中负责存储基本数据，PyTorch 针对 Tensor 也提供了丰富的函数和方法，所以 PyTorch 中的 Tensor 与 NumPy 的数组具有极高的相似性。Tensor 是一种高级的 API，我们在使用 Tensor 时并不用了解 PyTorch 中的高层次架构，也不用明白什么是深度学习、什么是后向传播、如何对模型进行优化、什么是计算图等技术细节。更重要的是，在 PyTorch 中定义的 Tensor 数据类型的变量还可以在 GPUs 上进行运算，而且只需对变量做一些简单的类型转换就能够轻易实现。

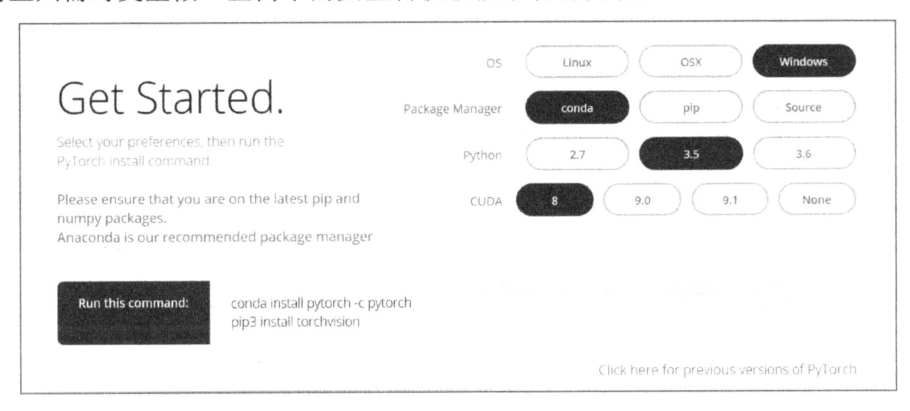

图 6-1

6.1.1　Tensor 的数据类型

在使用 Tensor 时，我们首先要掌握如何使用 Tensor 来定义不同数据类型的变量。和 NumPy 差不多，PyTorch 中的 Tensor 也有自己的数据类型定义方式，常用的如下。

（1）torch.FloatTensor：用于生成数据类型为浮点型的 Tensor，传递给 torch.FloatTensor 的参数可以是一个列表，也可以是一个维度值。

在 Notebook 的输入单元中输入：

```
import torch
a = torch.FloatTensor(2,3)
b = torch.FloatTensor([2,3,4,5])

print(a)
print(b)
```

在运行后，输出的内容如下：

```
-1.8797e+38  7.6371e-43 -1.8797e+38
 7.6371e-43 -2.9515e-38  7.6371e-43
[torch.FloatTensor of size 2x3]
```

```
 2
 3
 4
 5
[torch.FloatTensor of size 4]
```

可以看到，打印输出的两组变量数据类型都显示为浮点型，不同的是，前面的一组是按照我们指定的维度随机生成的浮点型 Tensor，而另外一组是按我们给定的列表生成的浮点型 Tensor。

（2）**torch.IntTensor**：用于生成数据类型为整型的 Tensor，传递给 torch.IntTensor 的参数可以是一个列表，也可以是一个维度值。

在 Notebook 的输入单元中输入：

```
import torch
a = torch.IntTensor(2,3)
b = torch.IntTensor([2,3,4,5])

print(a)
print(b)
```

在运行后，输出的内容如下：

```
 0  0  4
 0  1  0
[torch.IntTensor of size 2x3]

 2
 3
 4
 5
[torch.IntTensor of size 4]
```

可以看到，以上生成的两组 Tensor 最后显示的数据类型都为整型。

（3）**torch.rand**：用于生成数据类型为浮点型且维度指定的随机 Tensor，和在 NumPy 中使用 numpy.rand 生成随机数的方法类似，随机生成的浮点数据在 0～1 区间均匀分布。

在 Notebook 的输入单元中输入：

```
import torch
```

```
a = torch.rand(2,3)

print(a)
```

在运行后，输出的内容如下：

```
 0.0404  0.8430  0.7054
 0.7749  0.6810  0.7826
[torch.FloatTensor of size 2x3]
```

（4）**torch.randn**：用于生成数据类型为浮点型且维度指定的随机 Tensor，和在 NumPy 中使用 numpy.randn 生成随机数的方法类似，随机生成的浮点数的取值满足均值为 0、方差为 1 的正态分布。

在 Notebook 的输入单元中输入：

```
import torch
a = torch.randn(2,3)

print(a)
```

在运行后，输出的内容如下：

```
-1.7081  0.1507  0.4155
-0.9964 -0.4720  0.6014
[torch.FloatTensor of size 2x3]
```

（5）**torch.range**：用于生成数据类型为浮点型且自定义起始范围和结束范围的 Tensor，所以传递给 torch.range 的参数有三个，分别是范围的起始值、范围的结束值和步长，其中，步长用于指定从起始值到结束值的每步的数据间隔。

在 Notebook 的输入单元中输入：

```
import torch
a = torch.range(1,20,1)
print(a)
```

在运行后，输出的内容如下：

```
  1
  2
  3
  4
  5
```

```
  6
  7
  8
  9
 10
 11
 12
 13
 14
 15
 16
 17
 18
 19
 20
[torch.FloatTensor of size 20]
```

（6）torch.zeros：用于生成数据类型为浮点型且维度指定的 Tensor，不过这个浮点型的 Tensor 中的元素值全部为 0。

在 Notebook 的输入单元中输入：

```
import torch
a = torch.zeros(2,3)
print(a)
```

在运行后，输出的内容如下：

```
 0  0  0
 0  0  0
[torch.FloatTensor of size 2x3]
```

6.1.2 Tensor 的运算

这里通过对 Tensor 数据类型的变量进行运算，来组合一些简单或者复杂的算法，常用的 Tensor 运算如下。

（1）torch.abs：将参数传递到 torch.abs 后返回输入参数的绝对值作为输出，输入参数必须是一个 Tensor 数据类型的变量。

在 Notebook 的输入单元中输入：

```
import torch
a = torch.randn(2,3)
print(a)

b = torch.abs(a)
print(b)
```

在运行后，输出的内容如下：

```
 0.9810  0.6346  -0.8395
 -1.4279  0.2370  -1.1753
[torch.FloatTensor of size 2x3]

 0.9810  0.6346  0.8395
 1.4279  0.2370  1.1753
[torch.FloatTensor of size 2x3]
```

（2）**torch.add**：将参数传递到 torch.add 后返回输入参数的求和结果作为输出，输入参数既可以全部是 Tensor 数据类型的变量，也可以一个是 Tensor 数据类型的变量，另一个是标量。

在 Notebook 的输入单元中输入：

```
import torch
a = torch.randn(2,3)
print(a)

b = torch.randn(2,3)
print(b)

c = torch.add(a,b)
print(c)

d = torch.randn(2,3)
print(d)

e = torch.add(d,10)
print(e)
```

在运行后，输出的内容如下：

```
 -0.9922  0.1921  -0.9051
```

```
 -1.0851  -1.8379  0.1671
[torch.FloatTensor of size 2x3]

 0.8654  1.6180  0.1198
 -1.2749  -0.2634  0.5583
[torch.FloatTensor of size 2x3]

 -0.1268  1.8101  -0.7853
 -2.3599  -2.1012  0.7254
[torch.FloatTensor of size 2x3]

 0.1056  1.0573  -1.0194
 1.4880  1.6174  0.4143
[torch.FloatTensor of size 2x3]

 10.1056  11.0573  8.9806
 11.4880  11.6174  10.4143
[torch.FloatTensor of size 2x3]
```

如上所示，无论是调用 torch.add 对两个 Tensor 数据类型的变量进行计算，还是完成 Tensor 数据类型的变量和标量的计算，计算方式都和 NumPy 中的数组的加法运算如出一辙。

（3）torch.clamp：对输入参数按照自定义的范围进行裁剪，最后将参数裁剪的结果作为输出。所以输入参数一共有三个，分别是需要进行裁剪的 Tensor 数据类型的变量、裁剪的上边界和裁剪的下边界，具体的裁剪过程是：使用变量中的每个元素分别和裁剪的上边界及裁剪的下边界的值进行比较，如果元素的值小于裁剪的下边界的值，该元素就被重写成裁剪的下边界的值；同理，如果元素的值大于裁剪的上边界的值，该元素就被重写成裁剪的上边界的值。

在 Notebook 的输入单元中输入：

```
import torch
a = torch.randn(2,3)
print(a)

b = torch.clamp(a, -0.1, 0.1)
print(b)
```

在运行后，输出的内容如下：

```
 -0.4914  -0.1085  0.4345
```

```
 -0.1562  -1.2181  1.0255
[torch.FloatTensor of size 2x3]

 -0.1000  -0.1000  0.1000
 -0.1000  -0.1000  0.1000
[torch.FloatTensor of size 2x3]
```

（4）**torch.div**：将参数传递到 torch.div 后返回输入参数的求商结果作为输出，同样，参与运算的参数可以全部是 Tensor 数据类型的变量，也可以是 Tensor 数据类型的变量和标量的组合。

在 Notebook 的输入单元中输入：

```
import torch
a = torch.randn(2,3)
print(a)

b = torch.randn(2,3)
print(b)

c = torch.div(a,b)
print(c)

d = torch.randn(2,3)
print(d)

e = torch.div(d,10)
print(e)
```

在运行后，输出的内容如下：

```
 0.3888  1.4886  0.2794
 0.5140  -0.1762  0.3083
[torch.FloatTensor of size 2x3]

 -0.1275  -0.3264  0.5313
 0.2348  0.7968  1.4309
[torch.FloatTensor of size 2x3]

 -3.0483  4.5605  0.5259
 2.1889  -0.2211  0.2155
```

```
[torch.FloatTensor of size 2x3]

 -1.2993  -0.8830  -0.2602
 -1.6924  0.1550  -0.3355
[torch.FloatTensor of size 2x3]

 -0.1299  -0.0883  -0.0260
 -0.1692  0.0155  -0.0336
[torch.FloatTensor of size 2x3]
```

（5）torch.mul：将参数传递到 torch.mul 后返回输入参数求积的结果作为输出，参与运算的参数可以全部是 Tensor 数据类型的变量，也可以是 Tensor 数据类型的变量和标量的组合。

在 Notebook 的输入单元中输入：

```
import torch
a = torch.randn(2,3)
print(a)

b = torch.randn(2,3)
print(b)

c = torch.mul(a,b)
print(c)

d = torch.randn(2,3)
print(d)

e = torch.mul(d,10)
print(e)
```

在运行后，输出的内容如下：

```
 -0.1667  -0.8905  -0.1267
 0.6651  0.2974  2.1705
[torch.FloatTensor of size 2x3]

 -1.3571  -0.4510  0.9167
 -1.5743  0.8623  0.3108
[torch.FloatTensor of size 2x3]
```

```
 0.2263  0.4016  -0.1161
 -1.0470  0.2565  0.6746
[torch.FloatTensor of size 2x3]

 -0.4124  0.5328  1.1423
 0.7232  0.3273  0.5996
[torch.FloatTensor of size 2x3]

 -4.1236   5.3284  11.4226
 7.2321   3.2725   5.9962
[torch.FloatTensor of size 2x3]
```

（6）**torch.pow**：将参数传递到 torch.pow 后返回输入参数的求幂结果作为输出，参与运算的参数可以全部是 Tensor 数据类型的变量，也可以是 Tensor 数据类型的变量和标量的组合。

在 Notebook 的输入单元中输入：

```
import torch
a = torch.randn(2,3)
print(a)

b = torch.pow(a, 2)
print(b)
```

在运行后，输出的内容如下：

```
 0.5627  -1.3708  0.1456
 1.5108  -0.1329  -0.7824
[torch.FloatTensor of size 2x3]

 0.3166  1.8792  0.0212
 2.2825  0.0177  0.6122
[torch.FloatTensor of size 2x3]
```

（7）**torch.mm**：将参数传递到 torch.mm 后返回输入参数的求积结果作为输出，不过这个求积的方式和之前的 torch.mul 运算方式不太一样，torch.mm 运用矩阵之间的乘法规则进行计算，所以被传入的参数会被当作矩阵进行处理，参数的维度自然也要满足矩阵乘法的前提条件，即前一个矩阵的列数必须和后一个矩阵的行数相等，否则不能进行计算。

在 Notebook 的输入单元中输入：

```
import torch
a = torch.randn(2,3)
print(a)

b = torch.randn(3, 2)
print(b)

c = torch.mm(a, b)
print(c)
```

在运行后，输出的内容如下：

```
 -0.1643  -2.0065  0.1813
 -0.2264  -2.6768  1.1998
[torch.FloatTensor of size 2x3]

 0.3661  1.5328
 0.8504  1.5063
 0.0648  0.8763
[torch.FloatTensor of size 3x2]

 -1.7548  3.1154
 -2.2815  -3.3277
[torch.FloatTensor of size 2x2]
```

（8）**torch.mv**：将参数传递到 torch.mv 后返回输入参数的求积结果作为输出，torch.mv 运用矩阵与向量之间的乘法规则进行计算，被传入的参数中的第 1 个参数代表矩阵，第 2 个参数代表向量，顺序不能颠倒。

在 Notebook 的输入单元中输入：

```
import torch
a = torch.randn(2,3)
print(a)

b = torch.randn(3)
print(b)

c = torch.mv(a, b)
```

```
print(c)
```

在运行后，输出的内容如下：

```
 0.7535 -0.8104  0.2564
 -0.2293  -0.5282  0.0031
[torch.FloatTensor of size 2x3]

 -0.8746
 0.7646
 -1.2647
[torch.FloatTensor of size 3]

 -1.6029
 -0.2073
[torch.FloatTensor of size 2]
```

6.1.3　搭建一个简易神经网络

下面通过一个示例来看看如何使用已经掌握的知识，搭建出一个基于 PyTorch 架构的简易神经网络模型。

搭建神经网络模型的具体代码如下，这里会将完整的代码分成几部分进行详细介绍，以便于读者理解。

代码的开始处是相关包的导入：

```
import torch
batch_n = 100
hidden_layer = 100
input_data = 1000
output_data = 10
```

我们先通过 import torch 导入必要的包，然后定义 4 个整型变量，其中：batch_n 是在一个批次中输入数据的数量，值是 100，这意味着我们在一个批次中输入 100 个数据，同时，每个数据包含的数据特征有 input_data 个，因为 input_data 的值是 1000，所以每个数据的数据特征就是 1000 个；hidden_layer 用于定义经过隐藏层后保留的数据特征的个数，这里有 100 个，因为我们的模型只考虑一层隐藏层，所以在代码中仅定义了一个隐藏层的参数；output_data 是输出的数据，值是 10，我们可以将输出的数据看作一个分类结果值的数量，个数 10 表示我们最后要得到 10 个分类结果值。

一个批次的数据从输入到输出的完整过程是：先输入 100 个具有 1000 个特征的数据，经过隐藏层后变成 100 个具有 100 个特征的数据，再经过输出层后输出 100 个具有 10 个分类结果值的数据，在得到输出结果之后计算损失并进行后向传播，这样一次模型的训练就完成了，然后循环这个流程就可以完成指定次数的训练，并达到优化模型参数的目的。下面看看如何完成从输入层到隐藏层、从隐藏层到输出层的权重初始化定义工作，代码如下：

```
x = torch.randn(batch_n, input_data)
y = torch.randn(batch_n, output_data)

w1 = torch.randn(input_data, hidden_layer)
w2 = torch.randn(hidden_layer, output_data)
```

在以上代码中定义的从输入层到隐藏层、从隐藏层到输出层对应的权重参数，同在之前说到的过程中使用的参数维度是一致的，由于我们现在并没有好的权重参数的初始化方法，所以选择通过 torch.randn 来生成指定维度的随机参数作为其初始化参数，尽管这并不是一个好主意。可以看到，在代码中定义的输入层维度为（100,1000），输出层维度为（100,10），同时，从输入层到隐藏层的权重参数维度为（1000,100），从隐藏层到输出层的权重参数维度为（100,10），这里我们可能会好奇权重参数的维度是怎么定义下来的，其实，只要我们把整个过程看作矩阵连续的乘法运算，就自然能够很快明白了。在代码中我们的真实值 y 也是通过随机的方式生成的，所以一开始在使用损失函数计算损失值时得到的结果会较大。

在定义好输入、输出和权重参数之后，就可以开始训练模型和优化权重参数了，在此之前，我们还需要明确训练的总次数和学习速率，代码如下：

```
epoch_n = 20
learning_rate = 1e-6
```

因为接下来会使用梯度下降的方法来优化神经网络的参数，所以必须定义后向传播的次数和梯度下降使用的学习速率。在以上代码中使用了 epoch_n 定义训练的次数，epoch_n 的值为 20，所以我们需要通过循环的方式让程序进行 20 次训练，来完成对初始化权重参数的优化和调整。在优化的过程中使用的学习速率 learning_rate 的值为 1e-6，表示1×10^{-6}，即 0.000001。接下来对模型进行正式训练并对参数进行优化，代码如下：

```
for epoch in range(epoch_n):
    h1 = x.mm(w1) #100*1000
```

```
    h1 = h1.clamp(min = 0)
    y_pred = h1.mm(w2) #100*10

    loss = (y_pred - y).pow(2).sum()
    print("Epoch:{}, Loss:{:.4f}".format(epoch,loss))

    grad_y_pred = 2*(y_pred - y)
    grad_w2 = h1.t().mm(grad_y_pred)

    grad_h = grad_y_pred.clone()
    grad_h = grad_h.mm(w2.t())
    grad_h.clamp_(min=0)
    grad_w1 = x.t().mm(grad_h)

    w1 -= learning_rate*grad_w1
    w2 -= learning_rate*grad_w2
```

以上代码通过最外层的一个大循环来保证我们的模型可以进行 20 次训练，循环内的是神经网络模型具体的前向传播和后向传播代码，参数的优化和更新使用梯度下降来完成。在这个神经网络的前向传播中，通过两个连续的矩阵乘法计算出预测结果，在计算的过程中还对矩阵乘积的结果使用 clamp 方法进行裁剪，将小于零的值全部重新赋值为 0，这就像加上了一个 ReLU 激活函数的功能。

前向传播得到的预测结果通过 y_pred 来表示，在得到了预测值后就可以使用预测值和真实值来计算误差值了。我们用 loss 来表示误差值，对误差值的计算使用了均方误差函数。之后的代码部分就是通过实现后向传播来对权重参数进行优化了，为了计算方便，我们的代码实现使用的是每个节点的链式求导结果，在通过计算之后，就能够得到每个权重参数对应的梯度分别是 grad_w1 和 grad_w2。在得到参数的梯度值之后，按照之前定义好的学习速率对 w1 和 w2 的权重参数进行更新，在代码中每次训练时，我们都会对 loss 的值进行打印输出，以方便看到整个优化过程的效果，所以最后会有 20 个 loss 值被打印显示，打印输出的结果如下：

```
Epoch:0, Loss:4283179.8263
Epoch:1, Loss:6920871.5607
Epoch:2, Loss:20547333.1758
Epoch:3, Loss:47065301.4447
Epoch:4, Loss:25074715.6360
Epoch:5, Loss:336915.2304
Epoch:6, Loss:269933.5959
```

```
Epoch:7, Loss:234454.2736
Epoch:8, Loss:209745.8192
Epoch:9, Loss:190003.9104
Epoch:10, Loss:173310.0425
Epoch:11, Loss:158852.8867
Epoch:12, Loss:146166.5634
Epoch:13, Loss:135001.0021
Epoch:14, Loss:125112.6267
Epoch:15, Loss:116299.7282
Epoch:16, Loss:108406.2557
Epoch:17, Loss:101305.2260
Epoch:18, Loss:94897.7605
Epoch:19, Loss:89092.4968
```

可以看到，loss 值从之前的巨大误差逐渐缩减，这说明我们的模型经过 20 次训练和权重参数优化之后，得到的预测的值和真实值之间的差距越来越小了。

6.2 自动梯度

我们在 6.1.3 节中基于 PyTorch 深度学习框架搭建了一个简易神经网络模型，并通过在代码中使用前向传播和后向传播实现了对这个模型的训练和对权重参数的优化，不过该模型在结构上很简单，而且神经网络的代码也不复杂。我们在实践中搭建的网络模型都是层次更深的神经网络模型，即深度神经网络模型，结构会有所变化，代码也会更复杂。对于深度的神经网络模型的前向传播使用简单的代码就能实现，但是很难实现涉及该模型中后向传播梯度计算部分的代码，其中最困难的就是对模型计算逻辑的梳理。

在 PyTorch 中提供了一种非常方便的方法，可以帮助我们实现对模型中后向传播梯度的自动计算，避免了“重复造轮子”，这就是接下来要重点介绍的 torch.autograd 包。通过使用 torch.autograd 包，可以使模型参数自动计算在优化过程中需要用到的梯度值，在很大程度上帮助降低了实现后向传播代码的复杂度。

6.2.1 torch.autograd 和 Variable

torch.autograd 包的主要功能是完成神经网络后向传播中的链式求导，手动实现链式求导的代码会给我们带来很大的困扰，而 torch.autograd 包中丰富的类减少了这些不必要的麻烦。实现自动梯度功能的过程大致为：先通过输入的 Tensor 数据类型的变量在神经网络的前向传播过程中生成一张计算图，然后根据这个计算图和输出结果准确计算出每个参数需要更新的梯度，并通过完成后向传播完成对参数的梯度更新。

在实践中完成自动梯度需要用到 torch.autograd 包中的 Variable 类对我们定义的 Tensor 数据类型变量进行封装，在封装后，计算图中的各个节点就是一个 Variable 对象，这样才能应用自动梯度的功能。

如果已经按照如上方式完成了相关操作，则在选中了计算图中的某个节点时，这个节点必定会是一个 Variable 对象，用 *X* 来代表我们选中的节点，那么 *X*.data 代表 Tensor 数据类型的变量，*X*.grad 也是一个 Variable 对象，不过它表示的是 *X* 的梯度，在想访问梯度值时需要使用 *X*.grad.data。

下面通过一个自动梯度的示例来看看如何使用 torch.autograd.Variable 类和 torch.autograd 包。我们同样搭建一个二层结构的神经网络模型，这有利于和我们之前搭建的简易神经网络模型的训练和优化过程进行对比，重新实现的代码如下：

```
import torch
from torch.autograd import Variable
batch_n = 100
hidden_layer = 100
input_data = 1000
output_data = 10
```

同样，一开始导入必要的包和类，但是在代码中增加了“from torch.autograd import Variable”。定义的 4 个变量和之前的代码是一样的，其中 batch_n 是一个批次输入的数据量，input_data 是输入数据的特征个数，hidden_layer 是通过隐藏层后输出的特征数，output_data 是最后输出的分类结果数，然后来看如下代码：

```
x = Variable(torch.randn(batch_n, input_data), requires_grad = False)
y = Variable(torch.randn(batch_n, output_data), requires_grad = False)

w1 = Variable(torch.randn(input_data, hidden_layer), requires_grad = True)
w2 = Variable(torch.randn(hidden_layer, output_data), requires_grad = True)
```

“Variable(torch.randn(batch_n, input_data), requires_grad = False)”这段代码就是之前讲到的用 Variable 类对 Tensor 数据类型变量进行封装的操作。在以上代码中还使用了一个 requires_grad 参数，这个参数的赋值类型是布尔型，如果 requires_grad 的值是 False，那么表示该变量在进行自动梯度计算的过程中不会保留梯度值。我们将输入的数据 x 和输出的数据 y 的 requires_grad 参数均设置为 False，这是因为这两个变量并不是我们的模型需要优化的参数，而两个权重 w1 和 w2 的 requires_grad 参数的值为 True。

之后的代码用于定义模型的训练次数和学习速率，代码如下：

```
epoch_n = 20
learning_rate = 1e-6
```

和之前一样，将训练次数 epoch_n 设为 20 次，将学习速率 learning_rate 设置为 0.000001。

新的模型训练和参数优化的代码如下：

```
for epoch in range(epoch_n):
    y_pred = x.mm(w1).clamp(min = 0).mm(w2)
    loss = (y_pred - y).pow(2).sum()
    print("Epoch:{}, Loss:{:.4f}".format(epoch,loss.data[0]))

    loss.backward()


    w1.data -= learning_rate*w1.grad.data
    w2.data -= learning_rate*w2.grad.data

    w1.grad.data.zero_()
    w2.grad.data.zero_()
```

和之前的代码相比，当前的代码更简洁了，之前代码中的后向传播计算部分变成了新代码中的 loss.backward()，这个函数的功能在于让模型根据计算图自动计算每个节点的梯度值并根据需求进行保留，有了这一步，我们的权重参数 w1.data 和 w2.data 就可以直接使用在自动梯度过程中求得的梯度值 w1.data.grad 和 w2.data.grad，并结合学习速率来对现有的参数进行更新、优化了。在代码的最后还要将本次计算得到的各个参数节点的梯度值通过 grad.data.zero_()全部置零，如果不置零，则计算的梯度值会被一直累加，这样就会影响到后续的计算。同样，在整个模型的训练和优化过程中，每个循环都加入了打印 loss 值的操作，所以最后会得到 20 个 loss 值的打印输出，输出的结果如下：

```
Epoch:0, Loss:48370752.0000
Epoch:1, Loss:105467232.0000
Epoch:2, Loss:435036512.0000
Epoch:3, Loss:872423104.0000
Epoch:4, Loss:40137600.0000
```

```
Epoch:5, Loss:18556374.0000
Epoch:6, Loss:11660613.0000
Epoch:7, Loss:8212544.0000
Epoch:8, Loss:6162690.5000
Epoch:9, Loss:4821086.0000
Epoch:10, Loss:3885027.5000
Epoch:11, Loss:3201620.5000
Epoch:12, Loss:2685100.0000
Epoch:13, Loss:2284549.2500
Epoch:14, Loss:1967427.6250
Epoch:15, Loss:1711771.5000
Epoch:16, Loss:1503015.1250
Epoch:17, Loss:1330227.8750
Epoch:18, Loss:1185476.8750
Epoch:19, Loss:1063348.0000
```

从结果来看，对参数的优化在顺利进行，因为 loss 值也越来越低了。

6.2.2　自定义传播函数

其实除了可以采用自动梯度方法，我们还可以通过构建一个继承了 torch.nn.Module 的新类，来完成对前向传播函数和后向传播函数的重写。在这个新类中，我们使用 forward 作为前向传播函数的关键字，使用 backward 作为后向传播函数的关键字。下面介绍如何使用自定义传播函数的方法，来调整之前具备自动梯度功能的简易神经网络模型。整个代码的开始部分如下：

```
import torch
from torch.autograd import Variable
batch_n = 64
hidden_layer = 100
input_data = 1000
output_data = 10
```

和之前的代码一样，在代码的开始部分同样是导入必要的包、类，并定义需要用到的 4 个变量。下面看看新的代码部分是如何定义我们的前向传播 forward 函数和后向传播 backward 函数的：

```
class Model(torch.nn.Module):
```

```
    def __init__(self):
        super(Model, self).__init__()

    def forward(self, input, w1, w2):
        x = torch.mm(input, w1)
        x = torch.clamp(x, min = 0)
        x  =torch.mm(x, w2)
        return x

    def backward(self):
        pass
```

以上代码展示了一个比较常用的 Python 类的构造方式：首先通过 class Model(torch.nn.Module)完成了类继承的操作，之后分别是类的初始化，以及 forward 函数和 backward 函数。forward 函数实现了模型的前向传播中的矩阵运算，backward 实现了模型的后向传播中的自动梯度计算，后向传播如果没有特别的需求，则在一般情况下不用进行调整。在定义好类之后，我们就可以对其进行调用了，代码如下：

```
model = Model()
```

这一系列操作相当于完成了对简易神经网络的搭建，然后就只剩下对模型进行训练和对参数进行优化的部分了，代码如下：

```
x = Variable(torch.randn(batch_n, input_data), requires_grad = False)
y = Variable(torch.randn(batch_n, output_data), requires_grad = False)

w1 = Variable(torch.randn(input_data, hidden_layer), requires_grad = True)
w2 = Variable(torch.randn(hidden_layer, output_data) ,requires_grad = True)

epoch_n = 30
learning_rate = 1e-6

for epoch in range(epoch_n):
    y_pred = model(x, w1, w2)

    loss = (y_pred - y).pow(2).sum()
    print("Epoch:{}, Loss:{:.4f}".format(epoch,loss.data[0]))
    loss.backward()

    w1.data -= learning_rate * w1.grad.data
```

```
    w2.data -= learning_rate * w2.grad.data

    w1.grad.data.zero_()
    w2.grad.data.zero_()
```

这里，变量的赋值、训练次数和学习速率的定义，以及模型训练和参数优化使用的代码，和在 6.2.1 节中使用的代码没有太大的差异，不同的是，我们的模型通过“y_pred = model(x, w1, w2)”来完成对模型预测值的输出，并且整个训练部分的代码被简化了。在 20 次训练后，20 个 loss 值的打印输出如下：

```
Epoch:0, Loss:35878236.0000
Epoch:1, Loss:35661496.0000
Epoch:2, Loss:38833296.0000
Epoch:3, Loss:37686868.0000
Epoch:4, Loss:28857266.0000
Epoch:5, Loss:16834992.0000
Epoch:6, Loss:8185150.5000
Epoch:7, Loss:3937330.0000
Epoch:8, Loss:2176787.2500
Epoch:9, Loss:1433079.6250
Epoch:10, Loss:1071067.5000
Epoch:11, Loss:859087.2500
Epoch:12, Loss:714332.8750
Epoch:13, Loss:605538.3750
Epoch:14, Loss:519328.4688
Epoch:15, Loss:448993.7500
Epoch:16, Loss:390521.5938
Epoch:17, Loss:341504.9688
Epoch:18, Loss:300000.1250
Epoch:19, Loss:264626.6250
Epoch:20, Loss:234277.4375
Epoch:21, Loss:208112.6094
Epoch:22, Loss:185444.9219
Epoch:23, Loss:165721.4844
Epoch:24, Loss:148485.6094
Epoch:25, Loss:133372.2812
Epoch:26, Loss:120052.7344
Epoch:27, Loss:108309.1484
Epoch:28, Loss:97916.2500
Epoch:29, Loss:88684.8672
```

从结果来看，对参数的优化同样在顺利进行，每次输出的 loss 值也在逐渐减小。

6.3 模型搭建和参数优化

接下来看看如何基于 PyTorch 深度学习框架用简单快捷的方式搭建出复杂的神经网络模型，同时让模型参数的优化方法趋于高效。如同使用 PyTorch 中的自动梯度方法一样，在搭建复杂的神经网络模型的时候，我们也可以使用 PyTorch 中已定义的类和方法，这些类和方法覆盖了神经网络中的线性变换、激活函数、卷积层、全连接层、池化层等常用神经网络结构的实现。在完成模型的搭建之后，我们还可以使用 PyTorch 提供的类型丰富的优化函数来完成对模型参数的优化，除此之外，还有很多防止模型在模型训练过程中发生过拟合的类。

6.3.1 PyTorch 之 torch.nn

PyTorch 中的 torch.nn 包提供了很多与实现神经网络中的具体功能相关的类，这些类涵盖了深度神经网络模型在搭建和参数优化过程中的常用内容，比如神经网络中的卷积层、池化层、全连接层这类层次构造的方法、防止过拟合的参数归一化方法、Dropout 方法，还有激活函数部分的线性激活函数、非线性激活函数相关的方法，等等。在学会使用 PyTorch 的 torch.nn 进行神经网络模型的搭建和参数优化后，我们就会发现实现一个神经网络应用并没有我们想象中那么难。

下面使用 PyTorch 的 torch.nn 包来简化我们之前的代码，开始部分的代码变化不大，如下所示：

```
import torch
from torch.autograd import Variable
batch_n = 100
hidden_layer = 100
input_data = 1000
output_data = 10

x = Variable(torch.randn(batch_n, input_data), requires_grad = False)
y = Variable(torch.randn(batch_n, output_data), requires_grad = False)
```

和之前一样，这里首先导入必要的包、类并定义了 4 个变量，不过这里仅定义了输入和输出的变量，之前定义神经网络模型中的权重参数的代码被删减了，这和我们之后在代码中使用的 torch.nn 包中的类有关，因为这个类能够帮助我们自动生成和初始化对应维度的权重参数。模型搭建的代码如下：

```
models = torch.nn.Sequential(
    torch.nn.Linear(input_data, hidden_layer),
    torch.nn.ReLU(),
    torch.nn.Linear(hidden_layer, output_data)
)
```

torch.nn.Sequential 括号内的内容就是我们搭建的神经网络模型的具体结构，这里首先通过 torch.nn.Linear(input_data, hidden_layer)完成从输入层到隐藏层的线性变换，然后经过激活函数及 torch.nn.Linear(hidden_layer, output_data)完成从隐藏层到输出层的线性变换。下面分别对在以上代码中使用的 torch.nn.Sequential、torch.nn.Linear 和 torch.nn.RelU 这三个类进行详细介绍。

（1）**torch.nn.Sequential**：torch.nn.Sequential 类是 torch.nn 中的一种序列容器，通过在容器中嵌套各种实现神经网络中具体功能相关的类，来完成对神经网络模型的搭建，最主要的是，参数会按照我们定义好的序列自动传递下去。我们可以将嵌套在容器中的各个部分看作各种不同的模块，这些模块可以自由组合。模块的加入一般有两种方式，一种是在以上代码中使用的直接嵌套，另一种是以 orderdict 有序字典的方式进行传入，这两种方式的唯一区别是，使用后者搭建的模型的每个模块都有我们自定义的名字，而前者默认使用从零开始的数字序列作为每个模块的名字。下面通过示例来直观地看一下使用这两种方式搭建的模型之间的区别。

首先，使用直接嵌套搭建的模型代码如下：

```
hidden_layer = 100
input_data = 1000
output_data = 10

models = torch.nn.Sequential(
    torch.nn.Linear(input_data, hidden_layer),
    torch.nn.ReLU(),
    torch.nn.Linear(hidden_layer, output_data)
)
print(models)
```

这里对该模型的结构进行打印输出，结果如下：

```
Sequential (
  (0): Linear (1000 -> 100)
  (1): ReLU ()
  (2): Linear (100 -> 10)
)
```

使用 orderdict 有序字典进行传入来搭建的模型代码如下：

```
hidden_layer = 100
input_data = 1000
output_data = 10

from collections import OrderedDict
models = torch.nn.Sequential(OrderedDict([
    ("Line1",torch.nn.Linear(input_data, hidden_layer)),
    ("Relu1",torch.nn.ReLU()),
    ("Line2",torch.nn.Linear(hidden_layer, output_data))])
)
print(models)
```

这里对该模型的结构进行打印输出，结果如下：

```
Sequential (
  (Line1): Linear (1000 -> 100)
  (Relu1): ReLU ()
  (Line2): Linear (100 -> 10)
)
```

通过对这两种方式进行比较，我们会发现，对模块使用自定义的名称可让我们更便捷地找到模型中相应的模块并进行操作。

（2）**torch.nn.Linear**：torch.nn.Linear 类用于定义模型的线性层，即完成前面提到的不同的层之间的线性变换。torch.nn.Linear 类接收的参数有三个，分别是输入特征数、输出特征数和是否使用偏置，设置是否使用偏置的参数是一个布尔值，默认为 True，即使用偏置。在实际使用的过程中，我们只需将输入的特征数和输出的特征数传递给 torch.nn.Linear 类，就会自动生成对应维度的权重参数和偏置，对于生成的权重参数和偏置，我们的模型默认使用了一种比之前的简单随机方式更好的参数初始化方法。

根据我们搭建模型的输入、输出和层次结构需求，它的输入是在一个批次中包含 100 个特征数为 1000 的数据，最后得到 100 个特征数为 10 的输出数据，中间需要经过两次线性变换，所以要使用两个线性层，两个线性层的代码分别是 torch.nn.Linear(input_data, hidden_layer)和 torch.nn.Linear(hidden_layer, output_data)。可看到，其代替了之前使用矩阵乘法方式的实现，代码更精炼、简洁。

（3）torch.nn.ReLU：torch.nn.ReLU 类属于非线性激活分类，在定义时默认不需要传入参数。当然，在 torch.nn 包中还有许多非线性激活函数类可供选择，比如之前讲到的 PReLU、LeakyReLU、Tanh、Sigmoid、Softmax 等。

在掌握 torch.nn.Sequential、torch.nn.Linear 和 torch.nn.RelU 的使用方法后，快速搭建更复杂的多层神经网络模型变为可能，而且在整个模型的搭建过程中不需要对在模型中使用到的权重参数和偏置进行任何定义和初始化说明，因为参数已经完成了自动生成。

接下来对已经搭建好的模型进行训练并对参数进行优化，代码如下：

```
epoch_n = 10000
learning_rate = 1e-4
loss_fn = torch.nn.MSELoss()
```

前两句代码和之前的代码没有多大区别，只是单纯地增加了学习速率和训练次数，学习速率现在是 0.0001，训练次数增加到了 10000 次，这样做是为了让最终得到的结果更好。不过计算损失函数的代码发生了改变，现在使用的是在 torch.nn 包中已经定义好的均方误差函数类 torch.nn.MSELoss 来计算损失值，而之前的代码是根据损失函数的计算公式来编写的。

下面简单介绍在 torch.nn 包中常用的损失函数的具体用法，如下所述。

（1）torch.nn.MSELoss：torch.nn.MSELoss 类使用均方误差函数对损失值进行计算，在定义类的对象时不用传入任何参数，但在使用实例时需要输入两个维度一样的参数方可进行计算。示例如下：

```
import torch
from torch.autograd import  Variable
loss_f = torch.nn.MSELoss()
x = Variable(torch.randn(100,100))
y = Variable(torch.randn(100,100))
loss = loss_f(x,y)
print(loss.data)
```

以上代码首先通过随机方式生成了两个维度都是（100,100）的参数，然后使用均方误差函数来计算两组参数的损失值，打印输出的结果如下：

```
1.9764
[torch.FloatTensor of size 1]
```

（2）**torch.nn.L1Loss**：torch.nn.L1Loss 类使用平均绝对误差函数对损失值进行计算，同样，在定义类的对象时不用传入任何参数，但在使用实例时需要输入两个维度一样的参数进行计算。示例如下：

```
import torch
from torch.autograd import  Variable
loss_f = torch.nn.L1Loss()
x = Variable(torch.randn(100,100))
y = Variable(torch.randn(100,100))
loss = loss_f(x,y)
print(loss.data)
```

以上代码也是通过随机方式生成了两个维度都是（100,100）的参数，然后使用平均绝对误差函数来计算两组参数的损失值，打印输出的结果如下：

```
1.1212
[torch.FloatTensor of size 1]
```

（3）**torch.nn.CrossEntropyLoss**：torch.nn.CrossEntropyLoss 类用于计算交叉熵，在定义类的对象时不用传入任何参数，在使用实例时需要输入两个满足交叉熵的计算条件的参数，代码如下：

```
import torch
from torch.autograd import  Variable
loss_f = torch.nn.CrossEntropyLoss()
x = Variable(torch.randn(3, 5))
y = Variable(torch.LongTensor(3).random_(5))
loss = loss_f(x,y)
print(loss.data)
```

这里生成的第 1 组参数是一个随机参数，维度为（3,5）；第 2 组参数是 3 个范围为 0～4 的随机数字。计算这两组参数的损失值，打印输出的结果如下：

```
0.8668
[torch.FloatTensor of size 1]
```

在学会使用 PyTorch 中的优化函数之后，我们就可以对自己建立的神经网络模型进行训练并对参数进行优化了，代码如下：

```
for epoch in range(epoch_n):
    y_pred = models(x)
    loss = loss_fn(y_pred, y)
    if epoch%1000 == 0:
        print("Epoch:{}, Loss:{:.4f}".format(epoch,loss.data[0]))
    models.zero_grad()

    loss.backward()

    for param in models.parameters():
        param.data -= param.grad.data*learning_rate
```

以上代码中的绝大部分和之前训练和优化部分的代码是一样的，但是参数梯度更新的方式发生了改变。因为使用了不同的模型搭建方法，所以访问模型中的全部参数是通过对“models.parameters()”进行遍历完成的，然后才对每个遍历的参数进行梯度更新。其打印输入结果的方式是每完成 1000 次训练，就打印输出当前的 loss 值，最后输出的结果如下：

```
Epoch:0, Loss:0.9992
Epoch:1000, Loss:0.9293
Epoch:2000, Loss:0.8679
Epoch:3000, Loss:0.8133
Epoch:4000, Loss:0.7638
Epoch:5000, Loss:0.7187
Epoch:6000, Loss:0.6771
Epoch:7000, Loss:0.6386
Epoch:8000, Loss:0.6027
Epoch:9000, Loss:0.5692
```

从该结果可以看出，参数的优化效果比较理想，loss 值被控制在相对较小的范围之内，这和我们增加了训练次数有很大关系。

6.3.2　PyTorch 之 torch.optim

到目前为止，代码中的神经网络权重的参数优化和更新还没有实现自动化，并且目前使用的优化方法都有固定的学习速率，所以优化函数相对简单，如果我们自己实现一些高级的参数优化算法，则优化函数部分的代码会变得较为复杂。在 PyTorch 的 torch.optim 包中提供了非常多的可实现参数自动优化的类，比如 SGD、AdaGrad、RMSProp、Adam 等，这些类都可以被直接调用，使用起来也非常方便。我们使用自动化的优化函数实现方法对之前的代码进行替换，新的代码如下：

```
import torch
from torch.autograd import Variable
batch_n = 100
hidden_layer = 100
input_data = 1000
output_data = 10

x = Variable(torch.randn(batch_n, input_data), requires_grad = False)
y = Variable(torch.randn(batch_n, output_data), requires_grad=False)


models = torch.nn.Sequential(
    torch.nn.Linear(input_data, hidden_layer),
    torch.nn.ReLU(),
    torch.nn.Linear(hidden_layer, output_data)
)


epoch_n = 10000
learning_rate = 1e-4
loss_fn = torch.nn.MSELoss()

optimzer = torch.optim.Adam(models.parameters(), lr = learning_rate)
```

这里使用了 torch.optim 包中的 torch.optim.Adam 类作为我们的模型参数的优化函数，在 torch.optim.Adam 类中输入的是被优化的参数和学习速率的初始值，如果没有输入学习速率的初始值，那么默认使用 0.001 这个值。因为我们需要优化的是模型中的全部参数，所以传递给 torch.optim.Adam 类的参数是 models.parameters。另外，Adam 优化函数还有一个强大的功能，就是可以对梯度更新使用到的学习速率进行自适应调节，所以最后得到的结果自然会比之前的代码更理想。进行模型训练的代码如下：

```
for epoch in range(epoch_n):
    y_pred = models(x)
    loss = loss_fn(y_pred, y)
    print("Epoch:{}, Loss:{:.4f}".format(epoch,loss.data[0]))
    optimzer.zero_grad()

    loss.backward()
```

```
    optimzer.step()
```

在以上代码中有几处代码和之前的训练代码不同，这是因为我们引入了优化算法，所以通过直接调用 optimzer.zero_grad 来完成对模型参数梯度的归零；并且在以上代码中增加了 optimzer.step，它的主要功能是使用计算得到的梯度值对各个节点的参数进行梯度更新。这里只进行 20 次训练并打印每轮训练的 loss 值，结果如下：

```
Epoch:0, Loss:1.0166
Epoch:1, Loss:0.8287
Epoch:2, Loss:0.6828
Epoch:3, Loss:0.5681
Epoch:4, Loss:0.4764
Epoch:5, Loss:0.4007
Epoch:6, Loss:0.3361
Epoch:7, Loss:0.2803
Epoch:8, Loss:0.2320
Epoch:9, Loss:0.1906
Epoch:10, Loss:0.1556
Epoch:11, Loss:0.1263
Epoch:12, Loss:0.1023
Epoch:13, Loss:0.0827
Epoch:14, Loss:0.0671
Epoch:15, Loss:0.0549
Epoch:16, Loss:0.0456
Epoch:17, Loss:0.0388
Epoch:18, Loss:0.0338
Epoch:19, Loss:0.0302
```

在看到这个结果后我们会很惊讶，因为使用 torch.optim.Adam 类进行参数优化后仅仅进行了 20 次训练，得到的 loss 值就已经远远低于之前进行 10000 次优化训练的结果。所以，如果对 torch.optim 中的优化算法类使用得当，就更能帮助我们优化好模型中的参数。

6.4 实战手写数字识别

我们现在已经学会了基于 PyTorch 深度学习框架高效、快捷地搭建一个神经网络，并对模型进行训练和对参数进行优化的方法，接下来让我们小试牛刀，基于 PyTorch 框架使用神经网络来解决一个关于手写数字识别的计算机视觉问题，评价我们搭建的模型的标准是它能否准确地对手写数字图片进行识别。

其具体过程是：先使用已经提供的训练数据对搭建好的神经网络模型进行训练并完成参数优化；然后使用优化好的模型对测试数据进行预测，对比预测值和真实值之间的损失值，同时计算出结果预测的准确率。在将要搭建的模型中会用到卷积神经网络模型，下面让我们开始吧。

6.4.1 torch 和 torchvision

在 PyTorch 中有两个核心的包，分别是 torch 和 torchvision。我们之前已经接触了 torch 包的一部分内容，比如使用了 torch.nn 中的线性层加激活函数配合 torch.optim 完成了神经网络模型的搭建和模型参数的优化，并使用了 torch.autograd 实现自动梯度的功能，接下来会介绍如何使用 torch.nn 中的类来搭建卷积神经网络。

torchvision 包的主要功能是实现数据的处理、导入和预览等，所以如果需要对计算机视觉的相关问题进行处理，就可以借用在 torchvision 包中提供的大量的类来完成相应的工作。

代码中的开始部分如下：

```
import torch
from torchvision import datasets, transforms
from torch.autograd import Variable
```

首先，导入必要的包。对这个手写数字识别问题的解决只用到了 torchvision 中的部分功能，所以这里通过 from torchvision import 方法导入其中的两个子包 datasets 和 transforms，我们将会用到这两个包。

之后，我们就要想办法获取手写数字的训练集和测试集。使用 torchvision.datasets 可以轻易实现对这些数据集的训练集和测试集的下载，只需要使用 torchvision.datasets 再加上需要下载的数据集的名称就可以了，比如在这个问题中我们要用到手写数字数据集，它的名称是 MNIST，那么实现下载的代码就是 torchvision.datasets.MNIST。其他常用的数据集如 COCO、ImageNet、CIFCAR 等都可以通过这个方法快速下载和载入。实现数据集下载的代码如下：

```
data_train = datasets.MNIST(root = "./data/",
                            transform=transform,
                            train = True,
                            download = True)
```

```
    data_test = datasets.MNIST(root="./data/",
                               transform = transform,
                               train = False)
```

其中，root 用于指定数据集在下载之后的存放路径，这里存放在根目录下的 data 文件夹中；transform 用于指定导入数据集时需要对数据进行哪种变换操作，在后面会介绍详细的变换操作类型，注意，要提前定义这些变换操作；train 用于指定在数据集下载完成后需要载入哪部分数据，如果设置为 True，则说明载入的是该数据集的训练集部分；如果设置为 False，则说明载入的是该数据集的测试集部分。

6.4.2　PyTorch 之 torch.transforms

在前面讲到过，在 torch.transforms 中提供了丰富的类对载入的数据进行变换，现在让我们看看如何进行变换。我们知道，在计算机视觉中处理的数据集有很大一部分是图片类型的，而在 PyTorch 中实际进行计算的是 Tensor 数据类型的变量，所以我们首先需要解决的是数据类型转换的问题，如果获取的数据是格式或者大小不一的图片，则还需要进行归一化和大小缩放等操作，庆幸的是，这些方法在 torch.transforms 中都能找到。

在 torch.transforms 中有大量的数据变换类，其中有很大一部分可以用于实现数据增强（Data Argumentation）。若在我们需要解决的问题上能够参与到模型训练中的图片数据非常有限，则这时就要通过对有限的图片数据进行各种变换，来生成新的训练集了，这些变换可以是缩小或者放大图片的大小、对图片进行水平或者垂直翻转等，都是数据增强的方法。不过在手写数字识别的问题上可以不使用数据增强的方法，因为可用于模型训练的数据已经足够了。对数据进行载入及有相应变化的代码如下：

```
transform=transforms.Compose([transforms.ToTensor(),
                              transforms.Normalize(mean=[0.5],std=[0.5])])
```

我们可以将以上代码中的 torchvision.transforms.Compose 类看作一种容器，它能够同时对多种数据变换进行组合。传入的参数是一个列表，列表中的元素就是对载入的数据进行的各种变换操作。

在以上代码中，在 torchvision.transforms.Compose 中只使用了一个类型的转换变换 transforms.ToTensor 和一个数据标准化变换 transforms.Normalize。这里使用的标准化变换也叫作标准差变换法，这种方法需要使用原始数据的均值（Mean）和标准差（Standard Deviation）来进行数据的标准化，在经过标准化变换之后，数据全部符合均值为 0、标准差为 1 的标准正态分布。计算公式如下：

$$x^{normal} = \frac{x - mean}{std}$$

不过我们在这里偷了一个懒，均值和标准差的值并非来自原始数据的，而是自行定义了一个，不过仍然能够达到我们的目的。

下面看看在 torchvision.transforms 中常用的数据变换操作。

（1）**torchvision.transforms.Resize**：用于对载入的图片数据按我们需求的大小进行缩放。传递给这个类的参数可以是一个整型数据，也可以是一个类似于（*h*,*w*）的序列，其中，*h* 代表高度，*w* 代表宽度，但是如果使用的是一个整型数据，那么表示缩放的宽度和高度都是这个整型数据的值。

（2）**torchvision.transforms.Scale**：用于对载入的图片数据按我们需求的大小进行缩放，用法和 torchvision.transforms.Resize 类似。

（3）**torchvision.transforms.CenterCrop**：用于对载入的图片以图片中心为参考点，按我们需要的大小进行裁剪。传递给这个类的参数可以是一个整型数据，也可以是一个类似于（*h*,*w*）的序列。

（4）**torchvision.transforms.RandomCrop**：用于对载入的图片按我们需要的大小进行随机裁剪。传递给这个类的参数可以是一个整型数据，也可以是一个类似于（*h*,*w*）的序列。

（5）**torchvision.transforms.RandomHorizontalFlip**：用于对载入的图片按随机概率进行水平翻转。我们可以通过传递给这个类的参数自定义随机概率，如果没有定义，则使用默认的概率值 0.5。

（6）**torchvision.transforms.RandomVerticalFlip**：用于对载入的图片按随机概率进行垂直翻转。我们可以通过传递给这个类的参数自定义随机概率，如果没有定义，则使用默认的概率值 0.5。

（7）**torchvision.transforms.ToTensor**：用于对载入的图片数据进行类型转换，将之前构成 PIL 图片的数据转换成 Tensor 数据类型的变量，让 PyTorch 能够对其进行计算和处理。

（8）**torchvision.transforms.ToPILImage**：用于将 Tensor 变量的数据转换成 PIL 图片

数据，主要是为了方便图片内容的显示。

6.4.3 数据预览和数据装载

在数据下载完成并且载入后，我们还需要对数据进行装载。我们可以将数据的载入理解为对图片的处理，在处理完成后，我们就需要将这些图片打包好送给我们的模型进行训练了，而装载就是这个打包的过程。在装载时通过 batch_size 的值来确认每个包的大小，通过 shuffle 的值来确认是否在装载的过程中打乱图片的顺序。装载图片的代码如下：

```
data_loader_train = torch.utils.data.DataLoader(dataset=data_train,
                                                batch_size = 64,
                                                shuffle = True)

data_loader_test = torch.utils.data.DataLoader(dataset=data_test,
                                               batch_size = 64,
                                               shuffle = True)
```

对数据的装载使用的是 torch.utils.data.DataLoader 类，类中的 dataset 参数用于指定我们载入的数据集名称，batch_size 参数设置了每个包中的图片数据个数，代码中的值是 64，所以在每个包中会包含 64 张图片。将 shuffle 参数设置为 True，在装载的过程会将数据随机打乱顺序并进行打包。

在装载完成后，我们可以选取其中一个批次的数据进行预览。进行数据预览的代码如下：

```
images, labels = next(iter(data_loader_train))

img = torchvision.utils.make_grid(images)
img = img.numpy().transpose(1,2,0)

std = [0.5]
mean = [0.5]
img = img*std+mean
print([labels[i] for i in range(64)])
plt.imshow(img)
```

在以上代码中使用了 iter 和 next 来获取一个批次的图片数据和其对应的图片标签，然后使用 torchvision.utils 中的 make_grid 类方法将一个批次的图片构造成网格模式。需要传递给 torchvision.utils.make_grid 的参数就是一个批次的装载数据，每个批次的装载数据都是 4 维的，维度的构成从前往后分别为 batch_size、channel、height 和 weight，分别对应一个批次中的数据个数、每张图片的色彩通道数、每张图片的高度和宽度。在通过 torchvision.utils.make_grid 之后，图片的维度变成了（channel,height,weight），这个批次的图片全部被整合到了一起，所以在这个维度中对应的值也和之前不一样了，但是色彩通道数保持不变。

若我们想使用 Matplotlib 将数据显示成正常的图片形式，则使用的数据首先必须是数组，其次这个数组的维度必须是（height,weight,channel），即色彩通道数在最后面。所以我们要通过 numpy 和 transpose 完成原始数据类型的转换和数据维度的交换，这样才能够使用 Matplotlib 绘制出正确的图像。

在完成数据预览的代码中，我们先打印输出了这个批次中的数据的全部标签，然后才对这个批次中的所有图片数据进行显示，代码如下：

```
    [0, 8, 0, 7, 9, 5, 5, 7, 7, 1, 0, 8, 3, 6, 7, 3, 6, 4, 1, 4, 5, 0, 9, 3, 2,
1, 2, 7, 7, 4, 1, 3, 8, 4, 2, 5, 1, 4, 5, 6, 6, 9, 4, 3, 1, 5, 0, 9, 1, 6, 3,
6, 8, 0, 4, 1, 3, 3, 4, 4, 1, 1, 6, 4]
```

效果如图 6-2 所示，可以看到，打印输出的首先是 64 张图片对应的标签，然后是 64 张图片的预览结果。

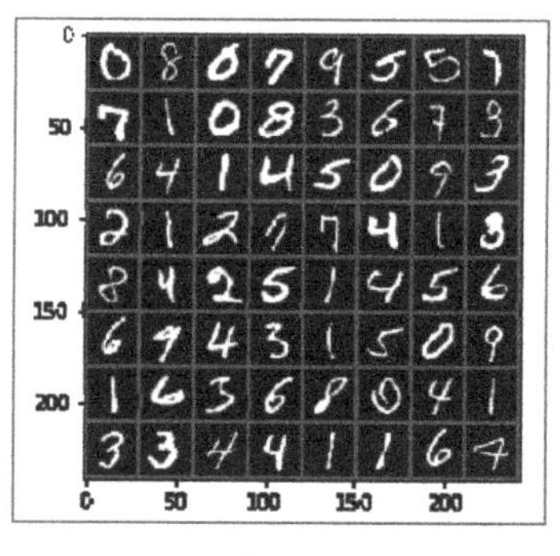

图 6-2

6.4.4 模型搭建和参数优化

在顺利完成数据装载后，我们就可以开始编写卷积神经网络模型的搭建和参数优化的代码了。因为我们想要搭建一个包含了卷积层、激活函数、池化层、全连接层的卷积神经网络来解决这个问题，所以模型在结构上会和之前简单的神经网络有所区别，当然，各个部分的功能实现依然是通过 torch.nn 中的类来完成的，比如卷积层使用 torch.nn.Conv2d 类方法来搭建；激活层使用 torch.nn.ReLU 类方法来搭建；池化层使用 torch.nn.MaxPool2d

类方法来搭建；全连接层使用 torch.nn.Linear 类方法来搭建。

实现卷积神经网络模型搭建的代码如下：

```
class Model(torch.nn.Module):

    def __init__(self):
        super(Model, self).__init__()
        self.conv1=torch.nn.Sequential(
                  torch.nn.Conv2d(1,64,kernel_size=3,stride=1,padding=1),
                  torch.nn.ReLU(),
                  torch.nn.Conv2d(64,128,kernel_size=3,stride=1,padding=1),
                  torch.nn.ReLU(),
                  torch.nn.MaxPool2d(stride=2,kernel_size=2))

        self.dense=torch.nn.Sequential(
                  torch.nn.Linear(14*14*128,1024),
                  torch.nn.ReLU(),
                  torch.nn.Dropout(p=0.5),
                  torch.nn.Linear(1024, 10))

    def forward(self, x):
        x = self.conv1(x)
        x = x.view(-1, 14*14*128)
        x = self.dense(x)
        return x
```

因为这个问题并不复杂，所以我们选择搭建一个在结构层次上有所简化的卷积神经网络模型，在结构上使用了两个卷积层：一个最大池化层和两个全连接层，这里对其具体的使用方法进行补充说明。

（1）torch.nn.Conv2d：用于搭建卷积神经网络的卷积层，主要的输入参数有输入通道数、输出通道数、卷积核大小、卷积核移动步长和 Paddingde 值。其中，输入通道数的数据类型是整型，用于确定输入数据的层数；输出通道数的数据类型也是整型，用于确定输出数据的层数；卷积核大小的数据类型是整型，用于确定卷积核的大小；卷积核移动步长的数据类型是整型，用于确定卷积核每次滑动的步长；Paddingde 的数据类型是整型，值为 0 时表示不进行边界像素的填充，如果值大于 0，那么增加数字所对应的边界像素层数。

（2）torch.nn.MaxPool2d：用于实现卷积神经网络中的最大池化层，主要的输入参数是池化窗口大小、池化窗口移动步长和 Paddingde 值。同样，池化窗口大小的数据类型是整型，用于确定池化窗口的大小。池化窗口步长的数据类型也是整型，用于确定池化窗口每次移动的步长。Paddingde 值和在 torch.nn.Conv2d 中定义的 Paddingde 值的用法和意义是一样的。

（3）**torch.nn.Dropout**：torch.nn.Dropout 类用于防止卷积神经网络在训练的过程中发生过拟合，其工作原理简单来说就是在模型训练的过程中，以一定的随机概率将卷积神经网络模型的部分参数归零，以达到减少相邻两层神经连接的目的。图 6-3 显示了 Dropout 方法的效果。

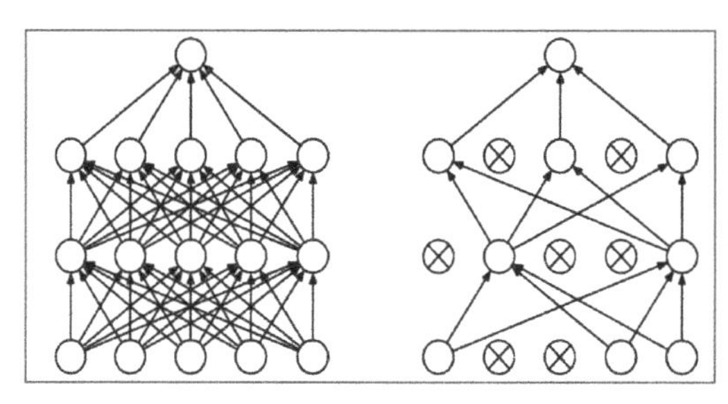

图 6-3

在图 6-3 中打叉的神经节点就是被随机抽中并丢弃的神经连接，正是因为选取方式的随机性，所以在模型的每轮训练中选择丢弃的神经连接也是不同的，这样做是为了让我们最后训练出来的模型对各部分的权重参数不产生过度依赖，从而防止过拟合。对于 torch.nn.Dropout 类，我们可以对随机概率值的大小进行设置，如果不做任何设置，就使用默认的概率值 0.5。

最后看看代码中前向传播 forward 函数中的内容。首先，经过 self.conv1 进行卷积处理；然后进行 x.view(-1, 14*14*128)，对参数实现扁平化，因为之后紧接着的就是全连接层，所以如果不进行扁平化，则全连接层的实际输出的参数维度和其定义输入的维度将不匹配，程序会报错；最后，通过 self.dense 定义的全连接进行最后的分类。

在编写完搭建卷积神经网络模型的代码后，我们就可以开始对模型进行训练和对参数进行优化了。首先，定义在训练之前使用哪种损失函数和优化函数：

```
model = Model()
cost = torch.nn.CrossEntropyLoss()
optimizer = torch.optim.Adam(model.parameters())
```

在以上代码中定义了计算损失值的损失函数使用的是交叉熵，也确定了优化函数使用的是 Adam 自适应优化算法，需要优化的参数是在 Model 中生成的全部参数，因为没有定义学习速率的值，所以使用默认值；然后，通过打印输出的方式查看搭建好的模型的完整结构，只需使用 print(model)就可以了，输出结果如下：

```
Model (
  (conv1): Sequential (
    (0): Conv2d(1, 64, kernel_size=(3, 3), stride=(1, 1), padding=(1, 1))
    (1): ReLU ()
    (2): Conv2d(64, 128, kernel_size=(3, 3), stride=(1, 1), padding=(1, 1))
    (3): ReLU ()
    (4): MaxPool2d (size=(2, 2), stride=(2, 2), dilation=(1, 1))
  )
  (dense): Sequential (
    (0): Linear (25088 -> 1024)
    (1): ReLU ()
    (2): Dropout (p = 0.5)
    (3): Linear (1024 -> 10)
  )
)
```

最后，卷积神经网络模型进行模型训练和参数优化的代码如下：

```
n_epochs = 5

for epoch in range(n_epochs):
    running_loss = 0.0
    running_correct = 0
    print("Epoch {}/{}".format(epoch, n_epochs))
    print("-"*10)
    for data in data_loader_train:
        X_train, y_train = data
        X_train, y_train = Variable(X_train), Variable(y_train)
        outputs = model(X_train)
        _,pred = torch.max(outputs.data, 1)
        optimizer.zero_grad()
        loss = cost(outputs, y_train)

        loss.backward()
        optimizer.step()
        running_loss += loss.data
        running_correct += torch.sum(pred == y_train.data)
    testing_correct = 0
    for data in data_loader_test:
```

```
            X_test, y_test = data
            X_test, y_test = Variable(X_test), Variable(y_test)
            outputs = model(X_test)
            _, pred = torch.max(outputs.data, 1)
            testing_correct += torch.sum(pred == y_test.data)
        print("Loss is:{:.4f}, Train Accuracy is:{:.4f}%, Test Accuracy
is:{:.4f}".format(running_loss/len(data_train),100*running_correct/len(data_
train),100*testing_correct/len(data_test)))
```

总的训练次数是 5 次，训练中的大部分代码和之前相比没有大的改动，增加的内容都在原来的基础上加入了更多的打印输出，其目的是更好地显示模型训练过程中的细节，同时，在每轮训练完成后，会使用测试集验证模型的泛化能力并计算准确率。在模型训练过程中打印输出的结果如下：

```
Epoch 0/5
----------
Loss is:0.0003, Train Accuracy is:99.4167%, Test Accuracy is:98.6600
Epoch 1/5
----------
Loss is:0.0002, Train Accuracy is:99.5967%, Test Accuracy is:98.9200
Epoch 2/5
----------
Loss is:0.0002, Train Accuracy is:99.6667%, Test Accuracy is:98.7700
Epoch 3/5
----------
Loss is:0.0002, Train Accuracy is:99.7133%, Test Accuracy is:98.9600
Epoch 4/5
----------
Loss is:0.0001, Train Accuracy is:99.7317%, Test Accuracy is:98.7300
```

可以看到，结果表现非常不错，训练集达到的最高准确率为 99.73%，而测试集达到的最高准确率为 98.96%。如果我们使用功能更强大的卷积神经网络模型，则会取得比现在更好的结果。

为了验证我们训练的模型是不是真的已如结果显示的一样准确，则最好的方法就是随机选取一部分测试集中的图片，用训练好的模型进行预测，看看和真实值有多大的偏差，并对结果进行可视化。测试过程的代码如下：

```
data_loader_test = torch.utils.data.DataLoader(dataset=data_test,
                                               batch_size = 4,
                                               shuffle = True)
```

```
X_test, y_test = next(iter(data_loader_test))
inputs = Variable(X_test)
pred = model(inputs)
_,pred = torch.max(pred, 1)

print("Predict Label is:", [ i for i in pred.data])
print("Real Label is:",[i for i in y_test])

img = torchvision.utils.make_grid(X_test)
img = img.numpy().transpose(1,2,0)

std = [0.5,0.5,0.5]
mean = [0.5,0.5,0.5]
img = img*std+mean
plt.imshow(img)
```

用于测试的数据标签结果输出的结果如下：

```
Predict Label is: [3, 4, 9, 3]
Real Label is: [3, 4, 9, 3]
```

在输出结果中，第 1 个结果是我们训练好的模型的预测值，第 2 个结果是这 4 个测试数据的真实值。对测试数据进行可视化，如图 6-4 所示。

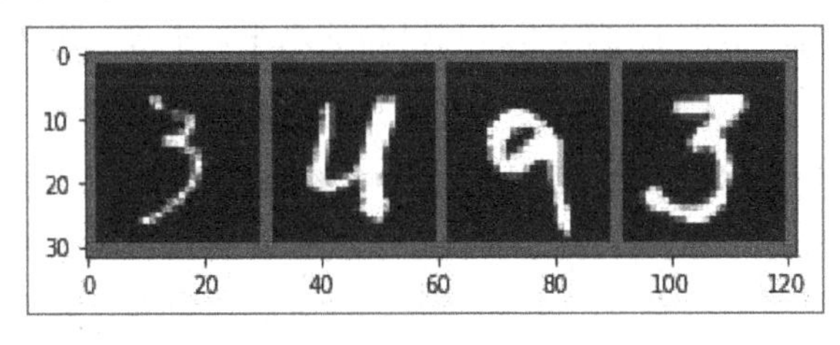

图 6-4

可以看到，在图 6-4 中可视化的这部分测试集图片，模型的预测结果和真实的结果是完全一致的。当然，如果想选取更多的测试集进行可视化，则只需将 batch_size 的值设置得更大。

第 7 章 迁移学习

我们在之前的章节中学会了使用自己搭建的卷积神经网络模型解决手写图片识别问题，因为卷积神经网络在解决计算机视觉问题上有着独特的优势，所以，采用简单的神经网络模型就能使手写图片识别的准确率达到很高的水平。不过，用来训练和测试模型的手写图片数据的特征非常明显，所以也很容易被卷积神经网络模型捕获到。

本章将通过搭建卷积神经网络模型对生活中的普通图片进行分类，并引入迁移学习（Transfer Learning）方法。为了验证迁移学习方法的方便性和高效性，我们先使用自定义结构的卷积神经网络模型解决图片的分类问题，然后通过使用迁移学习方法得到的模型来解决同样的问题，以此来看看在效果上是传统的方法更出色，还是迁移学习方法更出色。

7.1 迁移学习入门

在开始之前，我们先来了解一下什么是迁移学习。在深度神经网络算法的应用过程中，如果我们面对的是数据规模较大的问题，那么在搭建好深度神经网络模型后，我们势必要花费大量的算力和时间去训练模型和优化参数，最后耗费了这么多资源得到的模型只能解决这一个问题，性价比非常低。如果我们用这么多资源训练的模型能够解决同一类问题，那么模型的性价比会提高很多，这就促使使用迁移模型解决同一类问题的方法出现。因为该方法的出现，我们通过对一个训练好的模型进行细微调整，就能将其应用到相似的问题中，最后还能取得很好的效果；另外，对于原始数据较少的问题，我们也能够通过采用迁移模型进行有效解决，所以，如果能够选取合适的迁移学习方法，则会对解决我们所面临的问题有很大的帮助。

假如我们现在需要解决一个计算机视觉的图片分类问题，需要通过搭建一个模型对猫和狗的图片进行分类，并且提供了大量的猫和狗的图片数据集。假如我们选择使用卷积神经网络模型来解决这个图片分类问题，则首先要搭建模型，然后不断对模型进行训练，使其预测猫和狗的图片的准确性达到要求的阈值，在这个过程中会消耗大量的时间在参数优化和模型训练上。不久之后我们又面临另一个图片分类问题，这次需要搭建模型对猫和狗的图片进行分类，同样提供了大量的图片数据集，如果已经掌握了迁移学习方法，就不必再重新搭建一套全新的模型，然后耗费大量的时间进行训练了，可以直接使用之前已经得到的模型和模型的参数并稍加改动来满足新的需求。不过，对迁移的模型需要进行重新训练，这是因为最后分类的对象发生了变化，但是重新训练的时间和搭建全新的模型进行训练的时间相对很少，如果调整的仅仅是迁移模型的一小部分，那么重新训练所耗费的时间会更少。通过迁移学习可以节省大量的时间和精力，而且最终得到的结果不会太差，这就是迁移学习的优势和特点。

需要注意的是，在使用迁移学习的过程中有时会导致迁移模型出现负迁移，我们可以将其理解为模型的泛化能力恶化。假如我们将迁移学习用于解决两个毫不相关的问题，则极有可能使最后迁移得到的模型出现负迁移。

7.2 数据集处理

本章使用的数据集来自 Kaggle 网站上的“Dogs vs. Cats”竞赛项目，可以通过网络免费下载这些数据集。在这个数据集的训练数据集中一共有 25000 张猫和狗的图片，其中包含 12500 张猫的图片和 12500 张狗的图片。在测试数据集中有 12500 张图片，不过其中的猫狗图片是无序混杂的，而且没有对应的标签。这些数据集将被用于对模型进行训练和对参数进行优化，以及在最后对模型的泛化能力进行验证。

7.2.1 验证数据集和测试数据集

在实践中，我们不会直接使用测试数据集对搭建的模型进行训练和优化，而是在训练数据集中划出一部分作为验证集，来评估在每个批次的训练后模型的泛化能力。这样做的原因是如果我们使用测试数据集进行模型训练和优化，那么模型最终会对测试数据集产生拟合倾向，换而言之，我们的模型只有在对测试数据集中图片的类别进行预测时才有极强的准确率，而在对测试数据集以外的图片类别进行预测时会出现非常多的错误，这样的模型缺少泛化能力。所以，为了防止这种情况的出现，我们会把测试数据集从模型的训练和优化过程中隔离出来，只在每轮训练结束后使用。如果模型对验证数据集和测试数据集的预测同时具备高准确率和低损失值，就基本说明模型的参数优化是成功的，模型将具备极强的泛化能力。在本章的实践中我们分别从训练数据集的猫和狗的图片中各抽出 2500 张图片组成一个具有 5000 张图片的验证数据集。

我们也可以将验证数据集看作考试中的模拟训练测试，将测试数据集看作考试中的最终测试，通过两个结果看测试的整体能力，但是测试数据集最后会有绝对的主导作用。不过本章使用的测试数据集是没有标签的，而且本章旨在证明迁移学习比传统的训练高效，所以暂时不使用在数据集中提供的测试数据集，我们进行的只是模型对验证数据集的准确性的横向比较。

7.2.2 数据预览

在划分好数据集之后，就可以先进行数据预览了。我们通过数据预览可以掌握数据的基本信息，从而更好地决定如何使用这些数据。

开始部分的代码如下：

```
import torch
import torchvision
from torchvision import datasets, transforms
import os
import matplotlib.pyplot as plt
import time

%matplotlib inline
```

在以上代码中先导入了必要的包，和之前不同的是新增加了 os 包和 time 包，os 包集成了一些对文件路径和目录进行操作的类，time 包主要是一些和时间相关的方法。

在获取全部的数据集之后，我们就可以对这些数据进行简单分类了。新建一个名为 DogsVSCats 的文件夹，在该文件夹下面新建一个名为 train 和一个名为 valid 的子文件夹，在子文件夹下面再分别新建一个名为 cat 的文件夹和一个名为 dog 的文件夹，最后将数据集中对应部分的数据放到对应名字的文件夹中，之后就可以进行数据的载入了。对数据进行载入的代码如下：

```
data_dir = "DogsVSCats"
data_transform = {x:transforms.Compose([transforms.Scale([64,64]),
                               transforms.ToTensor()])
                               for x in ["train", "valid"]}

image_datasets = {x:datasets.ImageFolder(root = os.path.join(data_dir,x),
                                     transform = data_transform[x])
                                     for x in ["train", "valid"]}

dataloader = {x:torch.utils.data.DataLoader(dataset= image_datasets[x],
                                      batch_size = 16,
                                      shuffle = True)
                                      for x in ["train", "valid"]}
```

在进行数据的载入时我们使用 torch.transforms 中的 Scale 类将原始图片的大小统一缩放至 64×64。在以上代码中对数据的变换和导入都使用了字典的形式，因为我们需要分别对训练数据集和验证数据集的数据载入方法进行简单定义，所以使用字典可以简化代码，也方便之后进行相应的调用和操作。

os.path.join 就是来自之前提到的 os 包的方法，它的作用是将输入参数中的两个名字拼接成一个完整的文件路径。其他常用的 os.path 类方法如下。

（1）**os.path.dirname**：用于返回一个目录的目录名，输入参数为文件的目录。

（2）**os.path.exists**：用于测试输入参数指定的文件是否存在。

（3）**os.path.isdir**：用于测试输入参数是否是目录名。

（4）**os.path.isfile**：用于测试输入参数是否是一个文件。

（5）**os.path.samefile**：用于测试两个输入的路径参数是否指向同一个文件。

（6）**os.path.split**：用于对输入参数中的目录名进行分割，返回一个元组，该元组由目录名和文件名组成。

下面获取一个批次的数据并进行数据预览和分析，代码如下：

```
X_example, y_example = next(iter(dataloader["train"]))
```

以上代码通过 next 和 iter 迭代操作获取一个批次的装载数据，不过因为受到我们之前定义的 batch_size 值的影响，这一批次的数据只有 16 张图片，所以 X_example 和 y_example 的长度也全部是 16，可以通过打印这两个变量来确认。打印输出的代码如下：

```
print(u"X_example 个数{}".format(len(X_example)))
print(u"y_example 个数{}".format(len(y_example)))
```

输出结果如下：

```
X_example 个数 16
y_example 个数 16
```

其中，X_example 是 Tensor 数据类型的变量，因为做了图片大小的缩放变换，所以现在图片的大小全部是 64×64 了，那么 X_example 的维度就是（16, 3, 64, 64），16 代表在这个批次中有 16 张图片；3 代表色彩通道数，因为原始图片是彩色的，所以使用了 R、G、B 这三个通道；64 代表图片的宽度值和高度值。

y_example 也是 Tensor 数据类型的变量，不过其中的元素全部是 0 和 1。为什么会出现 0 和 1？这是因为在进行数据装载时已经对 dog 文件夹和 cat 文件夹下的内容进行了独热编码（One-Hot Encoding），所以这时的 0 和 1 不仅是每张图片的标签，还分别对应猫的图片和狗的图片。我们可以做一个简单的打印输出，来验证这个独热编码的对应关系，代码如下：

```
index_classes = image_datasets["train"].class_to_idx
print(index_classes)
```

输出的结果如下：

```
{'cat': 0, 'dog': 1}
```

这样就很明显了，猫的图片标签和狗的图片标签被独热编码后分别被数字化了，相较于使用文字作为图片的标签而言，使用 0 和 1 也可以让之后的计算方便很多。不过，为了增加之后绘制的图像标签的可识别性，我们还需要通过 image_datasets["train"].classes 将原始标签的结果存储在名为 example_clasees 的变量中。代码如下：

```
example_clasees = image_datasets["train"].classes
```

```
print(example_clasees)
```

输出的内容如下：

```
['cat', 'dog']
```

example_clasees 变量其实是一个列表，而且在这个列表中只有两个元素，分别是 dog 和 cat。我们使用 Matplotlib 对一个批次的图片进行绘制，具体的代码如下：

```
img = torchvision.utils.make_grid(X_example)
img = img.numpy().transpose([1,2,0])
print([example_clasees[i] for i in y_example])
plt.imshow(img)
plt.show()
```

打印输出的该批次的所有图片的标签结果如下：

```
['dog', 'cat', 'dog', 'cat', 'dog', 'dog', 'dog', 'cat', 'cat', 'cat', 'cat', 
'dog', 'cat', 'dog', 'dog', 'cat']
```

标签对应的图片如图 7-1 所示。

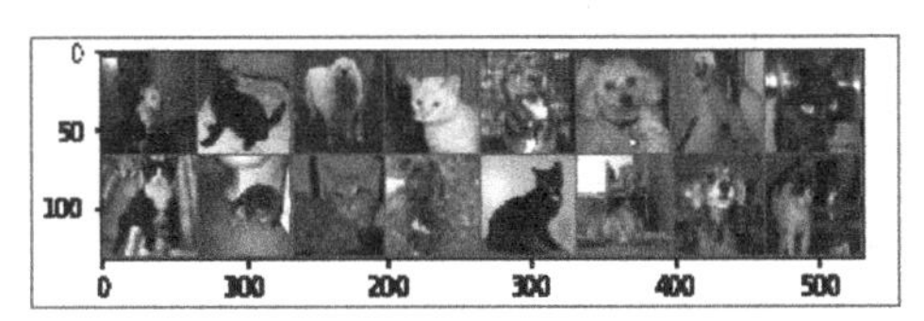

图 7-1

7.3　模型搭建和参数优化

本节会先基于一个简化的 VGGNet 架构搭建卷积神经网络模型并进行模型训练和参数优化，然后迁移一个完整的 VGG16 架构的卷积神经网络模型，最后迁移一个 ResNet50 架构的卷积神经网络模型，并对比这三个模型在预测结果上的准确性和在泛化能力上的差异。

7.3.1　自定义 VGGNet

我们首先需要搭建一个卷积神经网络模型，考虑到训练时间的成本，我们基于 VGG16 架构来搭建一个简化版的 VGGNet 模型，这个简化版模型要求输入的图片大小全部缩放到

64×64，而在标准的 VGG16 架构模型中输入的图片大小应当是 224×224 的；同时简化版模型删除了 VGG16 最后的三个卷积层和池化层，也改变了全连接层中的连接参数，这一系列的改变都是为了减少整个模型参与训练的参数数量。简化版模型的搭建代码如下：

```
class Models(torch.nn.Module):

    def __init__(self):
        super(Models, self).__init__()
        self.Conv = torch.nn.Sequential(
            torch.nn.Conv2d(3, 64, kernel_size=3, stride=1, padding=1),
            torch.nn.ReLU(),
            torch.nn.Conv2d(64, 64, kernel_size=3, stride=1, padding=1),
            torch.nn.ReLU(),
            torch.nn.MaxPool2d(kernel_size=2, stride=2),

            torch.nn.Conv2d(64, 128, kernel_size=3, stride=1, padding=1),
            torch.nn.ReLU(),
            torch.nn.Conv2d(128, 128, kernel_size=3, stride=1, padding=1),
            torch.nn.ReLU(),
            torch.nn.MaxPool2d(kernel_size=2, stride=2),

            torch.nn.Conv2d(128, 256, kernel_size=3, stride=1, padding=1),
            torch.nn.ReLU(),
            torch.nn.Conv2d(256, 256, kernel_size=3, stride=1, padding=1),
            torch.nn.ReLU(),
            torch.nn.Conv2d(256, 256, kernel_size=3, stride=1, padding=1),
            torch.nn.ReLU(),
            torch.nn.MaxPool2d(kernel_size=2, stride=2),

            torch.nn.Conv2d(256, 512, kernel_size=3, stride=1, padding=1),
            torch.nn.ReLU(),
            torch.nn.Conv2d(512, 512, kernel_size=3, stride=1, padding=1),
            torch.nn.ReLU(),
            torch.nn.Conv2d(512, 512, kernel_size=3, stride=1, padding=1),
            torch.nn.ReLU(),
            torch.nn.MaxPool2d(kernel_size=2, stride=2)
        )

        self.Classes = torch.nn.Sequential(
```

```
            torch.nn.Linear(4*4*512, 1024),
            torch.nn.ReLU(),
            torch.nn.Dropout(p=0.5),
            torch.nn.Linear(1024, 1024),
            torch.nn.ReLU(),
            torch.nn.Dropout(p=0.5),
            torch.nn.Linear(1024, 2)
        )

    def forward(self, input):
        x = self.Conv(input)
        x = x.view(-1,4*4*512)
        x = self.Classes(x)
        return x
```

在搭建好模型后，通过 print 对搭建的模型进行打印输出来显示模型中的细节，打印输出的代码如下：

```
model = Models()
print(model)
```

输出的内容如下：

```
Models (
  (Conv): Sequential (
    (0): Conv2d(3, 64, kernel_size=(3, 3), stride=(1, 1), padding=(1, 1))
    (1): ReLU ()
    (2): Conv2d(64, 64, kernel_size=(3, 3), stride=(1, 1), padding=(1, 1))
    (3): ReLU ()
    (4): MaxPool2d (size=(2, 2), stride=(2, 2), dilation=(1, 1))
    (5): Conv2d(64, 128, kernel_size=(3, 3), stride=(1, 1), padding=(1, 1))
    (6): ReLU ()
    (7): Conv2d(128, 128, kernel_size=(3, 3), stride=(1, 1), padding=(1, 1))
    (8): ReLU ()
    (9): MaxPool2d (size=(2, 2), stride=(2, 2), dilation=(1, 1))
    (10): Conv2d(128, 256, kernel_size=(3, 3), stride=(1, 1), padding=(1, 1))
    (11): ReLU ()
    (12): Conv2d(256, 256, kernel_size=(3, 3), stride=(1, 1), padding=(1, 1))
    (13): ReLU ()
    (14): Conv2d(256, 256, kernel_size=(3, 3), stride=(1, 1), padding=(1, 1))
    (15): ReLU ()
```

```
    (16): MaxPool2d (size=(2, 2), stride=(2, 2), dilation=(1, 1))
    (17): Conv2d(256, 512, kernel_size=(3, 3), stride=(1, 1), padding=(1, 1))
    (18): ReLU ()
    (19): Conv2d(512, 512, kernel_size=(3, 3), stride=(1, 1), padding=(1, 1))
    (20): ReLU ()
    (21): Conv2d(512, 512, kernel_size=(3, 3), stride=(1, 1), padding=(1, 1))
    (22): ReLU ()
    (23): MaxPool2d (size=(2, 2), stride=(2, 2), dilation=(1, 1))
  )
  (Classes): Sequential (
    (0): Linear (8192 -> 1024)
    (1): ReLU ()
    (2): Dropout (p = 0.5)
    (3): Linear (1024 -> 1024)
    (4): ReLU ()
    (5): Dropout (p = 0.5)
    (6): Linear (1024 -> 2)
  )
)
```

然后，定义好模型的损失函数和对参数进行优化的优化函数，代码如下：

```
loss_f = torch.nn.CrossEntropyLoss()
optimizer = torch.optim.Adam(model.parameters(), lr = 0.00001)

epoch_n = 10
time_open = time.time()

for epoch in range(epoch_n):
    print("Epoch {}/{}".format(epoch, epoch_n - 1))
    print("-"*10)

    for phase in ["train", "valid"]:
        if phase == "train":
            print("Training...")
            model.train(True)
        else:
            print("Validing...")
            model.train(False)
```

```
        running_loss = 0.0
        running_corrects = 0

        for batch, data in enumerate(dataloader[phase], 1):
            X, y = data

            X, y = Variable(X), Variable(y)

            y_pred = model(X)

            _, pred = torch.max(y_pred.data, 1)

            optimizer.zero_grad()

            loss = loss_f(y_pred, y)

            if phase == "train":
                loss.backward()
                optimizer.step()

            running_loss += loss.data[0]
            running_corrects += torch.sum(pred == y.data)

            if batch%500 == 0 and phase =="train":
                print("Batch {}, Train Loss:{:.4f}, Train ACC:{:.4f}".format(
                      batch, running_loss/batch, 100*running_corrects/
(16*batch)))

        epoch_loss = running_loss*16/len(image_datasets[phase])
        epoch_acc = 100*running_corrects/len(image_datasets[phase])

        print("{} Loss:{:.4f} Acc:{:.4f}%".format(phase, epoch_loss,
epoch_acc))
    time_end = time.time() - time_open
    print(time_end)
```

在代码中优化函数使用的是 Adam，损失函数使用的是交叉熵，训练次数总共是 10 次，最后的输出结果如下：

```
Epoch 0/9
----------
Training...
Batch 500, Train Loss:0.6932, Train ACC:49.7125
Batch 1000, Train Loss:0.6895, Train ACC:52.0625
train Loss:0.6866 Acc:53.3900%
Validing...
valid Loss:0.6614 Acc:60.3200%
Epoch 1/9
----------
Training...
Batch 500, Train Loss:0.6602, Train ACC:60.8500
Batch 1000, Train Loss:0.6503, Train ACC:62.4562
train Loss:0.6498 Acc:62.4350%
Validing...
valid Loss:0.6367 Acc:63.6000%
Epoch 2/9
----------
Training...
Batch 500, Train Loss:0.6374, Train ACC:63.9250
Batch 1000, Train Loss:0.6336, Train ACC:64.5250
train Loss:0.6336 Acc:64.5900%
Validing...
valid Loss:0.6206 Acc:65.3600%
Epoch 3/9
----------
Training...
Batch 500, Train Loss:0.6199, Train ACC:66.1125
Batch 1000, Train Loss:0.6216, Train ACC:65.7500
train Loss:0.6196 Acc:66.0100%
Validing...
valid Loss:0.5996 Acc:68.0000%
Epoch 4/9
----------
Training...
Batch 500, Train Loss:0.6054, Train ACC:68.2250
Batch 1000, Train Loss:0.6021, Train ACC:68.2125
train Loss:0.5988 Acc:68.4050%
Validing...
```

```
valid Loss:0.5673 Acc:70.5000%
Epoch 5/9
----------
Training...
Batch 500, Train Loss:0.5788, Train ACC:69.9375
Batch 1000, Train Loss:0.5738, Train ACC:70.1000
train Loss:0.5720 Acc:70.0850%
Validing...
valid Loss:0.5557 Acc:71.3200%
Epoch 6/9
----------
Training...
Batch 500, Train Loss:0.5586, Train ACC:71.0250
Batch 1000, Train Loss:0.5506, Train ACC:71.7875
train Loss:0.5488 Acc:71.9350%
Validing...
valid Loss:0.5368 Acc:72.5800%
Epoch 7/9
----------
Training...
Batch 500, Train Loss:0.5360, Train ACC:72.8625
Batch 1000, Train Loss:0.5310, Train ACC:73.4188
train Loss:0.5307 Acc:73.4250%
Validing...
valid Loss:0.5119 Acc:74.4000%
Epoch 8/9
----------
Training...
Batch 500, Train Loss:0.5272, Train ACC:73.6500
Batch 1000, Train Loss:0.5203, Train ACC:74.2625
train Loss:0.5162 Acc:74.3700%
Validing...
valid Loss:0.5010 Acc:75.6800%
Epoch 9/9
----------
Training...
Batch 500, Train Loss:0.5086, Train ACC:75.1250
Batch 1000, Train Loss:0.5079, Train ACC:75.1875
train Loss:0.5051 Acc:75.3450%
```

```
Validing...
valid Loss:0.4841 Acc:76.6600%
29520.38271522522
```

虽然准确率不错，但因为全程使用了计算机的 CPU 进行计算，所以整个过程非常耗时，约为 492 分钟（492=29520/60）。下面我们对原始代码进行适当调整，将在模型训练的过程中需要计算的参数全部迁移至 GPUs 上，这个过程非常简单和方便，只需重新对这部分参数进行类型转换就可以了，当然，在此之前，我们需要先确认 GPUs 硬件是否可用，具体的代码如下：

```
print(torch.cuda.is_available())
Use_gpu = torch.cuda.is_available()
```

打印输出的结果如下：

```
True
```

返回的值是 True，这说明我们的 GPUs 已经具备了被使用的全部条件，如果遇到 False，则说明显卡暂时不支持，如果是驱动存在问题，则最简单的办法是将显卡驱动升级到最新版本。

在完成对模型训练过程中参数的迁移之后，新的训练代码如下：

```
if Use_gpu:
    model = model.cuda()

epoch_n = 10
time_open = time.time()

for epoch in range(epoch_n):
    print("Epoch {}/{}".format(epoch, epoch_n - 1))
    print("-"*10)

    for phase in ["train", "valid"]:
        if phase == "train":
            print("Training...")
            model.train(True)
        else:
            print("Validing...")
            model.train(False)
```

```
        running_loss = 0.0
        running_corrects = 0

        for batch, data in enumerate(dataloader[phase], 1):
            X, y = data
            if Use_gpu:
                X, y = Variable(X.cuda()), Variable(y.cuda())
            else:
                X, y = Variable(X), Variable(y)

            y_pred = model(X)

            _, pred = torch.max(y_pred.data, 1)

            optimizer.zero_grad()

            loss = loss_f(y_pred, y)

            if phase == "train":
                loss.backward()
                optimizer.step()

            running_loss += loss.data[0]
            running_corrects += torch.sum(pred == y.data)

            if batch%500 == 0 and phase =="train":
                print("Batch {}, Train Loss:{:.4f}, Train ACC:{:.4f}".format(
                      batch, running_loss/batch, 100*running_corrects/
(16*batch)))

        epoch_loss = running_loss*16/len(image_datasets[phase])
        epoch_acc = 100*running_corrects/len(image_datasets[phase])

        print("{} Loss:{:.4f} Acc:{:.4f}%".format(phase, epoch_loss,
epoch_acc))
    time_end = time.time() - time_open
    print(time_end)
```

在以上代码中，model = model.cuda()和 X, y = Variable(X.cuda()), Variable(y.cuda())就是参与迁移至 GPUs 的具体代码，在进行 10 次训练后，输出的结果如下：

```
Epoch 0/9
----------
Training...
Batch 500, Train Loss:0.6578, Train ACC:61.2625
Batch 1000, Train Loss:0.6444, Train ACC:63.2250
train Loss:0.6365 Acc:64.1100%
Validing...
valid Loss:0.5981 Acc:69.1800%
Epoch 1/9
----------
Training...
Batch 500, Train Loss:0.5920, Train ACC:69.2375
Batch 1000, Train Loss:0.5738, Train ACC:70.4000
train Loss:0.5666 Acc:70.9350%
Validing...
valid Loss:0.5504 Acc:72.4000%
Epoch 2/9
----------
Training...
Batch 500, Train Loss:0.5141, Train ACC:74.9000
Batch 1000, Train Loss:0.5061, Train ACC:75.4062
train Loss:0.5001 Acc:75.9550%
Validing...
valid Loss:0.4837 Acc:76.9400%
Epoch 3/9
----------
Training...
Batch 500, Train Loss:0.4443, Train ACC:79.4250
Batch 1000, Train Loss:0.4332, Train ACC:79.9437
train Loss:0.4327 Acc:80.0600%
Validing...
valid Loss:0.4292 Acc:79.3200%
Epoch 4/9
----------
Training...
Batch 500, Train Loss:0.3877, Train ACC:82.0375
```

```
Batch 1000, Train Loss:0.3800, Train ACC:82.8812
train Loss:0.3732 Acc:83.2850%
Validing...
valid Loss:0.3741 Acc:83.7200%
Epoch 5/9
----------
Training...
Batch 500, Train Loss:0.3297, Train ACC:85.5875
Batch 1000, Train Loss:0.3328, Train ACC:85.5938
train Loss:0.3295 Acc:85.7700%
Validing...
valid Loss:0.3984 Acc:81.9200%
Epoch 6/9
----------
Training...
Batch 500, Train Loss:0.2835, Train ACC:87.8000
Batch 1000, Train Loss:0.2810, Train ACC:88.0000
train Loss:0.2824 Acc:87.8800%
Validing...
valid Loss:0.3120 Acc:86.6600%
Epoch 7/9
----------
Training...
Batch 500, Train Loss:0.2391, Train ACC:89.7875
Batch 1000, Train Loss:0.2407, Train ACC:89.7375
train Loss:0.2455 Acc:89.5500%
Validing...
valid Loss:0.2932 Acc:87.7000%
Epoch 8/9
----------
Training...
Batch 500, Train Loss:0.2164, Train ACC:90.8875
Batch 1000, Train Loss:0.2203, Train ACC:90.9375
train Loss:0.2199 Acc:90.9150%
Validing...
valid Loss:0.3306 Acc:85.7800%
Epoch 9/9
----------
Training...
```

```
Batch 500, Train Loss:0.1850, Train ACC:92.9250
Batch 1000, Train Loss:0.1873, Train ACC:92.6875
train Loss:0.1903 Acc:92.4450%
Validing...
valid Loss:0.2874 Acc:88.0400%
855.5901200771332
```

从结果可以看出，不仅验证测试集的准确率提升了近 10%，而且最后输出的训练耗时缩短到了大约 14 分钟（14=855/60），与之前的训练相比，耗时大幅下降，明显比使用 CPU 进行参数计算在效率上高出不少。

到目前为止，我们构建的卷积神经网络模型已经具备了较高的预测准确率了，下面引入迁移学习来看看预测的准确性还能提升多少，看看计算耗时能否进一步缩短。在使用迁移学习时，我们只需对原模型的结构进行很小一部分重新调整和训练，所以预计最后的结果能够有所突破。

7.3.2 迁移 VGG16

下面看看迁移学习的具体实施过程，首先需要下载已经具备最优参数的模型，这需要对我们之前使用的 model = Models()代码部分进行替换，因为我们不需要再自己搭建和定义训练的模型了，而是通过代码自动下载模型并直接调用，具体代码如下：

```
model = models.vgg16(prepare=True)
```

在以上代码中，我们指定进行下载的模型是 VGG16，并通过设置 prepare=True 中的值为 True，来实现下载的模型附带了已经优化好的模型参数。这样，迁移学习的第一步就完成了，如果想要查看迁移模型的细节，就可以通过 print 将其打印输出，输出的结果如下：

```
VGG (
  (features): Sequential (
    (0): Conv2d(3, 64, kernel_size=(3, 3), stride=(1, 1), padding=(1, 1))
    (1): ReLU (inplace)
    (2): Conv2d(64, 64, kernel_size=(3, 3), stride=(1, 1), padding=(1, 1))
    (3): ReLU (inplace)
    (4): MaxPool2d (size=(2, 2), stride=(2, 2), dilation=(1, 1))
    (5): Conv2d(64, 128, kernel_size=(3, 3), stride=(1, 1), padding=(1, 1))
    (6): ReLU (inplace)
    (7): Conv2d(128, 128, kernel_size=(3, 3), stride=(1, 1), padding=(1, 1))
```

```
    (8): ReLU (inplace)
    (9): MaxPool2d (size=(2, 2), stride=(2, 2), dilation=(1, 1))
    (10): Conv2d(128, 256, kernel_size=(3, 3), stride=(1, 1), padding=(1, 1))
    (11): ReLU (inplace)
    (12): Conv2d(256, 256, kernel_size=(3, 3), stride=(1, 1), padding=(1, 1))
    (13): ReLU (inplace)
    (14): Conv2d(256, 256, kernel_size=(3, 3), stride=(1, 1), padding=(1, 1))
    (15): ReLU (inplace)
    (16): MaxPool2d (size=(2, 2), stride=(2, 2), dilation=(1, 1))
    (17): Conv2d(256, 512, kernel_size=(3, 3), stride=(1, 1), padding=(1, 1))
    (18): ReLU (inplace)
    (19): Conv2d(512, 512, kernel_size=(3, 3), stride=(1, 1), padding=(1, 1))
    (20): ReLU (inplace)
    (21): Conv2d(512, 512, kernel_size=(3, 3), stride=(1, 1), padding=(1, 1))
    (22): ReLU (inplace)
    (23): MaxPool2d (size=(2, 2), stride=(2, 2), dilation=(1, 1))
    (24): Conv2d(512, 512, kernel_size=(3, 3), stride=(1, 1), padding=(1, 1))
    (25): ReLU (inplace)
    (26): Conv2d(512, 512, kernel_size=(3, 3), stride=(1, 1), padding=(1, 1))
    (27): ReLU (inplace)
    (28): Conv2d(512, 512, kernel_size=(3, 3), stride=(1, 1), padding=(1, 1))
    (29): ReLU (inplace)
    (30): MaxPool2d (size=(2, 2), stride=(2, 2), dilation=(1, 1))
  )
  (classifier): Sequential (
    (0): Linear (25088 -> 4096)
    (1): ReLU (inplace)
    (2): Dropout (p = 0.5)
    (3): Linear (4096 -> 4096)
    (4): ReLU (inplace)
    (5): Dropout (p = 0.5)
    (6): Linear (4096 -> 1000)
  )
)
```

下面开始进行迁移学习的第 2 步，对当前迁移过来的模型进行调整，尽管迁移学习要求我们需要解决的问题之间最好具有很强的相似性，但是每个问题对最后输出的结果会有不一样的要求，而承担整个模型输出分类工作的是卷积神经网络模型中的全连接层，所以在迁移学习的过程中调整最多的也是全连接层部分。其基本思路是冻结卷积神经网络中全连接层之前的全部网络层次，让这些被冻结的网络层次中的参数在模型的训练过程中不进行梯度更新，能够被优化的参数仅仅是没有被冻结的全连接层的全部参数。

下面看看具体的代码。首先，迁移过来的 VGG16 架构模型在最后输出的结果是 1000 个，在我们的问题中只需两个输出结果，所以全连接层必须进行调整。模型调整的具体代码如下：

```
for parma in model.parameters():
    parma.requires_grad = False

model.classifier = torch.nn.Sequential(torch.nn.Linear(25088, 4096),
                                        torch.nn.ReLU(),
                                        torch.nn.Dropout(p=0.5),
                                        torch.nn.Linear(4096, 4096),
                                        torch.nn.ReLU(),
                                        torch.nn.Dropout(p=0.5),
                                        torch.nn.Linear(4096, 2))

if Use_gpu:
    model = model.cuda()

cost = torch.nn.CrossEntropyLoss()
optimizer = torch.optim.Adam(model.classifier.parameters(), lr = 0.00001)
```

首先，对原模型中的参数进行遍历操作，将参数中的 parma.requires_grad 全部设置为 False，这样对应的参数将不计算梯度，当然也不会进行梯度更新了，这就是之前说到的冻结操作；然后，定义新的全连接层结构并重新赋值给 model.classifier。在完成了新的全连接层定义后，全连接层中的 parma.requires_grad 参数会被默认重置为 True，所以不需要再次遍历参数来进行解冻操作。损失函数的 loss 值依然使用交叉熵进行计算，但是在优化函数中负责优化的参数变成了全连接层中的所有参数，即对 model.classifier.parameters 这部分参数进行优化。在调整完模型的结构之后，我们通过打印输出对比其与模型没有进行调整前有什么不同，结果如下：

```
VGG (
  (features): Sequential (
    (0): Conv2d(3, 64, kernel_size=(3, 3), stride=(1, 1), padding=(1, 1))
    (1): ReLU (inplace)
```

```
    (2): Conv2d(64, 64, kernel_size=(3, 3), stride=(1, 1), padding=(1, 1))
    (3): ReLU (inplace)
    (4): MaxPool2d (size=(2, 2), stride=(2, 2), dilation=(1, 1))
    (5): Conv2d(64, 128, kernel_size=(3, 3), stride=(1, 1), padding=(1, 1))
    (6): ReLU (inplace)
    (7): Conv2d(128, 128, kernel_size=(3, 3), stride=(1, 1), padding=(1, 1))
    (8): ReLU (inplace)
    (9): MaxPool2d (size=(2, 2), stride=(2, 2), dilation=(1, 1))
    (10): Conv2d(128, 256, kernel_size=(3, 3), stride=(1, 1), padding=(1, 1))
    (11): ReLU (inplace)
    (12): Conv2d(256, 256, kernel_size=(3, 3), stride=(1, 1), padding=(1, 1))
    (13): ReLU (inplace)
    (14): Conv2d(256, 256, kernel_size=(3, 3), stride=(1, 1), padding=(1, 1))
    (15): ReLU (inplace)
    (16): MaxPool2d (size=(2, 2), stride=(2, 2), dilation=(1, 1))
    (17): Conv2d(256, 512, kernel_size=(3, 3), stride=(1, 1), padding=(1, 1))
    (18): ReLU (inplace)
    (19): Conv2d(512, 512, kernel_size=(3, 3), stride=(1, 1), padding=(1, 1))
    (20): ReLU (inplace)
    (21): Conv2d(512, 512, kernel_size=(3, 3), stride=(1, 1), padding=(1, 1))
    (22): ReLU (inplace)
    (23): MaxPool2d (size=(2, 2), stride=(2, 2), dilation=(1, 1))
    (24): Conv2d(512, 512, kernel_size=(3, 3), stride=(1, 1), padding=(1, 1))
    (25): ReLU (inplace)
    (26): Conv2d(512, 512, kernel_size=(3, 3), stride=(1, 1), padding=(1, 1))
    (27): ReLU (inplace)
    (28): Conv2d(512, 512, kernel_size=(3, 3), stride=(1, 1), padding=(1, 1))
    (29): ReLU (inplace)
    (30): MaxPool2d (size=(2, 2), stride=(2, 2), dilation=(1, 1))
  )
  (classifier): Sequential (
    (0): Linear (25088 -> 4096)
    (1): ReLU (inplace)
    (2): Dropout (p = 0.5)
    (3): Linear (4096 -> 4096)
    (4): ReLU (inplace)
    (5): Dropout (p = 0.5)
    (6): Linear (4096 -> 2)
  )
)
```

可以看出，其最大的不同就是模型的最后一部分全连接层发生了变化。下面进行新模型的训练和参数优化，通过 5 次训练来看看最终的结果表现。最后的输出结果如下：

```
Epoch 0/4
----------
Training...
Batch 500, Train Loss:0.0998, Train ACC:96.2500
Batch 1000, Train Loss:0.0732, Train ACC:97.2188
train Loss:0.0700 Acc:97.3900%
Validing...
valid Loss:0.0561 Acc:98.0400%
Epoch 1/4
----------
Training...
Batch 500, Train Loss:0.0227, Train ACC:99.2625
Batch 1000, Train Loss:0.0233, Train ACC:99.2062
train Loss:0.0229 Acc:99.1800%
Validing...
valid Loss:0.0691 Acc:97.6200%
Epoch 2/4
----------
Training...
Batch 500, Train Loss:0.0074, Train ACC:99.8250
Batch 1000, Train Loss:0.0096, Train ACC:99.7125
train Loss:0.0107 Acc:99.6700%
Validing...
valid Loss:0.0637 Acc:98.3200%
Epoch 3/4
----------
Training...
Batch 500, Train Loss:0.0035, Train ACC:99.9125
Batch 1000, Train Loss:0.0040, Train ACC:99.9000
train Loss:0.0043 Acc:99.8700%
Validing...
valid Loss:0.0743 Acc:98.1000%
Epoch 4/4
----------
Training...
Batch 500, Train Loss:0.0031, Train ACC:99.9000
Batch 1000, Train Loss:0.0028, Train ACC:99.9125
```

```
train Loss:0.0033 Acc:99.8950%
Validing...
valid Loss:0.0899 Acc:98.3200%
```

通过应用迁移学习，最后的结果在准确率上提升非常多，而且仅仅通过 5 次训练就达到了这个效果，所以迁移学习是一种提升模型泛化能力的非常有效的方法。

下面是对 VGG16 结构的卷积神经网络模型进行迁移学习的完整代码实现：

```
import torch
import torchvision
from torchvision import  datasets, models, transforms
import os
from torch.autograd import Variable
import matplotlib.pyplot as plt
import time

%matplotlib inline

data_dir = "DogsVSCats"
data_transform = {x:transforms.Compose([transforms.Scale([224,224]),
                                         transforms.ToTensor(),
                                         transforms.Normalize(mean=[0.5,0.5,
0.5], std=[0.5,0.5,0.5])])
                  for x in ["train", "valid"]}

image_datasets = {x:datasets.ImageFolder(root = os.path.join(data_dir,x),
                                          transform = data_transform[x])
                  for x in ["train", "valid"]}

dataloader = {x:torch.utils.data.DataLoader(dataset= image_datasets[x],
                                             batch_size = 16,
                                             shuffle = True)
                  for x in ["train", "valid"]}

X_example, y_example = next(iter(dataloader["train"]))
example_clasees = image_datasets["train"].classes
index_classes = image_datasets["train"].class_to_idx


model = models.vgg16(pretrained=True)
```

```
for parma in model.parameters():
    parma.requires_grad = False

model.classifier = torch.nn.Sequential(torch.nn.Linear(25088, 4096),
                                        torch.nn.ReLU(),
                                        torch.nn.Dropout(p=0.5),
                                        torch.nn.Linear(4096, 4096),
                                        torch.nn.ReLU(),
                                        torch.nn.Dropout(p=0.5),
                                        torch.nn.Linear(4096, 2))

if Use_gpu:
        model = model.cuda()

cost = torch.nn.CrossEntropyLoss()
optimizer = torch.optim.Adam(model.classifier.parameters())

loss_f = torch.nn.CrossEntropyLoss()
optimizer = torch.optim.Adam(model.classifier.parameters(), lr = 0.00001)

epoch_n = 5
time_open = time.time()

for epoch in range(epoch_n):
    print("Epoch {}/{}".format(epoch, epoch_n - 1))
    print("-"*10)

    for phase in ["train", "valid"]:
        if phase == "train":
            print("Training...")
            model.train(True)
        else:
            print("Validing...")
            model.train(False)

        running_loss = 0.0
        running_corrects = 0

        for batch, data in enumerate(dataloader[phase], 1):
```

```
            X, y = data
            if Use_gpu:
                X, y = Variable(X.cuda()), Variable(y.cuda())
            else:
                X, y = Variable(X), Variable(y)

            y_pred = model(X)

            _, pred = torch.max(y_pred.data, 1)

            optimizer.zero_grad()

            loss = loss_f(y_pred, y)

            if phase == "train":
                loss.backward()
                optimizer.step()

            running_loss += loss.data[0]
            running_corrects += torch.sum(pred == y.data)

            if batch%500 == 0 and phase =="trainw":
                print("Batch {}, Train Loss:{:.4f}, Train ACC:{:.4f}".format(
                      batch, running_loss/batch, 100*running_corrects/
(16*batch)))

        epoch_loss = running_loss*16/len(image_datasets[phase])
        epoch_acc = 100*running_corrects/len(image_datasets[phase])

        print("{} Loss:{:.4f} Acc:{:.4f}%".format(phase, epoch_loss,
epoch_acc))
    time_end = time.time() - time_open
    print(time_end)
```

7.3.3　迁移 ResNet50

在掌握了迁移学习方法之后，我们就可以进行更多的尝试了，下面来看强大的 ResNet 架构的卷积神经网络模型的迁移学习。在下面的实例中会将 ResNet 架构中的 ResNet50 模型进行迁移，进行模型迁移的代码为 model = models.resnet50(pretrained=True)。和迁移 VGG16 模型类似，在代码中使用 resnet50 对 vgg16 进行替换就完成了对应模型的迁移。对迁移得到的模型进行打印输出，结果显示如下：

```
ResNet (
    (conv1): Conv2d(3, 64, kernel_size=(7, 7), stride=(2, 2), padding=(3, 3),
bias=False)
    (bn1): BatchNorm2d(64, eps=1e-05, momentum=0.1, affine=True)
    (relu): ReLU (inplace)
    (maxpool): MaxPool2d (size=(3, 3), stride=(2, 2), padding=(1, 1),
dilation=(1, 1))
    (layer1): Sequential (
      (0): Bottleneck (
        (conv1): Conv2d(64, 64, kernel_size=(1, 1), stride=(1, 1), bias=False)
        (bn1): BatchNorm2d(64, eps=1e-05, momentum=0.1, affine=True)
        (conv2): Conv2d(64, 64, kernel_size=(3, 3), stride=(1, 1), padding=(1,
1), bias=False)
        (bn2): BatchNorm2d(64, eps=1e-05, momentum=0.1, affine=True)
        (conv3): Conv2d(64, 256, kernel_size=(1, 1), stride=(1, 1), bias=False)
        (bn3): BatchNorm2d(256, eps=1e-05, momentum=0.1, affine=True)
        (relu): ReLU (inplace)
        (downsample): Sequential (
          (0): Conv2d(64, 256, kernel_size=(1, 1), stride=(1, 1), bias=False)
          (1): BatchNorm2d(256, eps=1e-05, momentum=0.1, affine=True)
        )
      )
      (1): Bottleneck (
        (conv1): Conv2d(256, 64, kernel_size=(1, 1), stride=(1, 1), bias=False)
        (bn1): BatchNorm2d(64, eps=1e-05, momentum=0.1, affine=True)
        (conv2): Conv2d(64, 64, kernel_size=(3, 3), stride=(1, 1), padding=(1,
1), bias=False)
        (bn2): BatchNorm2d(64, eps=1e-05, momentum=0.1, affine=True)
        (conv3): Conv2d(64, 256, kernel_size=(1, 1), stride=(1, 1), bias=False)
        (bn3): BatchNorm2d(256, eps=1e-05, momentum=0.1, affine=True)
        (relu): ReLU (inplace)
      )
      (2): Bottleneck (
        (conv1): Conv2d(256, 64, kernel_size=(1, 1), stride=(1, 1), bias=False)
        (bn1): BatchNorm2d(64, eps=1e-05, momentum=0.1, affine=True)
        (conv2): Conv2d(64, 64, kernel_size=(3, 3), stride=(1, 1), padding=(1,
```

```
1), bias=False)
        (bn2): BatchNorm2d(64, eps=1e-05, momentum=0.1, affine=True)
        (conv3): Conv2d(64, 256, kernel_size=(1, 1), stride=(1, 1), bias=False)
        (bn3): BatchNorm2d(256, eps=1e-05, momentum=0.1, affine=True)
        (relu): ReLU (inplace)
      )
    )
    (layer2): Sequential (
      (0): Bottleneck (
        (conv1): Conv2d(256, 128, kernel_size=(1, 1), stride=(1, 1),
bias=False)
        (bn1): BatchNorm2d(128, eps=1e-05, momentum=0.1, affine=True)
        (conv2): Conv2d(128, 128, kernel_size=(3, 3), stride=(2, 2), padding=(1,
1), bias=False)
        (bn2): BatchNorm2d(128, eps=1e-05, momentum=0.1, affine=True)
        (conv3): Conv2d(128, 512, kernel_size=(1, 1), stride=(1, 1),
bias=False)
        (bn3): BatchNorm2d(512, eps=1e-05, momentum=0.1, affine=True)
        (relu): ReLU (inplace)
        (downsample): Sequential (
          (0): Conv2d(256, 512, kernel_size=(1, 1), stride=(2, 2), bias=False)
          (1): BatchNorm2d(512, eps=1e-05, momentum=0.1, affine=True)
        )
      )
      (1): Bottleneck (
        (conv1): Conv2d(512, 128, kernel_size=(1, 1), stride=(1, 1),
bias=False)
        (bn1): BatchNorm2d(128, eps=1e-05, momentum=0.1, affine=True)
        (conv2): Conv2d(128, 128, kernel_size=(3, 3), stride=(1, 1), padding=(1,
1), bias=False)
        (bn2): BatchNorm2d(128, eps=1e-05, momentum=0.1, affine=True)
        (conv3): Conv2d(128, 512, kernel_size=(1, 1), stride=(1, 1),
bias=False)
        (bn3): BatchNorm2d(512, eps=1e-05, momentum=0.1, affine=True)
        (relu): ReLU (inplace)
      )
      (2): Bottleneck (
        (conv1): Conv2d(512, 128, kernel_size=(1, 1), stride=(1, 1),
bias=False)
        (bn1): BatchNorm2d(128, eps=1e-05, momentum=0.1, affine=True)
```

```
        (conv2): Conv2d(128, 128, kernel_size=(3, 3), stride=(1, 1), padding=(1,
1), bias=False)
        (bn2): BatchNorm2d(128, eps=1e-05, momentum=0.1, affine=True)
        (conv3): Conv2d(128, 512, kernel_size=(1, 1), stride=(1, 1),
bias=False)
        (bn3): BatchNorm2d(512, eps=1e-05, momentum=0.1, affine=True)
        (relu): ReLU (inplace)
      )
      (3): Bottleneck (
        (conv1): Conv2d(512, 128, kernel_size=(1, 1), stride=(1, 1),
bias=False)
        (bn1): BatchNorm2d(128, eps=1e-05, momentum=0.1, affine=True)
        (conv2): Conv2d(128, 128, kernel_size=(3, 3), stride=(1, 1), padding=(1,
1), bias=False)
        (bn2): BatchNorm2d(128, eps=1e-05, momentum=0.1, affine=True)
        (conv3): Conv2d(128, 512, kernel_size=(1, 1), stride=(1, 1),
bias=False)
        (bn3): BatchNorm2d(512, eps=1e-05, momentum=0.1, affine=True)
        (relu): ReLU (inplace)
      )
    )
    (layer3): Sequential (
      (0): Bottleneck (
        (conv1): Conv2d(512, 256, kernel_size=(1, 1), stride=(1, 1),
bias=False)
        (bn1): BatchNorm2d(256, eps=1e-05, momentum=0.1, affine=True)
        (conv2): Conv2d(256, 256, kernel_size=(3, 3), stride=(2, 2), padding=(1,
1), bias=False)
        (bn2): BatchNorm2d(256, eps=1e-05, momentum=0.1, affine=True)
        (conv3): Conv2d(256, 1024, kernel_size=(1, 1), stride=(1, 1),
bias=False)
        (bn3): BatchNorm2d(1024, eps=1e-05, momentum=0.1, affine=True)
        (relu): ReLU (inplace)
        (downsample): Sequential (
          (0): Conv2d(512, 1024, kernel_size=(1, 1), stride=(2, 2), bias=False)
          (1): BatchNorm2d(1024, eps=1e-05, momentum=0.1, affine=True)
        )
      )
      (1): Bottleneck (
        (conv1): Conv2d(1024, 256, kernel_size=(1, 1), stride=(1, 1),
```

```
bias=False)
        (bn1): BatchNorm2d(256, eps=1e-05, momentum=0.1, affine=True)
        (conv2): Conv2d(256, 256, kernel_size=(3, 3), stride=(1, 1), padding=(1,
1), bias=False)
        (bn2): BatchNorm2d(256, eps=1e-05, momentum=0.1, affine=True)
        (conv3): Conv2d(256, 1024, kernel_size=(1, 1), stride=(1, 1),
bias=False)
        (bn3): BatchNorm2d(1024, eps=1e-05, momentum=0.1, affine=True)
        (relu): ReLU (inplace)
      )
      (2): Bottleneck (
        (conv1): Conv2d(1024, 256, kernel_size=(1, 1), stride=(1, 1),
bias=False)
        (bn1): BatchNorm2d(256, eps=1e-05, momentum=0.1, affine=True)
        (conv2): Conv2d(256, 256, kernel_size=(3, 3), stride=(1, 1), padding=(1,
1), bias=False)
        (bn2): BatchNorm2d(256, eps=1e-05, momentum=0.1, affine=True)
        (conv3): Conv2d(256, 1024, kernel_size=(1, 1), stride=(1, 1),
bias=False)
        (bn3): BatchNorm2d(1024, eps=1e-05, momentum=0.1, affine=True)
        (relu): ReLU (inplace)
      )
      (3): Bottleneck (
        (conv1): Conv2d(1024, 256, kernel_size=(1, 1), stride=(1, 1),
bias=False)
        (bn1): BatchNorm2d(256, eps=1e-05, momentum=0.1, affine=True)
        (conv2): Conv2d(256, 256, kernel_size=(3, 3), stride=(1, 1), padding=(1,
1), bias=False)
        (bn2): BatchNorm2d(256, eps=1e-05, momentum=0.1, affine=True)
        (conv3): Conv2d(256, 1024, kernel_size=(1, 1), stride=(1, 1),
bias=False)
        (bn3): BatchNorm2d(1024, eps=1e-05, momentum=0.1, affine=True)
        (relu): ReLU (inplace)
      )
      (4): Bottleneck (
        (conv1): Conv2d(1024, 256, kernel_size=(1, 1), stride=(1, 1),
bias=False)
        (bn1): BatchNorm2d(256, eps=1e-05, momentum=0.1, affine=True)
        (conv2): Conv2d(256, 256, kernel_size=(3, 3), stride=(1, 1), padding=(1,
1), bias=False)
```

```
        (bn2): BatchNorm2d(256, eps=1e-05, momentum=0.1, affine=True)
        (conv3): Conv2d(256, 1024, kernel_size=(1, 1), stride=(1, 1),
bias=False)
        (bn3): BatchNorm2d(1024, eps=1e-05, momentum=0.1, affine=True)
        (relu): ReLU (inplace)
      )
      (5): Bottleneck (
        (conv1): Conv2d(1024, 256, kernel_size=(1, 1), stride=(1, 1),
bias=False)
        (bn1): BatchNorm2d(256, eps=1e-05, momentum=0.1, affine=True)
        (conv2):Conv2d(256, 256, kernel_size=(3, 3), stride=(1, 1), padding=(1,
1), bias=False)
        (bn2): BatchNorm2d(256, eps=1e-05, momentum=0.1, affine=True)
        (conv3): Conv2d(256, 1024, kernel_size=(1, 1), stride=(1, 1),
bias=False)
        (bn3): BatchNorm2d(1024, eps=1e-05, momentum=0.1, affine=True)
        (relu): ReLU (inplace)
      )
    )
    (layer4): Sequential (
      (0): Bottleneck (
        (conv1): Conv2d(1024, 512, kernel_size=(1, 1), stride=(1, 1),
bias=False)
        (bn1): BatchNorm2d(512, eps=1e-05, momentum=0.1, affine=True)
        (conv2):Conv2d(512, 512, kernel_size=(3, 3), stride=(2, 2), padding=(1,
1), bias=False)
        (bn2): BatchNorm2d(512, eps=1e-05, momentum=0.1, affine=True)
        (conv3): Conv2d(512, 2048, kernel_size=(1, 1), stride=(1, 1),
bias=False)
        (bn3): BatchNorm2d(2048, eps=1e-05, momentum=0.1, affine=True)
        (relu): ReLU (inplace)
        (downsample): Sequential (
          (0): Conv2d(1024, 2048, kernel_size=(1, 1), stride=(2, 2),
bias=False)
          (1): BatchNorm2d(2048, eps=1e-05, momentum=0.1, affine=True)
        )
      )
      (1): Bottleneck (
        (conv1): Conv2d(2048, 512, kernel_size=(1, 1), stride=(1, 1),
bias=False)
```

```
        (bn1): BatchNorm2d(512, eps=1e-05, momentum=0.1, affine=True)
        (conv2): Conv2d(512, 512, kernel_size=(3, 3), stride=(1, 1), padding=(1,
1), bias=False)
        (bn2): BatchNorm2d(512, eps=1e-05, momentum=0.1, affine=True)
        (conv3): Conv2d(512, 2048, kernel_size=(1, 1), stride=(1, 1),
bias=False)
        (bn3): BatchNorm2d(2048, eps=1e-05, momentum=0.1, affine=True)
        (relu): ReLU (inplace)
      )
      (2): Bottleneck (
        (conv1): Conv2d(2048, 512, kernel_size=(1, 1), stride=(1, 1),
bias=False)
        (bn1): BatchNorm2d(512, eps=1e-05, momentum=0.1, affine=True)
        (conv2): Conv2d(512, 512, kernel_size=(3, 3), stride=(1, 1), padding=(1,
1), bias=False)
        (bn2): BatchNorm2d(512, eps=1e-05, momentum=0.1, affine=True)
        (conv3): Conv2d(512, 2048, kernel_size=(1, 1), stride=(1, 1),
bias=False)
        (bn3): BatchNorm2d(2048, eps=1e-05, momentum=0.1, affine=True)
        (relu): ReLU (inplace)
      )
    )
    (avgpool): AvgPool2d (size=7, stride=7, padding=0, ceil_mode=False,
count_include_pad=True)
    (fc): Linear (2048 -> 1000)
  )
```

同之前迁移 VGG16 模型一样，我们需要对 ResNet50 的全连接层部分进行调整，代码调整如下：

```
for parma in model.parameters():
    parma.requires_grad = False

model.fc = torch.nn.Linear(2048, 2)
```

因为 ResNet50 中的全连接层只有一层，所以对代码的调整非常简单，在调整完成后再次将模型结构进行打印输出，来对比与模型调整之前的差异，结果如下：

```
ResNet (
  (conv1): Conv2d(3, 64, kernel_size=(7, 7), stride=(2, 2), padding=(3, 3),
bias=False)
```

```
      (bn1): BatchNorm2d(64, eps=1e-05, momentum=0.1, affine=True)
      (relu): ReLU (inplace)
      (maxpool): MaxPool2d (size=(3, 3), stride=(2, 2), padding=(1, 1),
dilation=(1, 1))
      (layer1): Sequential (
        (0): Bottleneck (
          (conv1): Conv2d(64, 64, kernel_size=(1, 1), stride=(1, 1), bias=False)
          (bn1): BatchNorm2d(64, eps=1e-05, momentum=0.1, affine=True)
          (conv2): Conv2d(64, 64, kernel_size=(3, 3), stride=(1, 1), padding=(1,
1), bias=False)
          (bn2): BatchNorm2d(64, eps=1e-05, momentum=0.1, affine=True)
          (conv3): Conv2d(64, 256, kernel_size=(1, 1), stride=(1, 1), bias=False)
          (bn3): BatchNorm2d(256, eps=1e-05, momentum=0.1, affine=True)
          (relu): ReLU (inplace)
          (downsample): Sequential (
            (0): Conv2d(64, 256, kernel_size=(1, 1), stride=(1, 1), bias=False)
            (1): BatchNorm2d(256, eps=1e-05, momentum=0.1, affine=True)
          )
        )
        (1): Bottleneck (
          (conv1): Conv2d(256, 64, kernel_size=(1, 1), stride=(1, 1), bias=False)
          (bn1): BatchNorm2d(64, eps=1e-05, momentum=0.1, affine=True)
          (conv2): Conv2d(64, 64, kernel_size=(3, 3), stride=(1, 1), padding=(1,
1), bias=False)
          (bn2): BatchNorm2d(64, eps=1e-05, momentum=0.1, affine=True)
          (conv3): Conv2d(64, 256, kernel_size=(1, 1), stride=(1, 1), bias=False)
          (bn3): BatchNorm2d(256, eps=1e-05, momentum=0.1, affine=True)
          (relu): ReLU (inplace)
        )
        (2): Bottleneck (
          (conv1): Conv2d(256, 64, kernel_size=(1, 1), stride=(1, 1), bias=False)
          (bn1): BatchNorm2d(64, eps=1e-05, momentum=0.1, affine=True)
          (conv2): Conv2d(64, 64, kernel_size=(3, 3), stride=(1, 1), padding=(1,
1), bias=False)
          (bn2): BatchNorm2d(64, eps=1e-05, momentum=0.1, affine=True)
          (conv3): Conv2d(64, 256, kernel_size=(1, 1), stride=(1, 1), bias=False)
          (bn3): BatchNorm2d(256, eps=1e-05, momentum=0.1, affine=True)
          (relu): ReLU (inplace)
        )
      )
```

```
    (layer2): Sequential (
      (0): Bottleneck (
        (conv1): Conv2d(256, 128, kernel_size=(1, 1), stride=(1, 1),
bias=False)
        (bn1): BatchNorm2d(128, eps=1e-05, momentum=0.1, affine=True)
        (conv2): Conv2d(128, 128, kernel_size=(3, 3), stride=(2, 2), padding=(1,
1), bias=False)
        (bn2): BatchNorm2d(128, eps=1e-05, momentum=0.1, affine=True)
        (conv3): Conv2d(128, 512, kernel_size=(1, 1), stride=(1, 1),
bias=False)
        (bn3): BatchNorm2d(512, eps=1e-05, momentum=0.1, affine=True)
        (relu): ReLU (inplace)
        (downsample): Sequential (
          (0): Conv2d(256, 512, kernel_size=(1, 1), stride=(2, 2), bias=False)
          (1): BatchNorm2d(512, eps=1e-05, momentum=0.1, affine=True)
        )
      )
      (1): Bottleneck (
        (conv1): Conv2d(512, 128, kernel_size=(1, 1), stride=(1, 1),
bias=False)
        (bn1): BatchNorm2d(128, eps=1e-05, momentum=0.1, affine=True)
        (conv2): Conv2d(128, 128, kernel_size=(3, 3), stride=(1, 1), padding=(1,
1), bias=False)
        (bn2): BatchNorm2d(128, eps=1e-05, momentum=0.1, affine=True)
        (conv3): Conv2d(128, 512, kernel_size=(1, 1), stride=(1, 1),
bias=False)
        (bn3): BatchNorm2d(512, eps=1e-05, momentum=0.1, affine=True)
        (relu): ReLU (inplace)
      )
      (2): Bottleneck (
        (conv1): Conv2d(512, 128, kernel_size=(1, 1), stride=(1, 1),
bias=False)
        (bn1): BatchNorm2d(128, eps=1e-05, momentum=0.1, affine=True)
        (conv2): Conv2d(128, 128, kernel_size=(3, 3), stride=(1, 1), padding=(1,
1), bias=False)
        (bn2): BatchNorm2d(128, eps=1e-05, momentum=0.1, affine=True)
        (conv3): Conv2d(128, 512, kernel_size=(1, 1), stride=(1, 1),
bias=False)
        (bn3): BatchNorm2d(512, eps=1e-05, momentum=0.1, affine=True)
        (relu): ReLU (inplace)
```

```
      )
      (3): Bottleneck (
        (conv1): Conv2d(512, 128, kernel_size=(1, 1), stride=(1, 1),
bias=False)
        (bn1): BatchNorm2d(128, eps=1e-05, momentum=0.1, affine=True)
        (conv2):Conv2d(128, 128, kernel_size=(3, 3), stride=(1, 1), padding=(1,
1), bias=False)
        (bn2): BatchNorm2d(128, eps=1e-05, momentum=0.1, affine=True)
        (conv3): Conv2d(128, 512, kernel_size=(1, 1), stride=(1, 1),
bias=False)
        (bn3): BatchNorm2d(512, eps=1e-05, momentum=0.1, affine=True)
        (relu): ReLU (inplace)
      )
    )
    (layer3): Sequential (
      (0): Bottleneck (
        (conv1): Conv2d(512, 256, kernel_size=(1, 1), stride=(1, 1),
bias=False)
        (bn1): BatchNorm2d(256, eps=1e-05, momentum=0.1, affine=True)
        (conv2):Conv2d(256, 256, kernel_size=(3, 3), stride=(2, 2), padding=(1,
1), bias=False)
        (bn2): BatchNorm2d(256, eps=1e-05, momentum=0.1, affine=True)
        (conv3): Conv2d(256, 1024, kernel_size=(1, 1), stride=(1, 1),
bias=False)
        (bn3): BatchNorm2d(1024, eps=1e-05, momentum=0.1, affine=True)
        (relu): ReLU (inplace)
        (downsample): Sequential (
          (0):Conv2d(512, 1024, kernel_size=(1, 1), stride=(2, 2), bias=False)
          (1): BatchNorm2d(1024, eps=1e-05, momentum=0.1, affine=True)
        )
      )
      (1): Bottleneck (
        (conv1): Conv2d(1024, 256, kernel_size=(1, 1), stride=(1, 1),
bias=False)
        (bn1): BatchNorm2d(256, eps=1e-05, momentum=0.1, affine=True)
        (conv2):Conv2d(256, 256, kernel_size=(3, 3), stride=(1, 1), padding=(1,
1), bias=False)
        (bn2): BatchNorm2d(256, eps=1e-05, momentum=0.1, affine=True)
        (conv3): Conv2d(256, 1024, kernel_size=(1, 1), stride=(1, 1),
bias=False)
```

```
      (bn3): BatchNorm2d(1024, eps=1e-05, momentum=0.1, affine=True)
      (relu): ReLU (inplace)
    )
    (2): Bottleneck (
      (conv1): Conv2d(1024, 256, kernel_size=(1, 1), stride=(1, 1),
bias=False)
      (bn1): BatchNorm2d(256, eps=1e-05, momentum=0.1, affine=True)
      (conv2): Conv2d(256, 256, kernel_size=(3, 3), stride=(1, 1), padding=(1,
1), bias=False)
      (bn2): BatchNorm2d(256, eps=1e-05, momentum=0.1, affine=True)
      (conv3): Conv2d(256, 1024, kernel_size=(1, 1), stride=(1, 1),
bias=False)
      (bn3): BatchNorm2d(1024, eps=1e-05, momentum=0.1, affine=True)
      (relu): ReLU (inplace)
    )
    (3): Bottleneck (
      (conv1): Conv2d(1024, 256, kernel_size=(1, 1), stride=(1, 1),
bias=False)
      (bn1): BatchNorm2d(256, eps=1e-05, momentum=0.1, affine=True)
      (conv2): Conv2d(256, 256, kernel_size=(3, 3), stride=(1, 1), padding=(1,
1), bias=False)
      (bn2): BatchNorm2d(256, eps=1e-05, momentum=0.1, affine=True)
      (conv3): Conv2d(256, 1024, kernel_size=(1, 1), stride=(1, 1),
bias=False)
      (bn3): BatchNorm2d(1024, eps=1e-05, momentum=0.1, affine=True)
      (relu): ReLU (inplace)
    )
    (4): Bottleneck (
      (conv1): Conv2d(1024, 256, kernel_size=(1, 1), stride=(1, 1),
bias=False)
      (bn1): BatchNorm2d(256, eps=1e-05, momentum=0.1, affine=True)
      (conv2): Conv2d(256, 256, kernel_size=(3, 3), stride=(1, 1), padding=(1,
1), bias=False)
      (bn2): BatchNorm2d(256, eps=1e-05, momentum=0.1, affine=True)
      (conv3): Conv2d(256, 1024, kernel_size=(1, 1), stride=(1, 1),
bias=False)
      (bn3): BatchNorm2d(1024, eps=1e-05, momentum=0.1, affine=True)
      (relu): ReLU (inplace)
    )
    (5): Bottleneck (
```

```
        (conv1): Conv2d(1024, 256, kernel_size=(1, 1), stride=(1, 1),
bias=False)
        (bn1): BatchNorm2d(256, eps=1e-05, momentum=0.1, affine=True)
        (conv2): Conv2d(256, 256, kernel_size=(3, 3), stride=(1, 1), padding=(1,
1), bias=False)
        (bn2): BatchNorm2d(256, eps=1e-05, momentum=0.1, affine=True)
        (conv3): Conv2d(256, 1024, kernel_size=(1, 1), stride=(1, 1),
bias=False)
        (bn3): BatchNorm2d(1024, eps=1e-05, momentum=0.1, affine=True)
        (relu): ReLU (inplace)
      )
    )
    (layer4): Sequential (
      (0): Bottleneck (
        (conv1): Conv2d(1024, 512, kernel_size=(1, 1), stride=(1, 1),
bias=False)
        (bn1): BatchNorm2d(512, eps=1e-05, momentum=0.1, affine=True)
        (conv2): Conv2d(512, 512, kernel_size=(3, 3), stride=(2, 2), padding=(1,
1), bias=False)
        (bn2): BatchNorm2d(512, eps=1e-05, momentum=0.1, affine=True)
        (conv3): Conv2d(512, 2048, kernel_size=(1, 1), stride=(1, 1),
bias=False)
        (bn3): BatchNorm2d(2048, eps=1e-05, momentum=0.1, affine=True)
        (relu): ReLU (inplace)
        (downsample): Sequential (
          (0): Conv2d(1024, 2048, kernel_size=(1, 1), stride=(2, 2),
bias=False)
          (1): BatchNorm2d(2048, eps=1e-05, momentum=0.1, affine=True)
        )
      )
      (1): Bottleneck (
        (conv1): Conv2d(2048, 512, kernel_size=(1, 1), stride=(1, 1),
bias=False)
        (bn1): BatchNorm2d(512, eps=1e-05, momentum=0.1, affine=True)
        (conv2): Conv2d(512, 512, kernel_size=(3, 3), stride=(1, 1), padding=(1,
1), bias=False)
        (bn2): BatchNorm2d(512, eps=1e-05, momentum=0.1, affine=True)
        (conv3): Conv2d(512, 2048, kernel_size=(1, 1), stride=(1, 1),
bias=False)
        (bn3): BatchNorm2d(2048, eps=1e-05, momentum=0.1, affine=True)
```

```
        (relu): ReLU (inplace)
      )
      (2): Bottleneck (
        (conv1): Conv2d(2048, 512, kernel_size=(1, 1), stride=(1, 1),
bias=False)
        (bn1): BatchNorm2d(512, eps=1e-05, momentum=0.1, affine=True)
        (conv2): Conv2d(512, 512, kernel_size=(3, 3), stride=(1, 1), padding=(1,
1), bias=False)
        (bn2): BatchNorm2d(512, eps=1e-05, momentum=0.1, affine=True)
        (conv3): Conv2d(512, 2048, kernel_size=(1, 1), stride=(1, 1),
bias=False)
        (bn3): BatchNorm2d(2048, eps=1e-05, momentum=0.1, affine=True)
        (relu): ReLU (inplace)
      )
    )
    (avgpool): AvgPool2d (size=7, stride=7, padding=0, ceil_mode=False,
count_include_pad=True)
    (fc): Linear (2048 -> 2)
  )
```

同样，仅仅是最后一部分全连接层有差异，对迁移得到的模型进行 5 次训练，最终的结果如下：

```
Epoch 0/4
----------
Training...
Batch 500, Train Loss:0.5712, Train ACC:78.2500
Batch 1000, Train Loss:0.4793, Train ACC:86.0062
train Loss:0.4453 Acc:87.7950%
Validing...
valid Loss:0.2673 Acc:96.5400%
Epoch 1/4
----------
Training...
Batch 500, Train Loss:0.2686, Train ACC:95.0500
Batch 1000, Train Loss:0.2512, Train ACC:95.1750
train Loss:0.2427 Acc:95.2950%
Validing...
valid Loss:0.1685 Acc:97.3200%
Epoch 2/4
```

```
----------
Training...
Batch 500, Train Loss:0.1950, Train ACC:95.7250
Batch 1000, Train Loss:0.1851, Train ACC:95.7313
train Loss:0.1807 Acc:95.7850%
Validing...
valid Loss:0.1355 Acc:97.1800%
Epoch 3/4
----------
Training...
Batch 500, Train Loss:0.1577, Train ACC:95.6625
Batch 1000, Train Loss:0.1540, Train ACC:95.8000
train Loss:0.1522 Acc:95.8050%
Validing...
valid Loss:0.1176 Acc:97.1400%
Epoch 4/4
----------
Training...
Batch 500, Train Loss:0.1404, Train ACC:95.8250
Batch 1000, Train Loss:0.1363, Train ACC:95.9188
train Loss:0.1349 Acc:95.8950%
Validing...
valid Loss:0.0929 Acc:97.7400%
622.2203216552734
```

可以看到，准确率同样非常理想，和我们之前迁移学习得到的 VGG16 模型相比在模型预测的准确率上相差不大。

如下是对 ResNet50 进行迁移学习的完整代码实现：

```
import torch
import torchvision
from torchvision import  datasets, models, transforms
import os
from torch.autograd import Variable
import matplotlib.pyplot as plt
import time

%matplotlib inline

data_dir = "DogsVSCats"
```

```
    data_transform = {x:transforms.Compose([transforms.Scale([224,224]),
                                    transforms.ToTensor(),
                                    transforms.Normalize(mean=[0.5,0.5,0.5],
std=[0.5,0.5,0.5])])
                    for x in ["train", "valid"]}

    image_datasets = {x:datasets.ImageFolder(root = os.path.join(data_dir,x),
                                             transform = data_transform[x])
                    for x in ["train", "valid"]}

    dataloader = {x:torch.utils.data.DataLoader(dataset= image_datasets[x],
                                                batch_size = 16,
                                                shuffle = True)
                    for x in ["train", "valid"]}

    X_example, y_example = next(iter(dataloader["train"]))
    example_clasees = image_datasets["train"].classes
    index_classes = image_datasets["train"].class_to_idx

    model = models.resnet50(pretrained=True)

    Use_gpu = torch.cuda.is_available()

    for parma in model.parameters():
        parma.requires_grad = False

    model.fc = torch.nn.Linear(2048, 2)

    if Use_gpu:
        model = model.cuda()

    cost = torch.nn.CrossEntropyLoss()
    optimizer = torch.optim.Adam(model.fc.parameters())

    loss_f = torch.nn.CrossEntropyLoss()
    optimizer = torch.optim.Adam(model.fc.parameters(), lr = 0.00001)

    epoch_n = 5
    time_open = time.time()

    for epoch in range(epoch_n):
```

```
    print("Epoch {}/{}".format(epoch, epoch_n - 1))
    print("-"*10)

    for phase in ["train", "valid"]:
        if phase == "train":
            print("Training...")
            model.train(True)
        else:
            print("Validing...")
            model.train(False)

        running_loss = 0.0
        running_corrects = 0

        for batch, data in enumerate(dataloader[phase], 1):
            X, y = data
            if Use_gpu:
                X, y = Variable(X.cuda()), Variable(y.cuda())
            else:
                X, y = Variable(X), Variable(y)

            y_pred = model(X)

            _, pred = torch.max(y_pred.data, 1)

            optimizer.zero_grad()

            loss = loss_f(y_pred, y)

            if phase == "train":
                loss.backward()
                optimizer.step()

            running_loss += loss.data[0]
            running_corrects += torch.sum(pred == y.data)

            if batch%500 == 0 and phase =="train":
                print("Batch {}, Train Loss:{:.4f}, Train ACC:{:.4f}".format(
                      batch, running_loss/batch,
100*running_corrects/(16*batch)))
```

```
            epoch_loss = running_loss*16/len(image_datasets[phase])
            epoch_acc = 100*running_corrects/len(image_datasets[phase])

            print("{} Loss:{:.4f} Acc:{:.4f}%".format(phase, epoch_loss,
epoch_acc))
    time_end = time.time() - time_open
    print(time_end)
```

7.4 小结

我们通过学习本章发现，GPUs 在深度学习的计算优化过程中效率明显高于 CPU；迁移学习非常强大，能快速解决同类问题，对于类似的问题不用再从头到尾对模型的全部参数进行优化。我们对于复杂模型的参数优化可能需要数周，采用迁移学习的思路能大大节约时间成本。当然，如果模型的训练结果不很理想，则还可以训练更多的模型层次，优化更多的模型参数，而不是盲目地从头训练。也许正是这些优点使迁移学习得到了广泛应用。

第 8 章

图像风格迁移实战

本章将完成一个有趣的应用，基于卷积神经网络实现图像风格迁移（Style Transfer）。和之前基于卷积神经网络的图像分类有所不同，这次是神经网络与艺术的碰撞，再一次证明卷积神经网络对图像特征的提取是如此给力。神经网络和艺术的结合不仅是技术领域的创新，还在艺术领域引起了相关人员的高度关注。基于神经网络图像风格迁移的技术也被集成到了相关的应用软件中，吸引了大量的用户参与和体验。下面先来了解一下图像风格迁移技术的原理和实现方法。

8.1 风格迁移入门

其实在现实生活中有很多人都在使用与图像风格迁移技术相关的 App，比如在一些 App 中，我们可以选择一张自己喜欢的照片，然后与一些其他风格的图片进行融合，将我们原始照片的风格进行转变，如图 8-1 所示。

总的来说，图像风格迁移算法的实现逻辑并不复杂，我们首先选取一幅图像作为基准图像，也可将其叫作内容图像，然后选取另一幅或多幅图像作为我们希望获取相应风格的图像，也可将其叫作风格图像。图像风格迁移的算法就是在保证内容图像的内容完整性的前提下，将风格图像的风格融入内容图像中，使得内容图像的原始风格最后发生了转变，最终的输出图像呈现的将是输入的内容图像的内容和风格图像风格之间的理想融合。当然，如果我们选取的风格图像的风格非常突出，那么最后得到的合成图像的风格和原始图像相比，会有明显的差异。

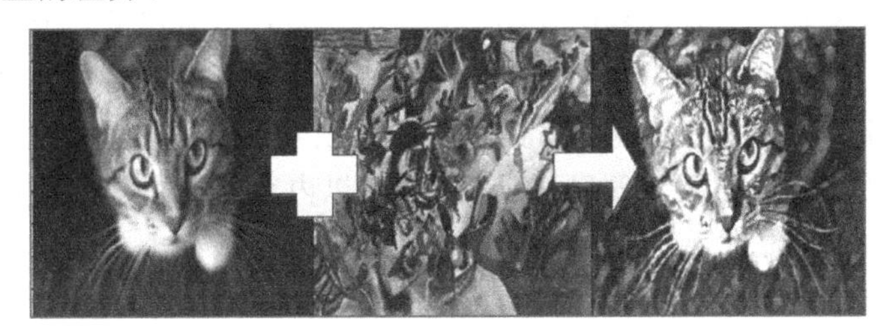

图 8-1

所以，图像风格迁移实现的难点就是如何有效地提取一张图像的风格。和传统的图像风格提取方法不同，我们在基于神经网络的图像风格迁移算法中使用卷积神经网络来完成对图像风格的提取。我们已经在之前的实践中领教过卷积神经网络的强大：我们通过卷积神经网络中的卷积方法获取输入图像的重要特征，最后对提取到的特征进行组合，实现了对图片的分类。

其实，图像风格迁移成功与否对于不同的人而言评判标准也存在很大的差异，所以在数学上也并没有对怎样才算完成了图像风格迁移做出严格的定义。图像的风格包含了丰富的内容，比如图像的颜色、图像的纹理、图像的线条、图像本身想要表达的内在含义，等等。对于普通人而言，若他们觉得两种图像在某些特征上看起来很相似，就会认为它们属于同一个风格体系；但是对于专业人士而言，他们更关注图像深层次的境界是否相同。所以图像风格是否完成了迁移也和每个人的认知相关，我们在实例中更注重图像在视觉的展现上是否完成了风格迁移。

其实早在 20 世纪初就有很多学者开始研究图像风格迁移了，当时更多的是通过获取风格图像的纹理、颜色、边角之类的特征来完成风格迁移，更高级一些的通过结合数学中各种图像变换的统计方法来完成风格迁移，不过最后的效果都不理想。直到 2015 年以后，受到深度神经网络在计算机视觉领域的优异表现的启发，人们借助卷积神经网络中强大的图像特征提取功能，让图像风格迁移的问题得到了看似更好的解决。

8.2 PyTorch 图像风格迁移实战

首先，我们需要获取一张内容图片和一张风格图片；然后定义两个度量值，一个度量叫作内容度量值，另一个度量叫作风格度量值，其中的内容度量值用于衡量图片之间的内容差异程度，风格度量值用于衡量图片之间的风格差异程度；最后，建立神经网络模型，对内容图片中的内容和风格图片的风格进行提取，以内容图片为基准将其输入建立的模型中，并不断调整内容度量值和风格度量值，让它们趋近于最小，最后输出的图片就是内容与风格融合的图片。

8.2.1 图像的内容损失

内容度量值可以使用均方误差作为损失函数，在代码中定义的图像内容损失如下：

```
class Content_loss(torch.nn.Module):
    def __init__(self, weight, target):
        super(Content_loss, self).__init__()
        self.weight = weight
        self.target = target.detach()*weight
        self.loss_fn = torch.nn.MSELoss()

    def forward(self, input):
        self.loss = self.loss_fn(input*self.weight, self.target)
        return input

    def backward(self):
        self.loss.backward(retain_graph = True)
        return self.loss
```

以上代码中的 target 是通过卷积获取到的输入图像中的内容；weight 是我们设置的一个权重参数，用来控制内容和风格对最后合成图像的影响程度；input 代表输入图像，target.detach()用于对提取到的内容进行锁定，不需要进行梯度；forward 函数用于计算输入图像和内容图像之间的损失值；backward 函数根据计算得到的损失值进行后向传播，并返回损失值。

8.2.2 图像的风格损失

风格度量同样使用均方误差作为损失函数，代码如下：

```
class Style_loss(torch.nn.Module):
    def __init__(self, weight, target):
        super(Style_loss, self).__init__()
        self.weight = weight
        self.target = target.detach()*weight
        self.loss_fn = torch.nn.MSELoss()
        self.gram = Gram_matrix()

    def forward(self, input):
        self.Gram = self.gram(input.clone())
        self.Gram.mul_(self.weight)
        self.loss = self.loss_fn(self.Gram, self.target)
        return input

    def backward(self):
        self.loss.backward(retain_graph = True)
        return self.loss
```

风格损失计算的代码基本和内容损失计算的代码相似，不同之处是在代码中引入了一个 Gram_matrix 类定义的实例参与风格损失的计算，这个类的代码如下：

```
class Gram_matrix(torch.nn.Module):
    def forward(self, input):
        a,b,c,d = input.size()
        feature = input.view(a*b, c*d)
        gram = torch.mm(feature, feature.t())
        return gram.div(a*b*c*d)
```

以上代码实现的是格拉姆矩阵（Gram matrix）的功能。我们通过卷积神经网络提取了风格图片的风格，这些风格其实是由数字组成的，数字的大小代表了图片中风格的突出程度，而 Gram 矩阵是矩阵的内积运算，在运算过后输入到该矩阵的特征图中的大的数字会变得更大，这就相当于图片的风格被放大了，放大的风格再参与损失计算，便能够对最后的合成图片产生更大的影响。

8.2.3 模型搭建和参数优化

在定义好内容损失和风格损失的计算方法之后，我们还需要搭建一个自定义的模型，并将这两部分内容融入模型中。我们首先要做的是迁移一个卷积神经网络的特征提取部分，即卷积相关的部分，代码如下：

```
cnn = models.vgg16(pretrained=True).features

content_layer = ["Conv_3"]

style_layer = ["Conv_1", "Conv_2", "Conv_3", "Conv_4"]

content_losses = []
style_losses = []

conten_weight = 1
style_weight = 1000
```

在以上代码中首先迁移了一个 VGG16 架构的卷积神经网络模型的特征提取部分，然后定义了 content_layer 和 style_layer，分别指定了我们需要在整个卷积过程中的哪一层提取内容，以及在哪一层提取风格。content_losses 和 style_losses 是两个用于保存内容损失和风格损失的列表；conten_weight 和 style_weight 指定了内容损失和风格损失对我们最后得到的融合图片的影响权重。

搭建图像风格迁移模型的代码如下：

```
new_model = torch.nn.Sequential()
model = copy.deepcopy(cnn)
gram = gram_matrix()

if use_gpu:
    new_model = new_model.cuda()
    gram = gram.cuda()

index = 1
for layer in list(model)[:8]:
    if isinstance(layer, torch.nn.Conv2d):
        name = "Conv_"+str(index)
        new_model.add_module(name, layer)
        if name in content_layer:
            target = new_model(content_img).clone()
```

```
            content_loss = Content_loss(conten_weight, target)
            new_model.add_module("content_loss_"+str(index), content_loss)
            content_losses.append(content_loss)

        if name in style_layer:
            target = new_model(style_img).clone()
            target = gram(target)
            style_loss = Style_loss(style_weight, target)
            new_model.add_module("style_loss_"+str(index), style_loss)
            style_losses.append(style_loss)

    if isinstance(layer, torch.nn.ReLU):
        name = "Relu_"+str(index)
        new_model.add_module(name, layer)
        index = index+1

    if isinstance(layer, torch.nn.MaxPool2d):
        name = "MaxPool_"+str(index)
        new_model.add_module(name, layer)
```

在以上代码中，for layer in list(model)[:8]指明了我们仅仅用到迁移模型特征提取部分的前 8 层，因为我们的内容提取和风格提取在前 8 层就已经完成了。然后建立一个空的模型，使用 torch.nn.Module 类的 add_module 方法向空的模型中加入指定的层次模块，最后得到我们自定义的图像风格迁移模型。add_module 方法传递的参数分别是层次的名字和模块，该模块是使用 isinstance 实例检测函数得到的，而名字是对应的层次。在定义好模型之后对其进行打印输出，输出的结果如下：

```
    Sequential (
      (Conv_1): Conv2d(3, 64, kernel_size=(3, 3), stride=(1, 1), padding=(1, 1))
      (style_loss_1): Style_loss (
        (loss_fn): MSELoss (
        )
        (gram): Gram_matrix (
        )
      )
      (Relu_1): ReLU (inplace)
      (Conv_2): Conv2d(64, 64, kernel_size=(3, 3), stride=(1, 1), padding=(1,
1))
      (style_loss_2): Style_loss (
        (loss_fn): MSELoss (
        )
```

```
      (gram): Gram_matrix (
      )
    )
    (Relu_2): ReLU (inplace)
    (MaxPool_3): MaxPool2d (size=(2, 2), stride=(2, 2), dilation=(1, 1))
    (Conv_3): Conv2d(64, 128, kernel_size=(3, 3), stride=(1, 1), padding=(1,
1))
    (content_loss_3): Content_loss (
      (loss_fn): MSELoss (
      )
    )
    (style_loss_3): Style_loss (
      (loss_fn): MSELoss (
      )
      (gram): Gram_matrix (
      )
    )
    (Relu_3): ReLU (inplace)
    (Conv_4): Conv2d(128, 128, kernel_size=(3, 3), stride=(1, 1), padding=(1,
1))
    (style_loss_4): Style_loss (
      (loss_fn): MSELoss (
      )
      (gram): Gram_matrix (
      )
    )
  )
```

接下来就是参数优化部分的代码：

```
input_img = content_img.clone()
parameter = torch.nn.Parameter(input_img.data)
optimizer = torch.optim.LBFGS([parameter])
```

在以上代码中使用的优化函数是 torch.optim.LBFGS，原因是在这个模型中需要优化的损失值有多个并且规模较大，使用该优化函数可以取得更好的效果。

8.2.4 训练新定义的卷积神经网络

在完成模型的搭建和优化函数的定义后，就可以开始进行模型的训练和参数的优化了，代码如下：

```
epoch_n = 300

epoch = [0]
while epoch[0] <= epoch_n:

    def closure():
        optimizer.zero_grad()
        style_score = 0
        content_score = 0
        parameter.data.clamp_(0,1)
        new_model(parameter)
        for sl in style_losses:
            style_score += sl.backward()

        for cl in content_losses:
            content_score += cl.backward()

        epoch[0] += 1
        if epoch[0] % 50 == 0:
            print('Epoch:{} Style Loss: {:4f} Content Loss:{:4f}'.format
(epoch[0],
                style_score.data[0], content_score.data[0]))

        return style_score+content_score

    optimizer.step(closure)
```

我们定义了训练次数为 300 次，使用 sl.backward 和 cl.backward 实现了前向传播和后向传播算法。每进行 50 次训练，便对损失值进行一次打印输出，最后的输出结果如下：

```
Epoch:50 Style Loss: 1.108730 Content Loss:2.928395
Epoch:100 Style Loss: 0.428129 Content Loss:2.471826
Epoch:150 Style Loss: 0.169462 Content Loss:2.336975
Epoch:200 Style Loss: 0.143845 Content Loss:2.257237
Epoch:250 Style Loss: 0.136040 Content Loss:2.209756
Epoch:300 Style Loss: 0.113277 Content Loss:2.191429
```

可以看到，风格和内容损失已经降到了一个比较低的值了，这时对风格迁移的图片进行输出，如图 8-2 所示。

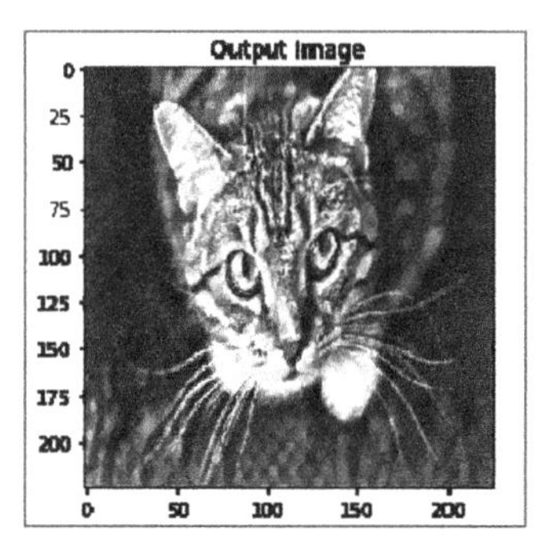

图 8-2

输出的图片无论是在颜色的基调上还是在图像的轮廓上，都和风格图片极为相似，但是整个图像的内容仍然没有发生太大的变化。

实现图像风格迁移的完整代码如下：

```
import torch
import torchvision
from torchvision import transforms, models
from PIL import Image
import matplotlib.pyplot as plt
from torch.autograd import Variable
import copy

%matplotlib inline

transform = transforms.Compose([transforms.Scale([224,224]),
                                transforms.ToTensor()])

def  loadimg(path = None):
    img = Image.open(path)
    img = transform(img)
    img = img.unsqueeze(0)
    return img

content_img = loadimg("images/4.jpg")
content_img = Variable(content_img).cuda()
style_img = loadimg("images/1.jpg")
style_img = Variable(style_img).cuda()

class Content_loss(torch.nn.Module):
```

```
    def __init__(self, weight, target):
        super(Content_loss, self).__init__()
        self.weight = weight
        self.target = target.detach()*weight
        self.loss_fn = torch.nn.MSELoss()

    def forward(self, input):
        self.loss = self.loss_fn(input*self.weight, self.target)
        return input

    def backward(self):
        self.loss.backward(retain_graph = True)
        return self.loss

class Gram_matrix(torch.nn.Module):
    def forward(self, input):
        a,b,c,d = input.size()
        feature = input.view(a*b, c*d)
        gram = torch.mm(feature, feature.t())
        return gram.div(a*b*c*d)

class Style_loss(torch.nn.Module):
    def __init__(self, weight, target):
        super(Style_loss, self).__init__()
        self.weight = weight
        self.target = target.detach()*weight
        self.loss_fn = torch.nn.MSELoss()
        self.gram = Gram_matrix()

    def forward(self, input):
        self.Gram = self.gram(input.clone())
        self.Gram.mul_(self.weight)
        self.loss = self.loss_fn(self.Gram, self.target)
        return input

    def backward(self):
        self.loss.backward(retain_graph = True)
        return self.loss

use_gpu = torch.cuda.is_available()
cnn = models.vgg16(pretrained=True).features
```

```
    if use_gpu:
        cnn = cnn.cuda()

    model = copy.deepcopy(cnn)

    content_layer = ["Conv_3"]

    style_layer = ["Conv_1", "Conv_2", "Conv_3", "Conv_4"]

    content_losses = []
    style_losses = []

    conten_weight = 1
    style_weight = 1000

    new_model = torch.nn.Sequential()

    model = copy.deepcopy(cnn)

    gram = Gram_matrix()

    if use_gpu:
       new_model = new_model.cuda()
       gram = gram.cuda()

    index = 1
    for layer in list(model)[:8]:
       if isinstance(layer, torch.nn.Conv2d):
           name = "Conv_"+str(index)
           new_model.add_module(name, layer)
           if name in content_layer:
               target = new_model(content_img).clone()
               content_loss = Content_loss(conten_weight, target)
               new_model.add_module("content_loss_"+str(index), content_loss)
               content_losses.append(content_loss)

           if name in style_layer:
               target = new_model(style_img).clone()
               target = gram(target)
               style_loss = Style_loss(style_weight, target)
               new_model.add_module("style_loss_"+str(index), style_loss)
```

```
            style_losses.append(style_loss)

        if isinstance(layer, torch.nn.ReLU):
            name = "Relu_"+str(index)
            new_model.add_module(name, layer)
            index = index+1

        if isinstance(layer, torch.nn.MaxPool2d):
            name = "MaxPool_"+str(index)
            new_model.add_module(name, layer)

    input_img = content_img.clone()
    parameter = torch.nn.Parameter(input_img.data)
    optimizer = torch.optim.LBFGS([parameter])

    epoch_n = 300

    epoch = [0]
    while epoch[0] <= epoch_n:

        def closure():
            optimizer.zero_grad()
            style_score = 0
            content_score = 0
            parameter.data.clamp_(0,1)
            new_model(parameter)
            for sl in style_losses:
                style_score += sl.backward()

            for cl in content_losses:
                content_score += cl.backward()

            epoch[0] += 1
            if epoch[0] % 50 == 0:
                print('Epoch:{} Style Loss: {:4f} Content Loss:{:4f}'.format
(epoch[0],
                      style_score.data[0], content_score.data[0]))

            return style_score+content_score

        optimizer.step(closure)
```

8.3 小结

本章展示的是比较基础的图像风格迁移算法，所以这个图像风格迁移过程的实现存在一个比较明显的缺点，就是每次训练只能对其中的一种风格进行迁移，如果需要进行其他风格的迁移，则还需再重新对模型进行训练，而且需要通过对内容和风格设置不同的权重来控制风格调节的方式，这种方式在实际应用中不太理想，在现实中我们需要更高效、智能的实现方式。若有兴趣，则可以深度了解这方面的内容。

第 9 章 多模型融合

多模型融合是一种“集百家之所长”的方法。我们在使用单一的模型处理某个问题时很容易遇到模型泛化瓶颈，模型的泛化能力因为一些客观因素受到了限制；另外，在建立好一个模型后，这个模型可能在解决某个问题的能力上表现比较出色，在解决其他问题时效果却不尽如人意。所以，人们开始通过一些科学的方法对优秀的模型进行融合，以突破单个模型对未知问题的泛化能力的瓶颈，并且综合各个模型的优点得到同一个问题的最优解决方法，这就是多模型融合。多模型融合的宗旨就是通过科学的方法融合各个模型的优势，以获得对未知问题的更强的解决能力。

9.1 多模型融合入门

我们先来看看在使用多模型融合方法融合神经网络模型的过程中会遇到哪些问题。

首先，在使用融合神经网络模型的过程中遇到的第 1 个问题就是训练复杂神经网络非常耗时，因为优秀的模型一般都是深度神经网络模型，这些网络模型的特点是层次较深、参数较多，所以对融合了多个深度神经网络的模型进行参数训练，会比我们使用单一的深度神经网络模型进行参数训练所耗费的时间要多上好几倍。对于这种情况，我们一般使用两种方法进行解决：挑选一些结构比较简单、网络层次较少的神经网络参与到多模型融合中；如果还想继续使用深度神经网络模型进行多模型融合，就需要使用迁移学习方法来辅助模型的融合，以减少训练耗时。

其次，在对各个模型进行融合时，在融合方法的类型选择上也很让人头痛，因为在选择不同的模型融合方法解决某些问题时其结果的表现不同，而且可以选择是针对模型的过程进行融合，还是仅针对各个模型输出的结果进行融合，这都是值得我们思考的。本章为了方便大家理解和掌握最基本的多模型融合方法，在实践模型融合的实例中选取了相对简单的结果融合法。

结果融合法是针对各个模型的输出结果进行的融合，主要包括结果多数表决、结果直接平均和结果加权平均这三种主要的类型。在结果融合法中有一个比较通用的理论，就是若我们想通过多模型融合来提高输出结果的预测准确率，则各个模型的相关度越低，融合的效果会更好，也就是说各个模型的输出结果的差异性越高，多模型融合的效果就会越好。

9.1.1 结果多数表决

结果多数表决有点类似于我们现实生活中的多人投票表决，假设有三个人需要对一个问题进行公开表决，每个人手中有且仅有一票而且不能弃权，只能投赞成票或者否决票，最后统计投票的结果；如果其中任意两个人投了赞成票，就算三个人通过了对这个问题的表决；如果其中任意两个人投了否决票，就算三个人没有通过对这个问题的表决。这就是典型的结果多数表决方法，多模型融合使用的结果多数表决也是如此，但是需要注意：在使用这个方法的过程中最好保证我们融合的模型个数为基数，如果为偶数，还需要多一步结果的随机抽选。

下面来看一个使用结果多数表决的方法进行多模型融合的实例，假设我们现在已经拥有三个优化好的模型，而且它们能够独立完成对新输入数据的预测，现在我们向这三个模型分别输入 10 个同样的新数据，然后统计模型的预测结果。如果模型预测的结果和真实的结果是一样的，那么我们将该次预测结果记录为 True，否则将其记录为 False，这三个模型的最终预测结果如表 9-1 所示。

表 9-1

<table>
<tr><td colspan="10">模型一的预测结果：</td></tr>
<tr><td>True</td><td>True</td><td>True</td><td>True</td><td>True</td><td>True</td><td>True</td><td>True</td><td>False</td><td>False</td></tr>
<tr><td colspan="10">模型二的预测结果：</td></tr>
<tr><td>False</td><td>False</td><td>True</td><td>True</td><td>True</td><td>True</td><td>True</td><td>True</td><td>True</td><td>True</td></tr>
</table>

续表

模型三的预测结果：									
True	False	True	False	False	True	True	True	False	True

可以看出，这三个模型的预测结果的准确率分别是 80%、80%和 60%，现在我们使用结果多数表决的方法对统计得到的结果进行融合。以三个模型中的第 1 个新数据的预测结果为例，模型一对新数据的预测结果为 True，模型二对新数据集的预测结果为 False，模型三对新数据集的预测结果为 True，通过多数表决得到的融合模型对新数据的预测结果为 True，其他新数据的预测结果以此类推，最后得到多模型的预测结果如表 9-2 所示。

表 9-2

融合模型的预测结果：									
True	False	True	True	True	True	True	True	False	True

通过统计结果的准确率可以发现，使用多模型融合后的预测准确率也是 80%，虽然在准确率的表现上比最差的模型三要好，但是和模型一和模型二的准确率处于同一水平，没有体现出模型融合的优势，所以这也是我们需要注意的。进行多模型融合并不一定能取得理想的效果，需要使用不同的方法不断地尝试。下面对之前的实例稍微进行改变，如表 9-3 所示。

表 9-3

模型 1 的预测结果：									
True	True	True	True	True	True	True	True	False	False
模型 2 的预测结果：									
False	False	True	True	True	True	True	True	True	True
模型 3 的预测结果：									
True	True	True	False	False	False	True	True	False	True

在进行调整之后，三个模型的预测结果的准确率依然分别是 80%、80%和 60%，我们再计算一遍多模型融合的预测结果，得到如表 9-4 所示的预测结果。

表 9-4

融合模型的预测结果：									
True	True	True	True	True	True	True	True	False	True

这时多模型融合的预测结果对 10 个新数据的预测准确率已经提升到了 90%，在预测结果的准确率上超过了被融合的三个模型中的任意一个。为什么预测结果最后会发生这样

的改变？这是因为我们扩大了模型三在预测结果上和模型一及模型二的差异性，这也印证了我们之前提到过的通用理论，参与融合的各个模型在输出结果的表现上差异性越高，则最终的融合模型的预测结果越好。

9.1.2 结果直接平均

结果直接平均追求的是融合各个模型的平均预测水平，以提升模型整体的预测能力，但是与结果多数表决相比，结果直接平均不强调个别模型的突出优势，却可以弥补个别模型的明显劣势，比如在参与融合的模型中有一个模型已经发生了过拟合的问题，另一个模型却发生了欠拟合的问题，但是通过结果直接平均的方法能够很好地综合这两个模型的劣势，最后可预防融合模型过拟合和欠拟合的发生，如图 9-1 和图 9-2 所示。

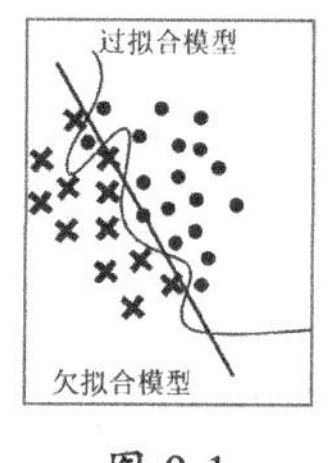

图 9-1　　图 9-2

假设在图 9-1 中两个模型处理的是同一个分类问题，圆圈和叉号代表不同的类别，则两个模型在泛化能力上的表现都不尽如人意，一个模型出现了严重的过拟合现象，另一个模型出现了严重的欠拟合现象；再看图 9-2 中通过结果直接平均的融合模型，它在泛化能力上表现不错，受噪声值的影响不大。所以，如果我们对两个模型进行融合并且使用结果直接平均的方法，那么最后得到的结果在一定程度上弥补了各个模型的不足，不仅如此，融合的模型还有可能取得比两个模型更好的泛化能力。

虽然结果直接平均的方法追求的是“平均水平”，但是使用结果直接平均的多模型融合在处理很多问题时取得了优于平均水平的成绩。

下面我们来看一个使用结果直接平均进行多模型融合的实例。依旧假设我们现在已经拥有三个优化好的模型，而且它们能够独立完成对新输入数据的预测，现在我们向这三个模型分别输入 10 个新数据，然后统计模型的预测结果。不过，我们对结果的记录使用的不是“True”和“False”，而是直接记录每个模型对新数据预测的可能性值，如果预测正确的可能性值大于 50%，那么在计算准确率时就把这个预测结果看作正确的，三个模型的预测结果如表 9-5 所示。

表 9-5

模型一的预测结果：									
80%	70%	70%	70%	70%	70%	70%	70%	20%	40%
模型二的预测结果：									
30%	46%	70%	70%	70%	70%	70%	70%	70%	70%
模型三的预测结果：									
70%	40%	70%	40%	70%	70%	70%	70%	30%	70%

可以看出，这三个模型的预测结果的准确率分别是 80%、80%和 60%，现在使用多模型融合的方法对这三个模型的输出结果进行直接平均。以三个模型中的第 1 个预测结果为例，模型一对新数据的预测结果为 80%，模型二对新数据的预测结果为 30%，模型三对新数据的预测结果为 70%，通过直接平均得到的融合模型对新数据的预测结果为 60%，其他新数据的预测结果以此类推，最后得到多模型的预测结果如表 9-6 所示。

表 9-6

融合模型的预测结果：									
60%	52%	70%	60%	70%	70%	70%	70%	40%	60%

通过对结果进行简单计算，我们便可以知道使用直接平均方法得到的融合模型的最终预测准确率是 90%，在融合模型得到的对新数据的所有预测结果中，预测可能性值低于 50%的只有一个，所以结果直接平均在总体的准确率上都好于被融合的三个模型，不过我们在经仔细观察后发现，融合的模型在单个数据的预测能力上并没有完胜其他三个模型，所以这也是结果直接平均的最大不足。

9.1.3　结果加权平均

我们可以将结果加权平均看作结果直接平均的改进版本，在结果加权平均的方法中会新增一个权重参数，这个权重参数用于控制各个模型对融合模型结果的影响程度。简单来说，我们之前使用结果直接平均融合的模型，其实可以被看作由三个使用了一样的权重参数的模型按照结果加权平均融合而成的。所以结果加权平均的关键是对权重参数的控制，通过对不同模型的权重参数的控制，可以得到不同的模型融合方法，最后影响融合模型的预测结果。

下面再来看一个使用结果加权平均进行多模型融合的实例。假设我们现在已经拥有了两个优化好的模型，不是之前的三个，而且它们能够独立预测新的输入数据，现在，我们向这两个模型分别输入 10 个同样的新数据，然后统计模型的预测结果，并直接记录每个模型对新数据预测的可能性值，同样，如果预测正确的可能性值大于 50%，那么在计算准确率时把这个预测结果看作正确的，两个模型的预测结果如表 9-7 所示。

表 9-7

模型一的预测结果：									
80%	70%	70%	70%	70%	70%	70%	70%	20%	45%
模型二的预测结果：									
30%	40%	70%	70%	70%	70%	70%	70%	70%	80%

可以看出，这两个模型的预测结果的准确率均是 80%，如果要对两个模型进行结果加权平均，那么首先需要设定各个模型的权重参数，假设模型一的权重值是 0.8，模型二的权重值是 0.2，则接下来看看如何使用结果加权平均对输出的结果进行融合。我们在计算过程中首先看到模型一对第 1 个新数据的预测结果为 80%，模型二对第 1 个新数据的预测结果为 30%，通过结果加权平均得到的融合模型对新数据的预测结果为 70%，计算方法如下：

$$70\% = 0.8 \times 80\% + 0.2 \times 30\%$$

其他新数据的预测结果以此类推，最后得到多模型的预测结果如表 9-8 所示。

表 9-8

融合模型的预测结果：									
70%	64%	70%	70%	70%	70%	70%	70%	30%	52%

通过简单计算，我们可以知道使用结果加权平均的方法融合的模型的预测准确率是 90%，在我们得到的对新数据的所有预测结果中，预测可能性值低于 50%的预测结果只有一个，融合的模型在预测结果准确率的表现上优于被融合的两个模型，而且融合模型对新数据的单个预测值也不低。下面再做一个实验，把模型一的权重值和模型二的权重值进行对调，即模型一的权重值变成了 0.2，模型二的权重值变成了 0.8，那么我们融合的模型的预测结果如表 9-9 所示。

表 9-9

融合模型的预测结果：									
40%	46%	70%	70%	70%	70%	70%	70%	60%	73%

这次结果的准确率降低到了 80%，而且融合模型对新数据的单个预测值明显下降，可见调节各个模型的权重参数对最后的融合模型的结果影响较大。所以在使用权重平均的过程中，我们需要不断尝试使用不同的权重值组合，以达到多模型融合的最优解决方案。

9.2 PyTorch 之多模型融合实战

下面基于 PyTorch 来实现一个多模型的融合，这里使用的是多模型融合方法中的结果加权平均，其基本思路是首先构建两个卷积神经网络模型，然后使用我们的训练数据集分别对这两个模型进行训练和对参数进行优化，使用优化后的模型对验证集进行预测，并将各模型的预测结果进行加权平均以作为最后的输出结果，通过对输出结果和真实结果的对比，来完成对融合模型准确率的计算。

这里，在训练和优化模型的数据集及验证数据集时依然使用了在第 7 章中划分好的猫狗数据集。数据导入部分的代码如下：

```
    data_dir = "DogsVSCats"
    data_transform = {x:transforms.Compose([transforms.Scale([224,224]),
                                           transforms.ToTensor(),

transforms.Normalize(mean=[0.5,0.5,0.5], std=[0.5,0.5,0.5])])
                      for x in ["train", "valid"]}

    image_datasets = {x:datasets.ImageFolder(root = os.path.join
(data_dir,x),
                                            transform = data_transform[x])
                      for x in ["train", "valid"]}

    dataloader = {x:torch.utils.data.DataLoader(dataset= image_datasets[x],
                                                batch_size = 16,
                                                shuffle = True)
                      for x in ["train", "valid"]}
```

在完成数据导入之后，就可以开始搭建我们需要使用的两个卷积神经网络模型了。使用 VGG16 架构和 ResNet50 架构的卷积神经网络模型参与本次模型的融合，然后按照结果加权平均的方法分别对这两个模型提前拟定好会使用到的权重值，对 VGG16 模型预测结果给予权重值 0.6，对 ResNet50 的预测结果给予权重值 0.4。考虑到这两个模型如果从头开始搭建、训练、优化会耗费大量的时间成本，所以我们使用迁移学习的方法来获取模型，具体的代码如下：

```
    model_1 = models.vgg16(pretrained=True)
    model_2 = models.resnet50(pretrained=True)
```

```
for parma in model_1.parameters():
    parma.requires_grad = False

model_1.classifier = torch.nn.Sequential(torch.nn.Linear(25088, 4096),
                                          torch.nn.ReLU(),
                                          torch.nn.Dropout(p=0.5),
                                          torch.nn.Linear(4096, 4096),
                                          torch.nn.ReLU(),
                                          torch.nn.Dropout(p=0.5),
                                          torch.nn.Linear(4096, 2))

for parma in model_2.parameters():
    parma.requires_grad = False

model_2.fc = torch.nn.Linear(2048, 2)

if Use_gpu:
    model_1 = model_1.cuda()
    model_2 = model_2.cuda()
```

在以上代码中，首先通过代码 models.vgg16 和 models.resnet50 得到我们想要迁移的两个卷积神经网络模型，并分别将其赋值到 model_1 和 model_2 上。因为使用的是之前的猫狗数据，所以最后的输出结果仍然是两个，对模型也需要进行相应的调整，同时我们搭建的模型使用 GPUs 来计算参数。

接下来开始训练模型。我们通过 5 次训练来看看最终的输出结果，代码如下：

```
Epoch 0/4
----------
Training...
Batch 500,Model1 Train Loss:0.0237,Model1 Train ACC:99.2000,Model2 Train
Loss:0.2431,Model2 Train ACC:94.7875,Blending_Model ACC:99.2250
Batch 1000,Model1 Train Loss:0.0262,Model1 Train ACC:99.0500,Model2 Train
Loss:0.2267,Model2 Train ACC:94.8875,Blending_Model ACC:99.1250
Epoch, Model1 Loss:0.0282, Model2 Acc:99.0650%, Model2 Loss:0.2203,
Model2 Acc:95.0200%,Blending_Model ACC:99.1250
Validing...
Epoch, Model1 Loss:0.0733, Model2 Acc:97.9800%, Model2 Loss:0.1552,
Model2 Acc:97.2000%,Blending_Model ACC:98.2000
Epoch 1/4
----------
Training...
```

```
Batch 500,Model1 Train Loss:0.0090,Model1 Train ACC:99.7125,Model2 Train
Loss:0.1780,Model2 Train ACC:95.5500,Blending_Model ACC:99.7500
Batch 1000,Model1 Train Loss:0.0086,Model1 Train ACC:99.6937,Model2 Train
Loss:0.1714,Model2 Train ACC:95.7250,Blending_Model ACC:99.7500
Epoch, Model1 Loss:0.0100, Model1 Acc:99.6700%, Model2 Loss:0.1699,
Model2 Acc:95.6000%,Blending_Model ACC:99.7150
Validing...
Epoch, Model1 Loss:0.0744, Model2 Acc:98.2000%, Model2 Loss:0.1246,
Model2 Acc:97.5800%,Blending_Model ACC:98.2400
Epoch 2/4
----------
Training...
Batch 500,Model1 Train Loss:0.0033,Model1 Train ACC:99.9625,Model2 Train
Loss:0.1490,Model2 Train ACC:96.0625,Blending_Model ACC:99.9500
Batch 1000,Model1 Train Loss:0.0037,Model1 Train ACC:99.9125,Model2 Train
Loss:0.1463,Model2 Train ACC:95.9437,Blending_Model ACC:99.8937
Epoch, Model1 Loss:0.0043, Model2 Acc:99.8850%, Model2 Loss:0.1456,
Model2 Acc:95.8600%,Blending_Model ACC:99.8700
Validing...
Epoch, Model1 Loss:0.0832, Model2 Acc:98.1800%, Model2 Loss:0.1051,
Model2 Acc:97.5800%,Blending_Model ACC:98.3600
Epoch 3/4
----------
Training...
Batch 500,Model1 Train Loss:0.0016,Model1 Train ACC:99.9500,Model2 Train
Loss:0.1360,Model2 Train ACC:95.9125,Blending_Model ACC:99.9500
Batch 1000,Model1 Train Loss:0.0016,Model1 Train ACC:99.9625,Model2 Train
Loss:0.1339,Model2 Train ACC:95.8875,Blending_Model ACC:99.9562
Epoch, Model1 Loss:0.0017, Model2 Acc:99.9600%, Model2 Loss:0.1321,
Model2 Acc:95.9750%,Blending_Model ACC:99.9550
Validing...
Epoch, Model1 Loss:0.1057, Model2 Acc:98.3000%, Model2 Loss:0.0925,
Model2 Acc:97.7400%,Blending_Model ACC:98.4600
Epoch 4/4
----------
Training...
Batch 500,Model1 Train Loss:0.0016,Model1 Train ACC:99.9750,Model2 Train
Loss:0.1271,Model2 Train ACC:95.7875,Blending_Model ACC:99.9750
Batch 1000,Model1 Train Loss:0.0025,Model1 Train ACC:99.9375,Model2 Train
Loss:0.1242,Model2 Train ACC:95.9750,Blending_Model ACC:99.9437
Epoch, Model1 Loss:0.0027, Model2 Acc:99.9200%, Model2 Loss:0.1229,
```

```
Model2 Acc:95.9500%,Blending_Model ACC:99.9400
    Validing...
    Epoch, Model1 Loss:0.1242, Model2 Acc:98.0800%, Model2 Loss:0.0912,
Model2 Acc:97.4400%,Blending_Model ACC:98.2000
```

在输出结果中，Model1 代表 VGG16 模型的输出结果，Model2 代表 ResNet50 模型的输出结果，Blending_Model 代表融合模型的输出结果。我们通过观察其输出结果的准确率会发现，通过结果加权平均得到的融合模型在预测结果的准确率上优于 VGG16 和 ResNet50 这两个模型，所以我们进行多模型融合的方法是成功的。

实现多模型融合的完整代码如下：

```
    import torch
    import torchvision
    from torchvision import  datasets, models, transforms
    import os
    from torch.autograd import Variable
    import matplotlib.pyplot as plt
    import time

    %matplotlib inline

    data_dir = "DogsVSCats"
    data_transform = {x:transforms.Compose([transforms.Scale([224,224]),
                                   transforms.ToTensor(),
                                   transforms.Normalize(mean=
[0.5,0.5,0.5], std=[0.5,0.5,0.5])])
                 for x in ["train", "valid"]}

    image_datasets = {x:datasets.ImageFolder(root = os.path.join
(data_dir,x),transform = data_transform[x])
                 for x in ["train", "valid"]}

    dataloader = {x:torch.utils.data.DataLoader(dataset= image_datasets[x],
                                     batch_size = 16,
                                     shuffle = True)
                 for x in ["train", "valid"]}

    X_example, y_example = next(iter(dataloader["train"]))
    example_clasees = image_datasets["train"].classes
    index_classes = image_datasets["train"].class_to_idx
```

```
model_1 = models.vgg16(pretrained=True)
model_2 = models.resnet50(pretrained=True)

Use_gpu = torch.cuda.is_available()

for parma in model_1.parameters():
    parma.requires_grad = False

model_1.classifier = torch.nn.Sequential(torch.nn.Linear(25088, 4096),
                                        torch.nn.ReLU(),
                                        torch.nn.Dropout(p=0.5),
                                        torch.nn.Linear(4096, 4096),
                                        torch.nn.ReLU(),
                                        torch.nn.Dropout(p=0.5),
                                        torch.nn.Linear(4096, 2))

for parma in model_2.parameters():
    parma.requires_grad = False

model_2.fc = torch.nn.Linear(2048, 2)


if Use_gpu:
    model_1 = model_1.cuda()
    model_2 = model_2.cuda()

loss_f_1 = torch.nn.CrossEntropyLoss()
loss_f_2 = torch.nn.CrossEntropyLoss()
optimizer_1 = torch.optim.Adam(model_1.classifier.parameters(), lr =
0.00001)
optimizer_2 = torch.optim.Adam(model_2.fc.parameters(), lr = 0.00001)
weight_1 = 0.6
weight_2 = 0.4

epoch_n = 5
time_open = time.time()

for epoch in range(epoch_n):
    print("Epoch {}/{}".format(epoch, epoch_n - 1))
    print("-"*10)
```

```
    for phase in ["train", "valid"]:
        if phase == "train":
            print("Training...")
            model_1.train(True)
            model_2.train(True)
        else:
            print("Validing...")
            model_1.train(False)
            model_2.train(False)

        running_loss_1 = 0.0
        running_corrects_1 = 0
        running_loss_2 = 0.0
        running_corrects_2 = 0
        blending_running_corrects = 0

        for batch, data in enumerate(dataloader[phase], 1):
            X, y = data
            if Use_gpu:
                X, y = Variable(X.cuda()), Variable(y.cuda())
            else:
                X, y = Variable(X), Variable(y)

            y_pred_1 = model_1(X)
            y_pred_2 = model_2(X)
            blending_y_pred =  y_pred_1*weight_1+y_pred_2*weight_2

            _, pred_1 = torch.max(y_pred_1.data, 1)
            _, pred_2 = torch.max(y_pred_2.data, 1)
            _, blending_pred = torch.max(blending_y_pred.data, 1)

            optimizer_1.zero_grad()
            optimizer_2.zero_grad()

            loss_1 = loss_f_1(y_pred_1, y)
            loss_2 = loss_f_2(y_pred_2, y)

            if phase == "train":
                loss_1.backward()
```

```
                loss_2.backward()
                optimizer_1.step()
                optimizer_2.step()

            running_loss_1 += loss_1.data[0]
            running_corrects_1 += torch.sum(pred_1 == y.data)
            running_loss_2 += loss_2.data[0]
            running_corrects_2 += torch.sum(pred_2 == y.data)
            blending_running_corrects += torch.sum(blending_pred ==
y.data)

            if batch%500 == 0 and phase =="train":
              print("Batch {},Model1 Train Loss:{:.4f},Model1 Train
ACC:{:.4f},Model2 \
                    Train Loss:{:.4f},Model2 Train ACC:{:.4f}, \
                    Blending_Model ACC:{:.4f}".format(batch,
                                                     running_loss_1/batch,
                                                     100*running_corrects_
1/(16*batch),
                                                     running_loss_2/batch,
                                                     100*running_corrects_
2/(16*batch),
                                                     100*blending_running_
corrects/(16*batch)))

        epoch_loss_1 = running_loss_1*16/len(image_datasets[phase])
        epoch_acc_1 = 100*running_corrects_1/len(image_datasets[phase])
        epoch_loss_2 = running_loss_2*16/len(image_datasets[phase])
        epoch_acc_2 = 100*running_corrects_2/len(image_datasets[phase])
        epoch_blending_acc = 100*blending_running_corrects/len(image_
datasets[phase])

        print("Epoch, Model1 Loss:{:.4f}, Model1 Acc:{:.4f}%, Model2
Loss:{:.4f}, Model2 Acc:{:.4f}%,\
              Blending_Model ACC:{:.4f}".format(epoch_loss_1,
epoch_acc_1, epoch_loss_2,
                                               epoch_acc_2,
epoch_blending_acc))

    time_end = time.time() - time_open
    print(time_end)
```

9.3 小结

多模型融合的方法其实还是非常受大众喜爱的，比如在 Kaggle 比赛中就经常会用到各种各样的多模型融合。其实多模型融合的内容不仅仅局限于本章所介绍的内容，因为本章讲到的只是用于模型输出结果的融合方法，而且这些方法还在不断创新，所以我们最主要的还是要发挥自己的想象力和创造力，这样才有可能发现更多、更优秀的模型融合方法。

第 10 章
循环神经网络

循环神经网络（Recurrent Neural Network，简称 RNN）是深度学习中的重要的内容，和我们之前使用的卷积神经网络有着同等重要的地位。循环神经网络主要被用于处理序列（Sequences）相关的问题，比如在自然语言领域应用循环神经网络的情况就较多；当然，循环神经网络也可以用于解决分类问题，虽然在图片特征的提取上没有卷积神经网络那样强大，但是本章仍然会使用循环神经网络来解决图片分类的问题，并主要讲解循环神经网络的工作机制和原理。

10.1 循环神经网络入门

之前讲到，卷积神经网络有几个特点：首先，对于一个已搭建好的卷积神经网络模型，它的输入数据的维度是固定的，比如在处理图片分类问题时输入的图片大小是固定的；其次，卷积神经网络模型最后输出的数据的维度也是固定的，比如在图片分类问题中我们最后得到模型的输出结果数量；最后，卷积神经网络模型的层次结构也是固定不变的。但是循环神经网络与之不同，因为在循环神经网络中循环单元可以随意控制输入数据及输出数据的数量，具有非常大的灵活性。如图 10-1 所示就是这两种模式之间的一个简单对比。

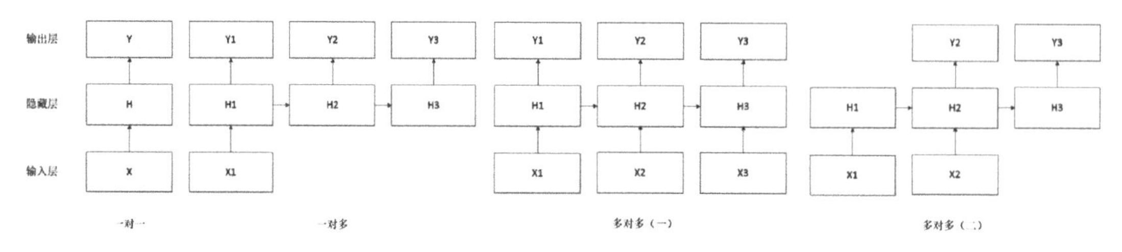

图 10-1

在图 10-1 中一共绘制了 4 种类型的网络结构，分别是一对一、一对多和两种多对一。可以将一对一的网络结构看作一个简单的卷积神经网络模型，固定维度的输入和固定维度的输出。在一对多的网络结构中引入了循环单元，通过一个输入得到数量不等的输出。多对多的网络结构同样是一种循环模式，通过数量不等的输入得到数量不等的输出。

下面我们进一步对循环神经网络进行了解，如图 10-2 所示是循环神经网络的网络简化模型。

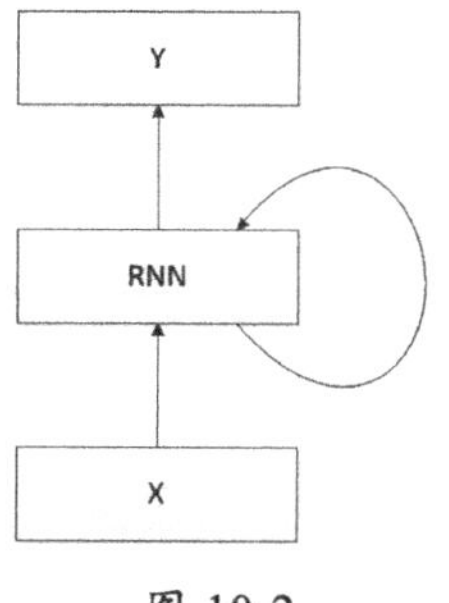

图 10-2

图 10-2 中的 X 是整个模型的输入层，RNN 代表循环神经网络中的循环层（Recurrent Layers），Y 是整个模型的输出层。图 10-2 用最简单的方式诠释了循环神经网络中的循环过程，通过不断地对自身的网络结构进行复制来构造不同的循环神经网络模型。图 10-3 是对图 10-2 的展开，这样我们能够更明白它的工作流程。

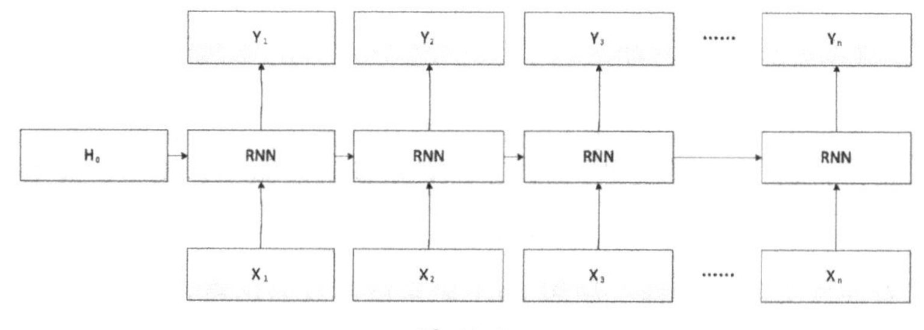

图 10-3

图 10-3 的结构其实是循环神经网络中的多对多类型，其中，从 X_1 到 X_n 代表模型的输入层，从 Y_1 到 Y_n 代表模型的输出层，H_0 是最初输入的隐藏层，在一般情况下该隐藏层使用的是零初始化，即它的全部参数都是零。

图 10-4 展示了图 10-3 中 RNN 所代表的循环层内部的运算细节。

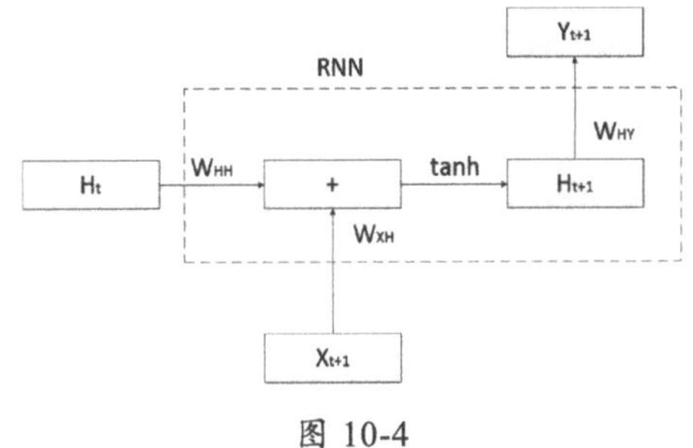

图 10-4

图 10-4 中的虚线部分是循环层中的内容，假设我们截取的是一个循环神经网络中的第 t+1 个循环单元，W 表示权重参数，而 tanh 是使用的激活函数，则根据图 10-4 的运算流程可以得到一个计算公式，公式如下：

$$H_{t+1} = \tanh(H_t \times W_{HH} + X_{t+1} \times W_{XH})$$

如果在计算过程中还使用了偏置，那么计算公式变为：

$$H_{t+1} = \tanh(H_t \times W_{HH} + b_{HH} + X_{t+1} \times W_{XH} + b_{XH})$$

在得到了 H_{t+1} 后，可以通过如下公式计算输出结果：

$$Y_{t+1} = H_{t+1} \times W_{HY}$$

虽然循环神经网络已经能够很好地对输入的序列数据进行处理，但它有一个弊端，就是不能进行长期记忆，其带来的影响就是如果近期输入的数据发生了变化，则会对当前的输出结果产生重大影响。为了避免这种情况的出现，研究者开发了 LSTM（Long Short Term Memory）类型的循环神经网络模型。

下面使用循环神经网络解决一个计算机视觉问题，这就是之前的手写数字识别问题。

10.2　PyTorch 之循环神经网络实战

下面来看几段比较重要的代码，首先是循环神经网络模型搭建的相关代码：

```
class RNN(torch.nn.Module):

    def __init__(self):
        super(RNN, self).__init__()
        self.rnn = torch.nn.RNN(
            input_size = 28,
            hidden_size = 128,
            num_layers = 1,
            batch_first = True
        )
        self.output = torch.nn.Linear(128,10)

    def forward(self, input):
        output,_ = self.rnn(input, None)
        output = self.output(output[:,-1,:])
        return output
```

在代码中构建循环层使用的是 torch.nn.RNN 类，在这个类中使用的几个比较重要的参数如下。

（1）**input_size**：用于指定输入数据的特征数。

（2）**hidden_size**：用于指定最后隐藏层的输出特征数。

（3）**num_layers**：用于指定循环层堆叠的数量，默认会使用 1。

（4）**bias**：这个值默认是 True，如果我们将其指定为 False，就代表我们在循环层中不再使用偏置参与计算。

（5）**batch_first**：在我们的循环神经网络模型中输入层和输出层用到的数据的默认维度是(seq, batch, feature)，其中，seq 为序列的长度，batch 为数据批次的数量，feature 为输入或输出的特征数。如果我们将该参数指定为 True，那么输入层和输出层的数据维度将重新对应为(batch, seq, feature)。

在以上代码中，我们定义的 input_size 为 28，这是因为输入的手写数据的宽高为 28×28，所以可以将每一张图片看作序列长度为 28 且每个序列中包含 28 个数据的组合。模型最后输出的结果是用作分类的，所以仍然需要输出 10 个数据，在代码中的体现就是 self.output = torch.nn.Linear(128,10)。再来看前向传播函数 forward 中的两行代码，首先是 output,_ =

self.rnn(input, None)，其中包含两个输入参数，分别是 input 输出数据和 H_0 的参数。在循环神经网络模型中，对 H_0 的初始化我们一般采用 0 初始化，所以这里传入的参数就是 None。再看代码 output = self.output(output[:,−1,:])，因为我们的模型需要处理的是分类问题，所以需要提取最后一个序列的输出结果作为当前循环神经网络模型的输出。

在搭建好模型后，就可以对模型进行打印输出了，打印输出的代码如下：

```
model = RNN()
print(model)
```

打印输出的结果为：

```
RNN (
  (rnn): RNN(28, 128, batch_first=True)
  (output): Linear (128 -> 10)
)
```

然后对我们的模型进行训练，这里进行 10 次训练，来查看最后的输出结果，训练代码如下：

```
optimizer = torch.optim.Adam(model.parameters())
optimizer = torch.optim.Adam(model.parameters())
loss_f = torch.nn.CrossEntropyLoss()

epoch_n  =10
for epoch in range(epoch_n):
    running_loss = 0.0
    running_correct = 0
    testing_correct = 0
    print("Epoch {}/{}".format(epoch, epoch_n))
    print("-"*10)

    for data in train_load:
        X_train,y_train = data
        X_train = X_train.view(-1,28,28)
        X_train,y_train = Variable(X_train),Variable(y_train)
        y_pred = model(X_train)
        loss = loss_f(y_pred, y_train)
        _,pred = torch.max(y_pred.data,1)

        optimizer.zero_grad()
```

```
            loss.backward()
            optimizer.step()

            running_loss +=loss.data[0]
            running_correct += torch.sum(pred == y_train.data)

        for data in test_load:
            X_test, y_test = data
            X_test = X_test.view(-1,28,28)
            X_test, y_test = Variable(X_test), Variable(y_test)
            outputs = model(X_test)
            _, pred = torch.max(outputs.data, 1)
            testing_correct += torch.sum(pred == y_test.data)
        print("Loss is:{:.4f}, Train Accuracy is:{:.4f}%, Test Accuracy 
is:{:.4f}".format(running_loss/len(dataset_train),100*running_correct/len(da
taset_train),100*testing_correct/len(dataset_test)))
```

需要注意的是，我们在进行数据输入时，首先需要对输入特征数进行维度变更，代码为 X_train = X_train.view(−1,28,28)，因为这样才能够对应我们之前定义的输入数据的维度(batch, seq, feature)。同样，在每轮训练中都将损失值进行打印输出，在经过 10 轮训练后得到的输出结果如下：

```
Epoch 0/10
----------
Loss is:0.0119, Train Accuracy is:74.9533%, Test Accuracy is:85.6900
Epoch 1/10
----------
Loss is:0.0056, Train Accuracy is:89.9267%, Test Accuracy is:92.8400
Epoch 2/10
----------
Loss is:0.0040, Train Accuracy is:93.0267%, Test Accuracy is:93.9500
Epoch 3/10
----------
Loss is:0.0032, Train Accuracy is:94.3067%, Test Accuracy is:95.1800
Epoch 4/10
----------
Loss is:0.0029, Train Accuracy is:94.8483%, Test Accuracy is:94.7900
Epoch 5/10
----------
```

```
Loss is:0.0026, Train Accuracy is:95.5117%, Test Accuracy is:94.5400
Epoch 6/10
----------
Loss is:0.0025, Train Accuracy is:95.5733%, Test Accuracy is:96.3900
Epoch 7/10
----------
Loss is:0.0022, Train Accuracy is:96.0133%, Test Accuracy is:96.2700
Epoch 8/10
----------
Loss is:0.0021, Train Accuracy is:96.1567%, Test Accuracy is:93.5600
Epoch 9/10
----------
Loss is:0.0021, Train Accuracy is:96.3483%, Test Accuracy is:96.4800
```

可以看出，输出的准确率比较高而且有较低的损失值，这说明我们的模型已经非常不错了。然后对结果进行测试，测试代码如下：

```
data_loader_test = torch.utils.data.DataLoader(dataset=dataset_test,
                                               batch_size = 64,
                                               shuffle = True)
X_test, y_test = next(iter(data_loader_test))
X_pred = X_test.view(-1,28,28)
inputs = Variable(X_pred)
pred = model(inputs)
_,pred = torch.max(pred, 1)

print("Predict Label is:", [ i for i in pred.data])
print("Real Label is:",[i for i in y_test])

img = torchvision.utils.make_grid(X_test)
img = img.numpy().transpose(1,2,0)

std = [0.5,0.5,0.5]
mean = [0.5,0.5,0.5]
img = img*std+mean
plt.imshow(img)
```

打印输出测试图片对应的标签，结果如下：

```
Predict Label is: [7, 9, 9, 2, 6, 4, 7, 0, 6, 5, 7, 3, 5, 0, 1, 3, 4, 9, 0,
8, 7, 4, 1, 3, 0, 8, 5, 3, 7, 6, 0, 0, 8, 7, 6, 6, 7, 0, 6, 3, 6, 3, 6, 8, 0,
```

```
7, 3, 1, 1, 4, 7, 8, 4, 2, 2, 5, 5, 7, 8, 7, 0, 0, 4, 9]
    Real Label is: [7, 9, 9, 2, 6, 4, 7, 0, 6, 5, 7, 3, 5, 0, 1, 3, 4, 9, 9, 8,
7, 4, 1, 3, 0, 8, 5, 3, 7, 6, 0, 0, 8, 7, 8, 6, 7, 0, 6, 3, 6, 3, 6, 8, 0, 1,
3, 1, 1, 4, 7, 6, 4, 2, 2, 5, 5, 7, 8, 7, 0, 0, 4, 9]
```

通过 Matplotlib 对测试用到的图片进行绘制，效果如图 10-5 所示。

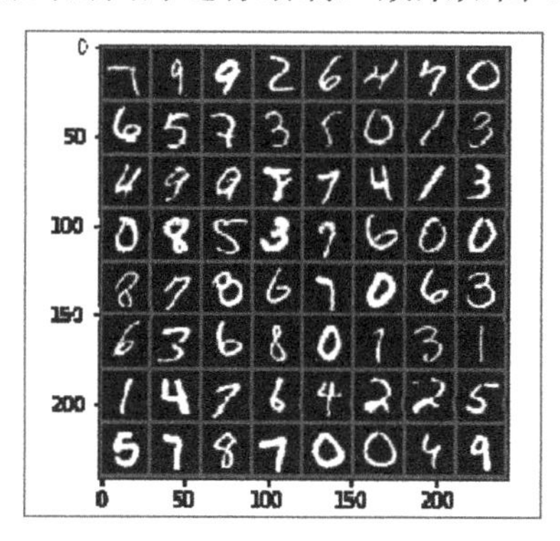

图 10-5

从最后的输出结果和图片可以看出，错误率已经非常低了，这说明我们搭建的循环神经网络模型已经能够很好地解决图片分类的问题了。

使用循环神经网络解决手写数字识别问题的完整代码如下：

```
    import torch
    import torchvision
    from torchvision import datasets, transforms
    from torch.autograd import Variable
    import matplotlib.pyplot as plt
    %matplotlib inline

    transform = transforms.Compose([transforms.ToTensor(),
                                transforms.Normalize(mean=[0.5,0.5,0.5],
std=[0.5,0.5,0.5])])

    dataset_train = datasets.MNIST(root = "./data",
                            transform = transform,
                            train = True,
                            download = True)

    dataset_test = datasets.MNIST(root = "./data",
```

```
                          transform = transform,
                          train = False)

train_load = torch.utils.data.DataLoader(dataset = dataset_train,
                                         batch_size = 64,
                                         shuffle = True)

test_load = torch.utils.data.DataLoader(dataset = dataset_test,
                                        batch_size = 64,
                                        shuffle = True)

images, label = next(iter(train_load))

images_example  = torchvision.utils.make_grid(images)
images_example = images_example.numpy().transpose(1,2,0)
mean = [0.5,0.5,0.5]
std = [0.5,0.5,0.5]
images_example = images_example*std + mean
plt.imshow(images_example)
plt.show()

class RNN(torch.nn.Module):

    def __init__(self):
        super(RNN, self).__init__()
        self.rnn = torch.nn.RNN(
            input_size = 28,
            hidden_size = 128,
            num_layers = 1,
            batch_first = True
        )
        self.output = torch.nn.Linear(128,10)

    def forward(self, input):
        output,_ = self.rnn(input, None)
        output = self.output(output[:,-1,:])
        return output

model = RNN()
```

```
optimizer = torch.optim.Adam(model.parameters())
loss_f = torch.nn.CrossEntropyLoss()

epoch_n  =10
for epoch in range(epoch_n):
    running_loss = 0.0
    running_correct = 0
    testing_correct = 0
    print("Epoch {}/{}".format(epoch, epoch_n))
    print("-"*10)

    for data in train_load:
        X_train,y_train = data
        X_train = X_train.view(-1,28,28)
        X_train,y_train = Variable(X_train),Variable(y_train)
        y_pred = model(X_train)
        loss = loss_f(y_pred, y_train)
        _,pred = torch.max(y_pred.data,1)

        optimizer.zero_grad()
        loss.backward()
        optimizer.step()

        running_loss +=loss.data[0]
        running_correct += torch.sum(pred == y_train.data)

    for data in test_load:
        X_test, y_test = data
        X_test = X_test.view(-1,28,28)
        X_test, y_test = Variable(X_test), Variable(y_test)
        outputs = model(X_test)
        _, pred = torch.max(outputs.data, 1)
        testing_correct += torch.sum(pred == y_test.data)
     print("Loss is:{:.4f}, Train Accuracy is:{:.4f}%, Test Accuracy
is:{:.4f}".format(running_loss/len(dataset_train),100*running_correct/len(da
taset_train),100*testing_correct/len(dataset_test)))
```

10.3　小结

循环神经网络模型目前主要应用于自然语言处理领域，不过在计算式视觉的相关问题上也能够看到循环神经网络的身影。比如，我们在使用卷积神经网络识别出一张图片中的多个对象后，就可以通过循环神经网络依据识别的目标对象生成一个图片摘要。又比如，我们可以应用循环神经网络处理连续的视频数据，因为一个完整的视频画面是由它的最小单位帧构成的，每一帧画面都可以作为一个输入数据进行处理，这就变成了一个序列问题。这样的例子还有很多，我们可以不断地发现和发掘，让循环神经网络和卷积神经网络有效结合起来，这必然能够开拓计算机视觉领域的新思路。

第 11 章 自动编码器

自动编码器（AutoEncoder）是一种可以进行无监督学习的神经网络模型。一般而言，一个完整的自动编码器主要由两部分组成，分别是用于核心特征提取的编码部分和可以实现数据重构的解码部分。下面介绍自动编码器中编码部分和解码部分的具体内容。

11.1 自动编码器入门

在自动编码器中负责编码的部分也叫作编码器（Encoder），而负责解码的部分也叫作解码器（Decoder）。编码器主要负责对原始的输入数据进行压缩并提取数据中的核心特征，而解码器主要是对在编码器中提取的核心特征进行展开并重新构造出之前的输入数据。我们通过图 11-1 来看看数据在自动编码器模型中的流程。

如图 11-1 所示就是一个简化的自动编码器模型，它的主要结构是神经网络，该模型的最左边是用于数据输入的输入层，在输入数据通过神经网络的层层传递之后得到了中间输入数据的核心特征，这就完成了在自编码器中输入数据的编码过程。然后，将输入数据的核心特征再传递到一个逆向的神经网络中，核心特征会被解压并重构，最后得到了一个和输入数据相近的输出数据，这就是自动编码器中的解码过程。输入数据通过自动编码器模型的处理后又被重新还原了。

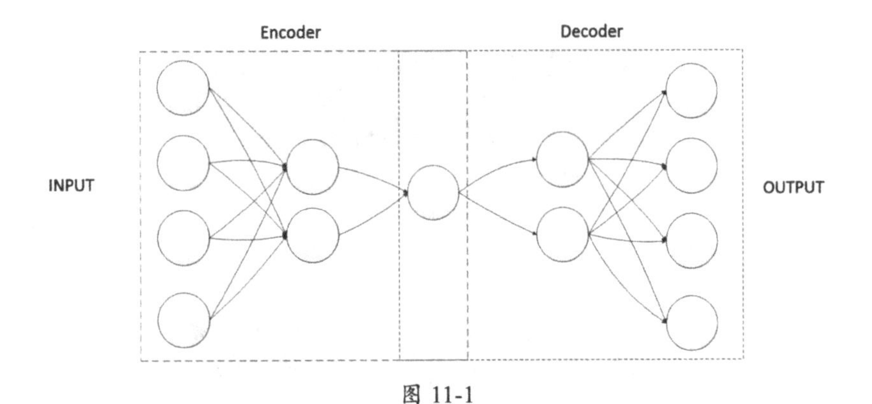

图 11-1

我们会好奇自动编码器模型这种先编码后解码的神经网络模型到底有什么作用，下面进行讲解。自动编码器模型的最大用途就是实现输入数据的清洗，比如去除输入数据中的噪声数据、对输入数据的某些关键特征进行增强和放大，等等。举一个比较简单的例子，假设我们现在有一些被打上了马赛克的图片需要进行除码处理，这时就可以通过自动编码器模型来解决这个问题。其实可以将这个除码的过程看作对数据进行除噪的过程，这也是我们接下来会实现的实践案例。下面看看具体如何实现基于 PyTorch 的自动编码器。

11.2　PyTorch 之自动编码实战

本节的自动编码器模型解决的是一个去除图片马赛克的问题。要训练出这个模型，我们首先需要生成一部分有马赛克的图片，实现图片打码操作的代码如下：

```
noisy_images = images+ 0.5*np.random.randn(*images.shape)
noisy_images = np.clip(noisy_images, 0., 1.)
```

以上代码中的 images 是我们现有的正常图片，我们知道图片是由像素点构成的，而像素点其实就是一个个的数字，我们使用的 MNIST 数据集中的手写图片的像素点数字的范围是 0 到 1，所以处理马赛克的一种简单方式就是对原始图片中的像素点进行扰乱，我们在这里通过对输入的原始图片加上一个维度相同的随机数字来达到了处理马赛克的目的。假设我们原始的输入图片如图 11-2 所示。

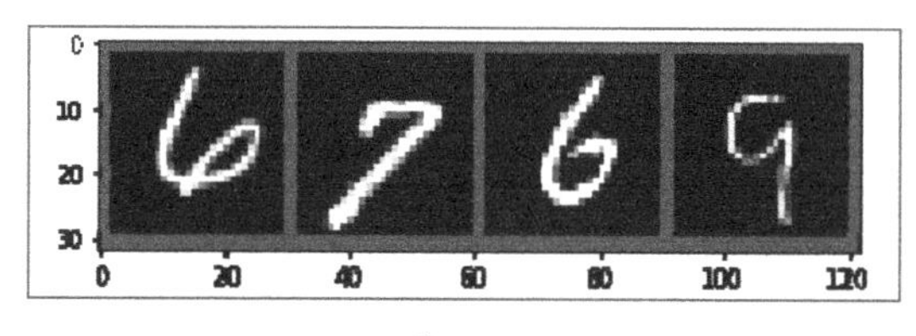

图 11-2

则经过我们的打码处理后，图片如图 11-3 所示。

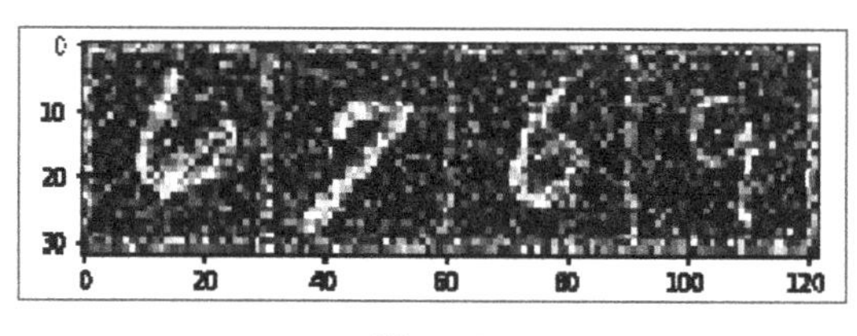

图 11-3

我们现在已经有了获取大量马赛克图片的方法，下面就可以搭建自动编码器模型了。搭建自动编码器模型最常用的两种方式分别是使用线性变换来构建模型中的神经网络和使用卷积变换来构建模型中的神经网络，下面我们先来看看如何使用线性变换的方式来实现。

11.2.1 通过线性变换实现自动编码器模型

线性变换的方式仅使用线性映射和激活函数作为神经网络结构的主要组成部分，代码如下：

```
class AutoEncoder(torch.nn.Module):

    def __init__(self):
        super(AutoEncoder, self).__init__()
        self.encoder = torch.nn.Sequential(
            torch.nn.Linear(28*28,128),
            torch.nn.ReLU(),
            torch.nn.Linear(128,64),
            torch.nn.ReLU(),
            torch.nn.Linear(64,32),
            torch.nn.ReLU(),
        )
        self.decoder = torch.nn.Sequential(
            torch.nn.Linear(32,64),
```

```
            torch.nn.ReLU(),
            torch.nn.Linear(64,128),
            torch.nn.ReLU(),
            torch.nn.Linear(128,28*28)
        )

    def forward(self, input):
        output = self.encoder(input)
        output = self.decoder(output)
        return output
```

以上代码中的 self.encoder 对应的是自动编码器中的编码部分，在这个过程中实现了输入数据的数据量从 224 个到 128 个再到 64 个最后到 32 个的压缩过程，这 32 个数据就是我们提取到的核心特征。self.decoder 对应的是自动编码器中的解码部分，这个过程实现了从 32 个到 64 个再到 128 个最后到 224 个的逆向解压过程。在模型搭建完成后对其进行打印输出，结果如下：

```
AutoEncoder (
  (encoder): Sequential (
    (0): Linear (784 -> 128)
    (1): ReLU ()
    (2): Linear (128 -> 64)
    (3): ReLU ()
    (4): Linear (64 -> 32)
    (5): ReLU ()
  )
  (decoder): Sequential (
    (0): Linear (32 -> 64)
    (1): ReLU ()
    (2): Linear (64 -> 128)
    (3): ReLU ()
    (4): Linear (128 -> 784)
  )
)
```

然后对我们定义好的模型进行训练，训练代码如下：

```
optimizer = torch.optim.Adam(model.parameters())
loss_f = torch.nn.MSELoss()
```

```
epoch_n  =10
for epoch in range(epoch_n):
    running_loss = 0.0

    print("Epoch {}/{}".format(epoch, epoch_n))
    print("-"*10)

    for data in train_load:
        X_train,_= data

        noisy_X_train =  X_train + 0.5*torch.randn(X_train.shape)
        noisy_X_train = torch.clamp(noisy_X_train, 0., 1.)

        X_train, noisy_X_train = Variable(X_train.view(-1,28*28)),Variable
(noisy_X_train.view(-1,28*28))
        image_pre = model(noisy_X_train)
        loss = loss_f(image_pre, X_train)

        optimizer.zero_grad()
        loss.backward()
        optimizer.step()

        running_loss +=loss.data[0]

    print("Loss is:{:.4f}".format(running_loss/len(dataset_train)))
```

在以上代码中损失函数使用的是 torch.nn.MSELoss，即计算的是均方误差，我们在之前处理的都是图片分类相关的问题，所以在这里使用交叉熵来计算损失值。而在这个问题中我们需要衡量的是图片在去码后和原始图片之间的误差，所以选择均方误差这类损失函数作为度量。总体的训练流程是我们首先获取一个批次的图片，然后对这个批次的图片进行打码处理并裁剪到指定的像素值范围内，因为之前说过，在 MNIST 数据集使用的图片中每个像素点的数字值在 0 到 1 之间。在得到了经过打码处理的图片后，将其输入搭建好的自动编码器模型中，经过模型处理后输出一个预测图片，用这个预测图片和原始图片进行损失值计算，通过这个损失值对模型进行后向传播，最后就能得到去除图片马赛克效果的模型了。

在每轮训练中，我们都对预测图片和原始图片计算得到的损失值进行输出，在训练 10 轮之后，输出的结果如下：

```
Epoch 0/10
----------
Loss is:0.0318
Epoch 1/10
----------
Loss is:0.0236
Epoch 2/10
----------
Loss is:0.0223
Epoch 3/10
----------
Loss is:0.0216
Epoch 4/10
----------
Loss is:0.0212
Epoch 5/10
----------
Loss is:0.0208
Epoch 6/10
----------
Loss is:0.0206
Epoch 7/10
----------
Loss is:0.0204
Epoch 8/10
----------
Loss is:0.0202
Epoch 9/10
----------
Loss is:0.0200
```

从以上结果可以看出，我们得到的损失值在逐渐减小，而且损失值已经在一个足够小的范围内了。最后，我们通过使用一部分测试数据集中的图片来验证我们的模型能否正常工作，代码如下：

```
data_loader_test = torch.utils.data.DataLoader(dataset=dataset_test,
                                               batch_size = 4,
                                               shuffle = True)
X_test,_ = next(iter(data_loader_test))
```

```
img1 = torchvision.utils.make_grid(X_test)
img1 = img1.numpy().transpose(1,2,0)
std = [0.5]
mean = [0.5]
img1 = img1*std+mean

noisy_X_test = img1 + 0.5*np.random.randn(*img1.shape)
noisy_X_test = np.clip(noisy_X_test, 0., 1.)

plt.figure()
plt.imshow(noisy_X_test)

img2 =  X_test + 0.5*torch.randn(*X_test.shape)
img2 =  torch.clamp(img2, 0., 1.)

img2 = Variable(img2.view(-1,28*28))

test_pred = model(img2)

img_test = test_pred.data.view(-1,1,28,28)
img2 = torchvision.utils.make_grid(img_test)
img2 = img2.numpy().transpose(1,2,0)
img2 = img2*std+mean
img2 = np.clip(img2, 0., 1.)
plt.figure()
plt.imshow(img2)
```

在运行代码后，我们得到的第 1 张输出图片绘制了我们使用的测试集中的图片经过打码后的效果，如图 11-4 所示。

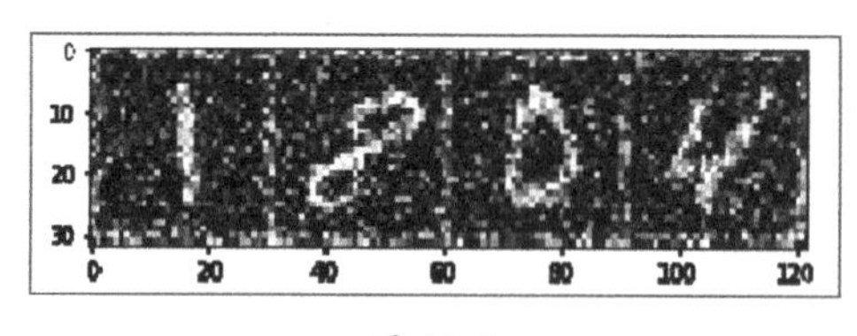

图 11-4

输出的第 2 张图片绘制了打码图片经过我们训练好的自动编码器模型处理后的效果，如图 11-5 所示。

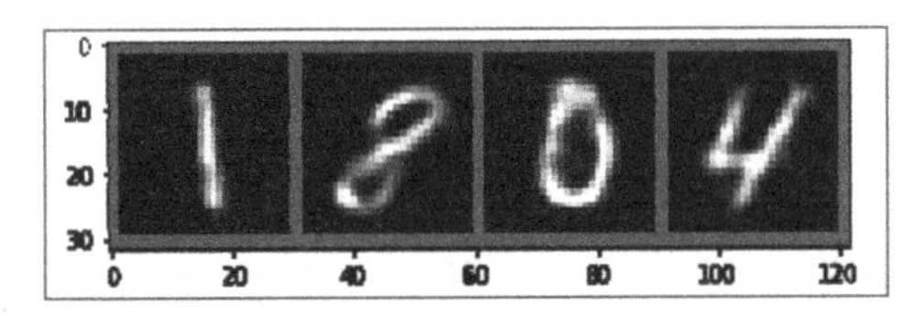

图 11-5

可以看到，最后的输出结果虽然有些模糊，但是已经基本达到了和原始图片同等水平的可辨度，而且图片中的乱码基本被清除了。

这部分的完整代码如下：

```
    import torch
    import torchvision
    from torchvision import datasets, transforms
    from torch.autograd import Variable
    import numpy as np
    import matplotlib.pyplot as plt
    %matplotlib inline
    transform = transforms.Compose([transforms.ToTensor(),
                                   transforms.Normalize(mean=[0.5],
std=[0.5])])
    dataset_train = datasets.MNIST(root = "./data",
                                        transform = transform,
                                        train = True,
                                        download = True)
    dataset_test = datasets.MNIST(root = "./data",
                                       transform = transform,
                                       train = False)
    train_load = torch.utils.data.DataLoader(dataset = dataset_train,
                                          batch_size = 4,
                                          shuffle = True)
    test_load = torch.utils.data.DataLoader(dataset = dataset_test,
                                         batch_size = 4,
                                         shuffle = True)
    images, label = next(iter(train_load))
    print(images.shape)
    images_example  = torchvision.utils.make_grid(images)
    images_example = images_example.numpy().transpose(1,2,0)
    mean = [0.5]
    std = [0.5]
```

```
images_example = images_example*std + mean
plt.imshow(images_example)
plt.show()
noisy_images = images_example + 0.5*np.random.randn(*images_example.shape)
noisy_images = np.clip(noisy_images, 0., 1.)
plt.imshow(noisy_images)
plt.show()

class AutoEncoder(torch.nn.Module):

    def __init__(self):
        super(AutoEncoder, self).__init__()
        self.encoder = torch.nn.Sequential(
            torch.nn.Linear(28*28,128),
            torch.nn.ReLU(),
            torch.nn.Linear(128,64),
            torch.nn.ReLU(),
            torch.nn.Linear(64,32),
            torch.nn.ReLU(),
        )
        self.decoder = torch.nn.Sequential(
            torch.nn.Linear(32,64),
            torch.nn.ReLU(),
            torch.nn.Linear(64,128),
            torch.nn.ReLU(),
            torch.nn.Linear(128,28*28)
        )

    def forward(self, input):
        output = self.encoder(input)
        output = self.decoder(output)
        return output

model = AutoEncoder()
print(model)

optimizer = torch.optim.Adam(model.parameters())
loss_f = torch.nn.MSELoss()

epoch_n  =10
```

```
    for epoch in range(epoch_n):
        running_loss = 0.0

        print("Epoch {}/{}".format(epoch, epoch_n))
        print("-"*10)

        for data in train_load:
            X_train,_= data

            noisy_X_train =  X_train + 0.5*torch.randn(X_train.shape)
            noisy_X_train = torch.clamp(noisy_X_train, 0., 1.)

            X_train, noisy_X_train = Variable(X_train.view(-1,28*28)),Variable
(noisy_X_train.view(-1,28*28))
            train_pre = model(noisy_X_train)
            loss = loss_f(train_pre, X_train)

            optimizer.zero_grad()
            loss.backward()
            optimizer.step()

            running_loss +=loss.data[0]

        print("Loss is:{:.4f}".format(running_loss/len(dataset_train)))
```

11.2.2　通过卷积变换实现自动编码器模型

以卷积变换的方式和以线性变换方式构建的自动编码器模型会有较大的区别，而且相对复杂一些，卷积变换的方式仅使用卷积层、最大池化层、上采样层和激活函数作为神经网络结构的主要组成部分，代码如下：

```
    class AutoEncoder(torch.nn.Module):

        def __init__(self):
            super(AutoEncoder, self).__init__()
            self.encoder = torch.nn.Sequential(
                torch.nn.Conv2d(1,64, kernel_size=3, stride=1, padding=1),
                torch.nn.ReLU(),
                torch.nn.MaxPool2d(kernel_size=2, stride=2),
```

```
            torch.nn.Conv2d(64,128, kernel_size=3, stride=1, padding=1),
            torch.nn.ReLU(),
            torch.nn.MaxPool2d(kernel_size=2,  stride=2)
        )
        self.decoder = torch.nn.Sequential(
            torch.nn.Upsample(scale_factor=2, mode="nearest"),
            torch.nn.Conv2d(128,64, kernel_size=3, stride=1, padding=1),
            torch.nn.ReLU(),
            torch.nn.Upsample(scale_factor=2, mode="nearest"),
            torch.nn.Conv2d(64,1, kernel_size=3, stride=1, padding=1),
        )

    def forward(self, input):
        output = self.encoder(input)
        output = self.decoder(output)
        return output
```

在以上代码中出现了一个我们之前从来没有接触过的上采样层，即 torch.nn.Upsample 类。这个类的作用就是对我们提取到的核心特征进行解压，实现图片的重写构建，传递给它的参数一共有两个，分别是 scale_factor 和 mode：前者用于确定解压的倍数；后者用于定义图片重构的模式，可选择的模式有 nearest、linear、bilinear 和 trilinear，其中 nearest 是最邻近法，linear 是线性插值法，bilinear 是双线性插值法，trilinear 是三线性插值法。因为在我们的代码中使用的是最邻近法，所以这里通过一张图片来看一下最邻近法的具体工作方式，如图 11-6 所示。

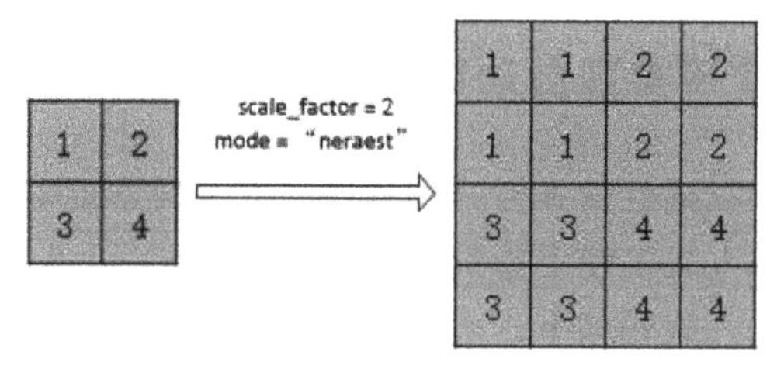

图 11-6

在模型搭建完成后对其进行打印输出，结果如下：

```
AutoEncoder (
  (encoder): Sequential (
    (0): Conv2d(1, 64, kernel_size=(3, 3), stride=(1, 1), padding=(1, 1))
    (1): ReLU ()
    (2): MaxPool2d (size=(2, 2), stride=(2, 2), dilation=(1, 1))
```

```
    (3): Conv2d(64, 128, kernel_size=(3, 3), stride=(1, 1), padding=(1, 1))
    (4): ReLU ()
    (5): MaxPool2d (size=(2, 2), stride=(2, 2), dilation=(1, 1))
  )
  (decoder): Sequential (
    (0): Upsample(scale_factor=2, mode=nearest)
    (1): Conv2d(128, 64, kernel_size=(3, 3), stride=(1, 1), padding=(1, 1))
    (2): ReLU ()
    (3): Upsample(scale_factor=2, mode=nearest)
    (4): Conv2d(64, 1, kernel_size=(3, 3), stride=(1, 1), padding=(1, 1))
  )
)
```

然后对我们定义好的模型进行训练，训练代码如下：

```
optimizer = torch.optim.Adam(model.parameters())
loss_f = torch.nn.MSELoss()


epoch_n  =5
for epoch in range(epoch_n):
    running_loss = 0.0

    print("Epoch {}/{}".format(epoch, epoch_n))
    print("-"*10)

    for data in train_load:
        X_train,_= data

        noisy_X_train =  X_train + 0.5*torch.randn(X_train.shape)
        noisy_X_train = torch.clamp(noisy_X_train, 0., 1.)

        X_train, noisy_X_train = Variable(X_train.cuda()),Variable
(noisy_X_train.cuda())
        train_pre = model(noisy_X_train)
        loss = loss_f(train_pre, X_train)

        optimizer.zero_grad()
        loss.backward()
        optimizer.step()
```

```
        running_loss +=loss.data[0]

    print("Loss is:{:.4f}".format(running_loss/len(dataset_train)))
```

我们在每轮训练中都对预测图片和原始图片计算得到的损失值进行输出，在训练 5 轮之后，输出结果如下：

```
Epoch 0/5
----------
Loss is:0.0009
Epoch 1/5
----------
Loss is:0.0005
Epoch 2/5
----------
Loss is:0.0004
Epoch 3/5
----------
Loss is:0.0004
Epoch 4/5
----------
Loss is:0.0004
```

可以看出，这比之前使用的以线性变换方式构建的自动编码器模型好很多。

最后，我们通过使用一部分测试数据集中的图片来验证我们的模型能否正常工作，输出的第 1 张图片绘制了我们使用的测试集中的图片经过打码后的效果，如图 11-7 所示。

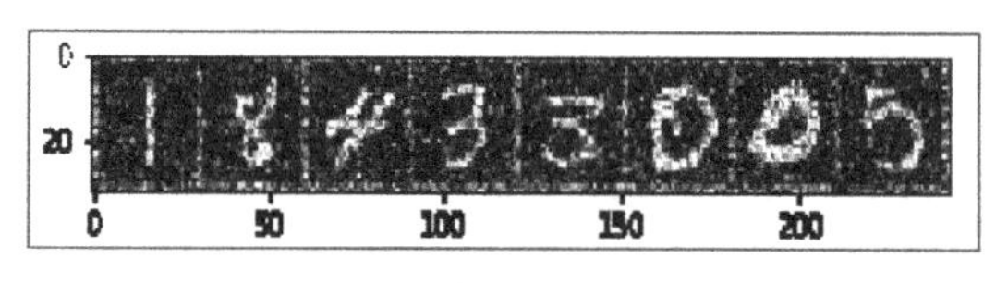

图 11-7

输出的第 2 张图片绘制了已打码的图片经过我们训练好的自动编码器模型处理后的效果，如图 11-8 所示。

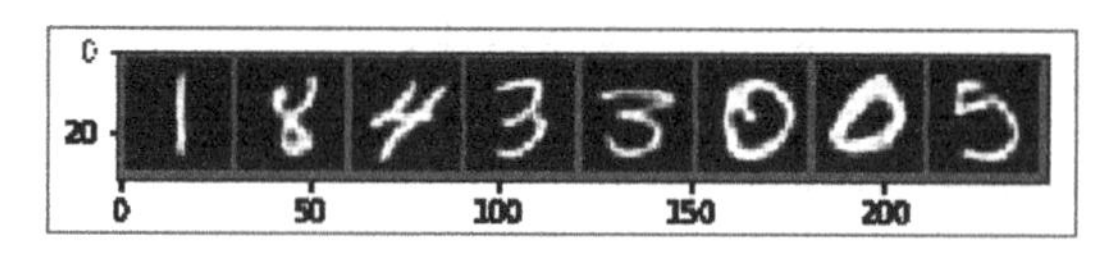

图 11-8

首先，在结果的可视性上没有问题；其次，去码的效果更好，还原出来的图片内容更清晰。

这部分的完整代码如下：

```
import torch
import torchvision
from torchvision import datasets, transforms
from torch.autograd import Variable
import numpy as np
import matplotlib.pyplot as plt
%matplotlib inline

transform = transforms.Compose([transforms.ToTensor(),
                                transforms.Normalize(mean=[0.5],
std=[0.5])])
dataset_train = datasets.MNIST(root = "./data",
                               transform = transform,
                               train = True,
                               download = True)
dataset_test = datasets.MNIST(root = "./data",
                              transform = transform,
                              train = False)
train_load = torch.utils.data.DataLoader(dataset = dataset_train,
                                         batch_size = 64,
                                         shuffle = True)
test_load = torch.utils.data.DataLoader(dataset = dataset_test,
                                        batch_size = 64,
                                        shuffle = True)
images, label = next(iter(train_load))
print(images.shape)
images_example  = torchvision.utils.make_grid(images)
images_example = images_example.numpy().transpose(1,2,0)
mean = [0.5]
std = [0.5]
images_example = images_example*std + mean
plt.imshow(images_example)
plt.show()
noisy_images = images_example + 0.5*np.random.randn(*images_example.shape)
noisy_images = np.clip(noisy_images, 0., 1.)
```

```
plt.imshow(noisy_images)
plt.show()

class AutoEncoder(torch.nn.Module):

    def __init__(self):
        super(AutoEncoder, self).__init__()
        self.encoder = torch.nn.Sequential(
            torch.nn.Conv2d(1,64, kernel_size=3, stride=1, padding=1),
            torch.nn.ReLU(),
            torch.nn.MaxPool2d(kernel_size=2, stride=2),
            torch.nn.Conv2d(64,128, kernel_size=3, stride=1, padding=1),
            torch.nn.ReLU(),
            torch.nn.MaxPool2d(kernel_size=2,  stride=2)
        )
        self.decoder = torch.nn.Sequential(
            torch.nn.Upsample(scale_factor=2, mode="nearest"),
            torch.nn.Conv2d(128,64, kernel_size=3, stride=1, padding=1),
            torch.nn.ReLU(),
            torch.nn.Upsample(scale_factor=2, mode="nearest"),
            torch.nn.Conv2d(64,1, kernel_size=3, stride=1, padding=1),
        )

    def forward(self, input):
        output = self.encoder(input)
        output = self.decoder(output)
        return output

model = AutoEncoder()

Use_gpu = torch.cuda.is_available()
if Use_gpu:
    model = model.cuda()
print(model)

optimizer = torch.optim.Adam(model.parameters())
loss_f = torch.nn.MSELoss()

epoch_n =5
for epoch in range(epoch_n):
```

```
        running_loss = 0.0

        print("Epoch {}/{}".format(epoch, epoch_n))
        print("-"*10)

        for data in train_load:
            X_train,_= data

            noisy_X_train =  X_train + 0.5*torch.randn(X_train.shape)
            noisy_X_train = torch.clamp(noisy_X_train, 0., 1.)

            X_train, noisy_X_train = Variable(X_train.cuda()),Variable
(noisy_X_train.cuda())
            train_pre = model(noisy_X_train)
            loss = loss_f(train_pre, X_train)

            optimizer.zero_grad()
            loss.backward()
            optimizer.step()

            running_loss +=loss.data[0]

        print("Loss is:{:.4f}".format(running_loss/len(dataset_train)))
```

11.3 小结

本章处理的问题比较简单，所使用的自动编码器模型的网络结构也不复杂，如果输入数据具有更高的维度，那么可以尝试增加我们的模型层次进行应对。

不过本章介绍的主要是一种方法，使用自动编码器这种非监督学习的神经网络模型同样可以解决很多和计算机视觉相关的问题，虽然监督学习方法在目前仍然是主流，但是通过无监督学习和监督学习可以处理更多、更复杂的问题。

反侵权盗版声明